John Hunter, Ernst Benjamin Gottlieb Hebenstreit

Versuche über das Blut

Die Entzündung und die Schusswunden

John Hunter, Ernst Benjamin Gottlieb Hebenstreit

Versuche über das Blut
Die Entzündung und die Schusswunden

ISBN/EAN: 9783743375024

Hergestellt in Europa, USA, Kanada, Australien, Japan

Cover: Foto ©berggeist007 / pixelio.de

Manufactured and distributed by brebook publishing software (www.brebook.com)

John Hunter, Ernst Benjamin Gottlieb Hebenstreit

Versuche über das Blut

John Hunters

Versuche über das Blut die Entzündung und die Schußwunden.

Aus dem Englischen übersetzt.

Herausgegeben und mit einigen Anmerkungen begleitet von

D. E. B. G. Hebenstreit.

Mit Kupfern.

Zweyten Theiles zweyte und lezte Abtheilung.

Leipzig,
in der Sommerschen Buchhandlung
1800.

John Hunters

Abhandluugen

über

das Blut, die Entzündung

und

die Schußwunden.

Zweiten Bandes zweite Abtheilung.

Viertes Kapitel.

Von der suppurativen Entzündung.

Eine Vereiterung findet unter zweyerley verschiednen Umständen statt: In dem einen Fall geht eine adhäsive Entzündung voraus, die aber in ihrem Fortgange einen so hohen Grad erreicht, daß eine Zertheilung unmöglich und eine Vereiterung unvermeidlich wird. Besonders ist dieses der Fall dann, wenn zwar eine Zertheilung möglich gewesen seyn würde, (wie bey allen Entzündungen, die ohne erkennbare äußere Veranlassung entstehen, (spontaneous inflammations) und bey welchen weder eine ofne Trennung des Zusammenhangs in festen Theilen, noch ein Verlust an Substanz statt gefunden hat) wo aber die natürlichen Verrichtungen eines Organs so in Unordnung gekommen sind, daß es ganz unfähig wird, wieder in seinen natürlichen und gesunden Zustand zurückzukehren. Die zweyte Bedingung, unter welcher eine Eiterung erfolgen kann, ist, wenn zufällige Ursachen eintreten, deren Folgen durch die adhäsive Entzündung nicht abgewendet werden können; z. B. wenn die Heilung der Wunden durch die schnelle Vereinigung, oder durch Adhäsion, gestört wird.

Die unmittelbare Wirkung der Vereiterung ist die Erzeugung des Eiters auf der entzündeten Oberfläche. Das Eiter scheint in solchen Fällen, und unter solchen Umständen, die Bildung der neuen Substanz vorzubereiten und zu unterstützen. Man nennt diesen Proceß die Granulation, und es ist derselbe der dritte Weg, auf welchem verletzte äußere Theile ihre Integrität wieder erlangen können; denn die Vereiterung in innern Kanälen ist sicherlich kein Mittel zur Bildung neuer Substanz oder der Fleischwärzchen, wie dieses in der Folge noch deutlicher werden wird.

Die Erklärungsart, deren ich mich bey der adhäsiven Entzündung der Gefässe bedient habe, ist, wie mich dünkt, auch bey der suppurativen anwendbar; denn wenn die Eiterung anfängt, so befinden sich die Gefäße zwar in eben dem Zustande wie bey der adhäsiven Entzündung, aber ihre Anlagen und ihre Verrichtungen sind anders modificirt, und hierauf beruht der auffallende Unterschied der Wirkungen.

Dieser Unterschied ist so gros, daß eine wahre entzündungsartige Anlage und Thätigkeit gleich aufhört, sobald die Eiterung eintritt; der Zustand der Gefäße, obgleich sonst fast derselbige wie zuvor, ist doch viel ruhiger, und ihre Thätigkeit auf eine neue Art modificirt.

Ich will jetzt, als allgemeine Thatsache, festzusetzen suchen, daß ohne vorhergegangene Entzündung keine Eiterung stattfinde, oder mit andern Worten, daß Eiter jedesmal das Product einer Entzündung sey. Dies beweisen die Eitersammlungen, die sich bey Trennungen fester Theile mit Entblößung und in solchen Fällen bilden, wo fremdartige Materien innerhalb lebendiger Theile enthalten sind, sie mögen nun von außen eingedrungen seyn, oder sich daselbst erzeugt haben. Beym Absceß ist Eiterung die unmittelbare Folge der Entzündung. Sind innere Hölen entblößt, so erscheint die Eiterung nicht eher, als wenn die dazu erforderliche Disposition und eigenthümliche Thätigkeit durch die Entzündung bewirkt wird; und wenn wir (ohne vorhergegangene Entzündung) in verschiedenen Theilen des Körpers, Ansammlungen einer fremdartigen eiterförmigen Materie finden, so ist doch diese Materie kein wirkliches Eiter. Demohngeachtet bildet sich am Ende oft Eiter in solchen Hölen, allein dann ist es das Product einer Entzündung an der Oberfläche. Wird eine solche Höle geöfnet, so entzündet sie sich sogleich, wie alle feste Theile, und sondert dann Eiter ab. Von allen diesen werde ich nun ausführlicher sprechen.

Die Reizung, welche die nächste Ursache der Eiterung ist, bleibt immer dieselbe, die Gelegenheitsursache mag seyn welche sie wolle, und ist gleichartig mit der Reizung welche die adhäsive Entzündung hervorbringt. Sie durchläuft die nämlichen Zeiträume, und hat fast die nämlichen Symptome zu Begleitern, sie mag nun durch äußere Gewaltthätigkeit, oder durch die allgemeine körperliche Constitution, oder die besondere Anlage eines Theils entstanden seyn. Demohngeachtet sind doch die Ursachen der Eiterung nicht so allgemein als die Ursachen der adhäsiven Entzündung, denn in einigen Krankheiten, wie bey gewissen scrophulösen, venerischen und krebshaften Uebeln findet eine Verdickung statt, wo eine wahre Eiterung unmöglich ist. Zur Eiterung ist mithin ein gesunder Zustand der Theile noch mehr erforderlich, als zur adhäsiven Entzündung, so daß man von dem Ausfluß eines Geschwürs, mit einem gewissen Grad von Sicherheit auf dessen Beschaffenheit schließen kann.

Es scheint sehr schwer zu seyn, sich von der ganzen Reihe von Ursachen, welche die Eiterung herbey führen, eine richtige und deutliche Vorstellung zu machen. Meines Erachtens ist der Zustand der Theile, welcher unmittelbar vor der Eiterung hergeht und ihre nächste Ursache genannt werden kann, von der Art, daß die Verrichtungen dieser Theile im natürlichen Zustande nicht fortdauern können. Ich nenne diesen Zustand der Theile den Zustand der Unvollkommenheit, die Ursache davon mag seyn welche sie will. Bloße Reizung ist, wie ich gezeigt habe, zur Hervorbringung der Eiterung nicht immer hinreichend, oft bringt sie nur das Stadium der Adhäsion hervor, und diese ist, der Erfahrung zufolge, ein Bestreben der Natur die Eiterung zu verhüten.

Es ist eine merkwürdige Erscheinung, daß eine und dieselbe Art erregter Thätigkeit zwey einander so entgegengesetzte Wirkungen hervorbringt, deren jede die

Heilung zum Zweck hat, und deren erste zur Hervorbringung der zweyten nothwendig und hülfreich ist. Eine der Hauptursachen der Eiterung ist äußere Verletzung. Allein ich habe bereits die Bemerkung gemacht, daß Verletzung an sich selbst nicht allemal diese Art der Entzündung zur Folge hat. Es muß erst ein Hinderniß eintreten, welches macht, daß die Theile nicht auf einem einfachern Wege verheilen können, wobey die Organisation wieder hergestellt wird, und die thierischen Verrichtungen des Theiles ungestört bleiben; mit andern Worten: ein Hinderniß der schnellen und der adhäsiven Vereinigung. Oder es müssen die Theile lange genug in dem Zustande bleiben in welchen sie durch die Verletzung gesetzt worden waren; oder, was mit diesem einige Verwandschaft hat, die Verletzung muß mit dem Absterben eines Theils verbunden seyn, wie bey Quetschungen, Brand, und den Schorfen von äzzenden Mitteln, durch deren Absonderung Theile, die vorhin bedeckt waren, entblößt werden. *)

*) Ich muß jedoch hier billig anmerken, daß beym Brande, wo vor der Eiterung eine Absonderung des verdorbnen vorhergehen muß, jene einen andern Gang nimmt. Denn da die gesunde Oberfläche die abgestorbenen Theile losstoßen muß, so wird hiezu eine eigene Thätigkeit der lebendigen Kräfte erfodert, welche ich die Verschwärung (ulceration) nenne. Die Erscheinungen, welche sich dabey ereignen, beweisen, daß die Natur, zu einer und derselben Zeit, zwey verschiedne Prozesse vollbringe; denn in dem die ansaugenden Gefässe das Losstoßen bewirken schicken sich die Arterien zur Absonderung des Eiters an,

Die Meinungen über diesen Gegenstand sind sehr verschieden. Da jede äußere Verletzung, unter den vorerwähnten Umständen, mehr oder weniger der Berührung der Luft ausgesetzt ist; so hat man geglaubt, daß der Zutritt derselben zu entblößten innern Theilen die allgemeine Ursache der suppurativen Entzündung sey. Allein die Luft hat sicherlich nicht den mindesten Einfluß auf solche Theile, denn auch im luftleeren Raume würde jede Wunde mit Reizung verbunden seyn. Auch gelangt die Luft nicht zu den Theilen, in welchen Abscesse ihren Sitz haben, so daß sie eine Ursache ihrer Bildung werden könnte, und doch erfolgt hier die Eiterung eben so wohl als bey entblößter Oberfläche. Ferner zeigt sich keine Eiterung bey verschiednen Arten der Windgeschwulst, wo die Luft, welche überdies nicht von der reinsten Art ist, sich im Zellgewebe des ganzen Körpers verbreitet, es müßte denn seyn daß durch eine äußere Verletzung, oder durch den unvollkommenen Zustand einer innern Oberfläche, der Luft ein Ausgang verschaft würde, worauf alsdann der Theil sich entzündet. Ja, ein andrer Beweis von der Art des vorhergehenden zeigt dies noch auffallender: Wir finden daß die Hölungen in den weichen Theilen der Vögel, und viele Zellen und Kanäle in den Knochen derselben, welche sämtlich mit den Lungen Gemeinschaft haben, *) und beständig

so daß der kranke Theil diese beyden Arten der Entzündung zugleich erleidet.

*) s. Observations on certain parts of the animal Oeconomy p. 89.

mehr oder weniger Luft enthalten, sich dennoch nie entzünden. Werden aber diese Hölungen widernatürlich geöfnet, durch Wunden u. s. w., dann tritt der Reiz der Unvollkommenheit (stimulus of imperfection) ein, die Hölungen entzünden sich und vereinigen sich wenn die Umstände es erlauben, oder gehen in Eiterung über, bilden Fleischwärzchen u. s. w. wenn jene Vereinigung gestört wird.

Diese Bemerkung läßt sich ebenfalls anwenden, wenn man eine Wunde in die Bauchhöle eines Vogels macht. Die Wunde entzündet sich, und verheilt mit den Gedärmen, so daß die Integrität der Bauchhöle völlig wieder hergestellt wird; wird aber diese Vereinigung gestört, dann entzündet sich ein größerer oder kleinerer Theil der Bauchhöle, und geht in Eiterung über.

Wäre der Zutritt der Luft eine nothwendige Bedingung der Eiterung, so ließe sich nicht wohl ein Grund angeben, warum beym Schnupfen eine Eiterabsonderung in der Nase entsteht, da doch dieser Theil zu der einen Zeit wie zu der andern der Einwirkung der Luft ausgesetzt ist. Auch wirkt die Luft beym Tripper nicht mehr auf die Harnröhre als zu jeder andern Zeit, sondern es stehen vielmehr diese Theile beständig in einerley Verhältnis mit der Luft, und die Eiterung muß demzufolge eine andre Ursache haben. *)

---

*) Gerade dieses Beyspiel ist meines Bedünkens am wenigsten geschickt die Meynung, welche der Verf. hier

Das bey der Eiterung blos aus Mitleidenschaft entstehende Fieber, hat man für die Ursache derselben gehalten. Ich werde hievon zu sprechen Gelegenheit haben, wenn ich von der Erzeugung des Eiters handle.

Ich habe mich bemüht, die verschiedne Zeiträume der Entzündung, welche in Fällen äußerer Verletzung die Eiterung vorbereiten und herbey führen, so weit es geschehen konnte gehörig zu unterscheiden, und die Begriffe darüber zu berichtigen. Wollen wir aber die nächste Ursache solcher Vereiterungen, die ohne bemerkbare äußere Ursache entstehen, angeben, so finden wir hier größere Schwierigkeiten. Hier kann man unmöglich bestimmen, ob die Entzündung ein wirkliches Leiden, das heißt eine ursprünglich krankhafte Affection sey, oder ob sie nicht vielmehr, wie dies bey äußern Verletzungen offenbar der Fall ist, ein heilsames Bestreben der Natur seyn dürfte, dessen Zweck ist, die Gesundheit solcher Theile wieder herzustellen, deren Verrichtungen und deren Organisation durch eine vorhergegangene meistens unmerkliche Krankheit oder

bestreitet, zu widerlegen. Denn die beym Schnupfen und beym Tripper abgesonderte Flüssigkeit ist nicht Eiter sondern ausgearteter Schleim. Sie kann nach des Verf. eignen Grundsätzen nicht Eiter seyn, wenn dieses nur in getrennten oder entblößten Theilen abgesondert wird. In der That sehen wir, daß wahre Eiterung in der Schleimhaut der Nase und der Harnröhre nur nach vorhergegangner Trennung oder Entblößung dieser Theile statt findet. H.

Krankheitsursache widernatürlich verändert worden sind. Da die Eiterung in Fällen äußerer Verletzung ein Mittel ist, wodurch die Heilung bewirkt wird, so ist es wahrscheinlich, daß dies auch in solchen Fällen gilt, wo keine evidente Ursache vorhanden ist. Nehmen wir den ersten Fall an, daß nämlich die Eiterung eine ursprüngliche krankhafte Affection sey, so folgt daraus, daß zwey ihrem Wesen nach verschiedne Ursachen, eine und dieselbe Art von Thätigkeit hervorbringen, weil das Resultat von beyden dasselbige ist. Nehmen wir aber das letztere an, so muß hier die Eiterung von eben dem Reiz abhängen, der sie in den obenerwähnten Fällen äußerer Verletzung erregt.

Die Eiterung hängt nicht ab von der Heftigkeit der Erregung in entzündeten Theilen, denn diese bewirkt eher das Absterben derselben, und die Erfahrung lehrt, daß in der Gicht, wo nie Eiterung eintritt, die Entzündung oft heftiger ist als in andern Fällen, wo die Eiterung wirklich erscheint. So eitern auch alle innere Kanäle, wo nicht ein hoher Grad von Reizbarkeit ist, bey einem sehr gemäßigten Grade der Entzündung. Ist die Reizbarkeit sehr groß, so wird auch der Grad der Erregung zu stark für die Eiterung, wird aber jene herabgestimmt, so erfolgt die Eiterung.

Nehmen wir aber einen eignen Hang der Theile zu gewissen Aeußerungen der Thätigkeit, als die Ursache der Entzündung an, ohne daß sich diese Theile in einem krankhaften, oder in einem solchen Zustande befinden, der sie zur Auflösung oder Veränderung ihrer Organisation geneigt macht, so kann diese Art der Entzündung eine Menge Ursachen haben, die uns gegenwärtig ganz unbekannt sind, ja die wir nicht einmal ahnden. Bey einem flüchtigen Ueberblick möchte diese letzte Meinung die meiste Wahrscheinlichkeit vor sich haben, denn wir können oft dergleichen freywillig entstehende Entzündungen unterdrücken, welches nicht der Fall seyn würde, wenn sie in einer Zerstörung des Theils, oder in einem andern Umstande, der durch seinen Reiz ähnliche Wirkungen hervorbrächte, ihren Grund hätten. Bey Wunden ist eine solche Unterdrückung der Eiterung unmöglich; sie müssen eitern, wenn sie nicht bald durch die schnelle Vereinigung geheilt werden. Allein dieser Beweis ist nicht stringent; denn wir können allerdings die Eiterung in Wunden hindern, wenn diese durch zufällige Umstände veranlaßt worden sind, indem wir sie durch die Adhäsion heilen, welche wie eine Art von Zertheilung wirkt.

Obgleich die Eiterung oft ohne sichtbare sehr gewaltsame Thätigkeit der lebendigen Kräfte erregt wird, so finden wir doch im allgemeinen, daß wenn eine gutartige Entzündung in Eiterung übergehen soll, jene sehr heftig seyn muß.

Diese Thätigkeit ist sodann allemal stärker als bey der vorhergegangener Entzündung, und es scheint in solchen Fällen die Eiterung weiter nichts zu seyn, als eine vermehrte Erregung, durch welche eine ganz neue Art der Thätigkeit hervorgebracht wird, welche in ihrem Fortgange die erste aufhebt.

Die Stärke, mit welcher sich diese Thätigkeit äußert, ist die Ursache daß die Wirkungen derselben so schnell erfolgen; denn eine Entzündung, welche fähig ist, so schnell eine so wichtige Veränderung in den Verrichtungen der Theile, wie die Eiterung ist, zu bewirken, muß nothwendig stark seyn; Sie versetzt gleichsam den natürlichen Verrichtungen, und dem organischen Bau der Theile einen gewaltsamen Stoß.

Diese Entzündung ist also stärker oder schwächer, je nachdem die Ursache derselben, in Rücksicht auf den Zustand des ganzen Körpers, und des leidenden Theils insbesondre, mehr oder weniger heftig wirkt.

Die Entzündung, welche vor einer von selbst entstandnen Eiterung hergeht, ist allemal heftiger, als wenn sie von einer erlittnen Verletzung abhängt. Ist z. B. die Eiterung der Quantität nach derjenigen gleich welche nach der Amputation des Schenkels entsteht, so muß die vorhergegangne Entzündung weit größer gewesen seyn, als diejenige welche eine Folge der Amputation, zu seyn pflegt.

Die Wirkungen dieser Entzündung sind verschieden, nach Maasgabe der verschiednen Aeußerung dieser Thätigkeit während des Fortgangs derselben. Denn je schneller sie ihre Zeiträume durchläuft, desto einfacher ist auch gewiß ihre Ursache, und desto schneller und heilsamer ihr Ausgang und ihre Wirkungen. Diese Vorstellungsart läßt sich vollkommen mit dem Begriff der Entzündung, die von zufälligen äußern Ursachen herrührt, vereinigen, denn hier durchläuft sie ihre Zeiträume schneller, und mit weniger Entzündung.

Dies scheint der Fall selbst in den Theilen zu seyn, die zu eignen chronischen Uebeln besonders geneigt sind,

z. B. in den Brüsten beym weiblichen und in den Hoden beym männlichen Geschlechte. Eine hitzige schnelle Entzündung dieser Theile ist allemal in ihren Folgen besser als eine chronische. Mit andern Worten: diese Theile sind fähig, die gewöhnliche suppurative Entzündung, die in den meisten Fällen sich glücklich endigt, zu erleiden. Vielleicht besteht eben das eigenthümliche gewisser Entzündungen, in dem langsamern Verlauf derselben.

Wir mögen nun diese Thatsache betrachten aus welchem Gesichtspunkte wir wollen, so weißt sie uns doch mit einiger Gewisheit auf die wahrscheinlichen Folgen einer Entzündung, und auf eine richtige Prognosis hin.

Die Eiterung entsteht leichter auf der Oberfläche der Kanäle als in häutigen Hüllen und in der Zellhaut. Eine Veranlassung die eine Vereiterung in jenen hervorbringen würde, erregt in diesen nur eine adhäsive Entzündung. Wird eine Bougie nur auf wenige Stunden in die Harnröhre gebracht, so entsteht sogleich Eiterung, wird hingegen eine Bougie anf eben so lange Zeit in die Scheidenhaut des Hoden, oder in die Bauchhöle gebracht, so entsteht nur eine Anlage zur Adhäsion, so daß in so kurzer Zeit, nicht einmal dieser Zeitraum der Entzündung ganz zurückgelegt wird. Die Materie, welche auf solchen Oberflächen erzeugt wird, ist nicht allemal Eiter, und manchmal weit mannichfaltiger als bey einem Geschwür, und dies kommt wahrscheinlich daher, daß die Ursache nicht so leicht aus dem Wege geräumt werden kann. Ein Stein der die Harnblase reizt, ein Krampf in der Harnröhre, und ein Leiden der Harnblase selbst, erzeugen sämmtlich ganz verschiedne Materien. Oft findet man Eiter, eiterförmigen Schleim, und wirklichen Schleim zugleich beysammen, oft nur das eine oder das andre. Ich glaube mit einigem Grunde, daß die Erzeugung des eiterförmigen Schleims am leichtesten von statten gehe, und daß zur Hervorbringung des wirklichen Schleims die stärkste Reizung erfodert werde.

I. Symptome der suppurativen Entzündung.

Bey der suppurativen Entzündung äußern sich im ganzen dieselben Symptome, welche überhaupt bey jeder Entzündung vorkommen, nur finden dieselben hier in einem höhern Grade statt als bey der Entzündung welche zur suppurativen führt. Auch hat diese letztere gewisse Symptome, die ihr allein eigen sind, und die folglich hier eine eigne Schilderung verdienen.

Die körperlichen Gefühle, welche durch einen unvollkommnen Zustand unsers Körpers erregt werden, erwecken immer eine dunkle Vorstellung von der Natur dieses Zustandes. Die suppurative Entzündung erregt das Gefühl eines einfachen Schmerzes, welches mit keiner andern Art von Gefühl verwandt ist, und durch Worte nicht näher bezeichnet werden kann. Es wird verschiedentlich modificirt, je nachdem die Theile, welche in Eiterung übergehen, ihrer innern Einrichtung nach verschieden sind. Die Bemerkungen die ich in Rücksicht auf den Zeitraum der adhäsiven Entzündung gemacht habe, lassen sich, unter gehöriger Einschränkung, auch hier anwenden.

Dieser Schmerz nimmt bey jeder Erweiterung der Arterien zu, und dies erregt das klopfende Gefühl, nach welchem man, bey genauer Aufmerksamkeit auf den leidenden Theil die Zahl der Pulsschläge berechnen kann. Vielleicht ist dieses Symptom eins der unterscheidendsten Merkmale dieses Grades der Entzündung. Wenn die Entzündung aus dem adhäsiven Zeitraum in den suppurativen übergeht, dann nimmt der Schmerz um ein beträchtliches zu, und zwar, wie es scheint, so lange als die Eiterung noch um sich greift; sobald sie aber völlig im Gange ist, läßt auch der Schmerz etwas nach; doch nimmt er wieder zu wenn die Verschwärung ihren Anfang nimmt, und ist heftiger oder gelinder, je nachdem die Verschwärung mehr oder weniger schnell erfolgt. Das Gefühl aber welches die Verschwärung begleitet, erweckt mehr die Vorstellung von einem Wundseyn (soreness.)

Die Röthe, die sich im Zeitraume der adhäsiven Entzündung zeigte, wird jetzt höher, und lichtscharlach. Es ist dieses die eigentliche Farbe des arteriösen Blutes und kann als beständiges Symptom angenommen werden, denn man findet sie bey allen innerlichen Entzündungen wenn die entzündeten Theile entblößt werden, so wie auch bey allen Entzündungen an der Oberfläche.

Ich bemerkte oben in der Einleitung zur Theorie der Entzündung, und in dem Abschnitt wo ich von dem Zeitraum der Adhäsion handelte, daß die alten Gefäße sich erweitern, und neue sich bilden. Dieses dauert

jetzt,

jetzt, in den benachbarten Theilen welche nicht eitern, noch immer fort, und vermehrt in doppelter Rücksicht die Röthe derselben, theils weil die Gefäße noch zahlreicher werden, theils weil rothes Blut nun auch in solche Gefäße getrieben wird, die vorher blos Serum und gerinnbare Lymphe führten.

Der Theil, der in den ersten Zeiträumen, oder während der adhäsiven Entzündung steif, hart, und geschwollen war, schwillt jetzt noch mehr an, weil die Gefäße sich mehr erweitern, und mehr gerinnbare Lymphe ausschwitzt, um die Adhäsion zu bewirken.

Die wäßrige Geschwulst, die einen entzündeten Theil im Zeitraume der Adhäsion umgiebt, verbreitet sich nach und nach auch in die benachbarten Theile.

Bey Vereiterungen, die ohne erkennbare äußere Veranlassung entstehen, verliert eine entzündete Stelle nach der andern das Vermögen sich zu zertheilen, und die Anlage derselben wird nun völlig derjenigen gleich, die bey entblößten, oder mit einem fremden Körper in Berührung stehenden Oberflächen statt findet. Geschieht dies in der Zellhaut, oder in den häutigen Hüllen vollkommner Höhlen, so fangen nun auch die Gefäße an ihre Anlage, und die Art ihrer Thätigkeit zu ändern, und gehen so nach und nach in den Zustand über, der zur Erzeugung des Eiters nöthig ist, so daß die ausgeleerten Materien, als die Producte jener Veränderungen, nach und nach von der Natur der gerinnbaren Lymphe zur Natur des Eiters übergehen. Man findet daher gemeiniglich in Abscessen gerinnbare Lymphe und Eiter beysammen, so daß die Menge der ersten um so größer ist, je früher man das Geschwür öfnet. Dies ist die Quelle der Vorstellung, die man sich gemeiniglich von der Sache macht, und des Ausdrucks: „Die Materie ist noch nicht gekocht“ oder: „der Absceß ist noch nicht reif.“ Der eigentliche Sinn dieser Ausdrücke ist: der Absceß hat den Zeitraum der Eiterung noch nicht vollkommen erreicht.

Es erhellet hieraus, daß die Eiterung auf dergleichen Oberflächen ohne eine Trennung des Zusammenhangs in festen Theilen, und ohne eine Veränderung in der Struktur derselben stattfinden kann, ein Ereigniß, das noch nicht allgemein bekannt und zugestanden ist. *) Haben dergleichen Oberflächen das Stadium der adhä-

*) Die Erfahrung ist nicht ganz neu, daß in einigen größern Hölungen ohne Trennung des Zusammenhangs Eiterung entstehen kann. In dem Jahre 1749 oder 1750 zergliederten wir den Leichnam eines jungen Menschen, bey welchem man, nach Oefnung der Brusthöle, auf der linken Seite eine beträchtliche Eitersammlung fand. Das Brustfell und die Lunge waren ganz und unversehrt. Mein Bruder D. Hunter, zeichnete sich dies als eine neue Beobachtung auf, daß Eiterung ohne eine Verletzung der Oberfläche stattfinden könne, und lies den Herrn Sam. Sharp holen, um es ihm zu zeigen. Es war auch diesem etwas neues, und er machte die Entdeckung in seinem Critical enquiry bekannt. Seitdem hat man bey Entzündungen des Bauchfells diese Erscheinung oft gesehen. [Auch die Absonderung des eiterförmigen Schleims, welche so oft der Entzündung absondernder Membranen folgt, ereignet sich ohne eine Trennung des Zusammenhangs dieser Häute, z. B. beym Tripper, bey der Thränenfistel u. s. w. H.]

siven Entzündung zurückgelegt, so verhalten sie sich in der Eiterung eben so, wie die innern Oberflächen der Gefäße und andrer Kanäle.

Diejenige Periode der Entzündung, wo die Anlage zur Eiterung sich auszubilden anfängt, kündigt sich durch neue, den ganzen Körper afficirende Symptome an, nämlich durch Schauer.

Ob es gleich scheinen möchte, daß diese Veränderung der Anlage ziemlich geschwind erfolgen müsse, weil sich die Wirkungen davon so plötzlich im ganzen Körper äußern; so sind doch diese Wirkungen bey weitem nicht die ersten und unmittelbaren Folgen jener Veränderung, denn es gehört einige Zeit dazu, ehe die Gefäße diejenige Einrichtung erlangen, welche erfoderlich ist, um alle fernern Zwecke der Natur zu erreichen. Es vergeht auch wirklich einige Zeit, ehe die Eiterung völlig zu Stande kommt, und zwar längere oder kürzere Zeit, nachdem der Entzündungszeitraum schneller oder langsamer zu Ende geht; denn so lange die Entzündung noch fort währt, befindet sich der Theil in einem Mittelzustand zwischen Entzündung und Eiterung.

Als Folge der Entzündung entsteht mithin die Anlage zur Eiterung, oder derjenige Zustand, der den Theil zur Erzeugung des Eiters geschickt macht. Hiebey scheint die Entzündung erst eine solche Höhe zu erreichen, daß sie den Zustand der Theile, von dem sie abhängt, aufhebt, und die Folge davon ist, daß jene Theile die Anlage zur Entzündung verliehren, und die zur Absonderung des Eiters erfoderliche, annehmen.

Es scheint ein allgemeines und sehr wohlthätiges Gesetz in der thierischen Oekonomie zu seyn, daß bey von selbst entstandnen Entzündungen, wo entweder die Verrichtungen der Theile dermaßen in Unordnung gekommen sind, daß sie unmöglich gleichsam durch eine rückgängige Umwandlung ihren natürlichen Zustand wieder annehmen können, oder wo eine Störung der natürlichen Verrichtungen, z. B. die Entblößung innrer Oberflächen, die erste Ursache der Entzündung war, daß hier, sage ich, die Natur Vorkehrungen trift, auf einem zweyten Wege die Heilung zu bewirken. Daß die Anlage zur Eiterung, ob sie gleich eine Folge der Entzündung ist, dennoch von dem ächten entzündungsartigen Zustande ganz verschieden sey, beweisen verschiedne Beobachtungen: Es findet nicht eher eine vollkommne Eiterung statt, als wenn die Entzündung ganz vorüber ist, und so wie diese nachläßt, stellt sich die Eiterung stufenweise ein. Wenn ein gutartiges Geschwür, entweder durch eine eigenthümliche Veränderung in der ganzen körperlichen Verfassung, oder in dem Grade der Entzündung, die das Geschwür unterhält, oder durch zufällige äußere Umstände, sich von neuen entzündet; so ist dann der Ausfluß und das ganze übrige Ansehen vollkommen das nämliche, als es dann seyn würde, wenn der Theil erst anfienge sich zu entzünden, aber ganz anders als es dann zu seyn pflegt, wenn die Eiterung schon völlig im Gange ist.

II. Von der Behandlung solcher Entzündungen, bey welchen Eiterung nothwendig ist.

Wo eine Entzündung durch zufällige Ursachen erregt worden, aber mit solchen Umständen begleitet ist, daß keine Hofnung die Eiterung zu verhüten übrig bleibt, dann ist es Regel, die Entzündung, wenn es nöthig seyn sollte, zu mäßigen, aber nicht in der Absicht, die Eiterung zu verhüten. Ist das Maas der Kräfte gros, und die Verletzung sehr beträchtlich, so hat man eine sehr heftige Entzündung mit Wahrscheinlichkeit zu erwarten Ist nun der Einfluß, den die Entzündung auf die ganze thierische Maschine äußert, und der mit dem Umfang der entzündeten Oberfläche in Verhältnis steht, ebenfalls heftig; so sind gewisse allgemeine und auf den ganzen Körper wirkende Erleichterungsmittel nothwendig, als da sind: Blutausleerungen, Abführmittel, zweckmäßige Diät, vielleicht auch die Ekelkur, weil die Eiterung, wenn die Entzündung den ganzen Körper zu afficiren fortfährt, nicht so gutartig seyn kann als sie außerdem seyn würde. Die nämlichen Anzeigen finden statt, wenn der Körper sehr reizbar ist, welches man im allgemeinen aus der Art, wie sich die entzündungsartigen Zufälle äußern, erkennt. Kurz, man mag nun die Zertheilung oder die Eiterung zur Absicht haben, so ist in beyden Fällen nöthig, die allzugroße Reizbarkeit und Thätigkeit der Gefäße zu mäßigen, es mag nun übermäßig exaltirte Lebenskraft, oder übermäßiger Reiz bey weniger Lebenskraft, zum Grunde liegen.

Wenn bey einer topischen Entzündung die Gesundheit des ganzen Körpers sehr gelitten hat, so verschaffen gelinde schweistreibende Mittel dem Patienten viel Erleichterung, z. B. Spiesglanzmittel, das Dover'sche Pulver, Salzauflösungen, Minderers Liquor ꝛc. weil diese Mittel, vermöge ihrer wohlthätigen Wirkung auf die Haut, alle widernatürliche Bewegungen, in den durch den Consensus mitleidenden Theilen, besänftigen, der übermäßigen Reizbarkeit entgegenarbeiten, und auf diese Weise das Gleichgewicht des Ganzen wiederherstellen. Der Mohnsaft, wenn er nur in kleinen Gaben als ein beruhigendes Mittel gereicht wird, stimmt die Thätigkeit nur herab, und bringt nicht etwa eine andre Modification derselben hervor, daher er nur auf eine Zeitlang Dienste leistet; auch hat der Mohnsaft nicht überall diese Wirkung, denn bey gewissen Personen vermehrt er die Erregung, und folglich die Krankheit selbst.

Frische Wunden, blos als Wunden betrachtet, sind sich, was die dagegen anzuwendenden Mittel betrift, alle gleich. Der Zweck, den man bey der Behandlung derselben vor Augen hat, ist, sie in einen solchen Zustand zu bringen, daß die Eiterung mit der möglich mindesten Beschwerde für die leidenden Theile erfolge. Der erste Verband bleibt gewöhnlich so lange liegen, bis die Eiterung sich zeigt, es müßte denn seyn, daß die Lage des Theils eine Ausnahme veranlaßte, oder daß andre Nebenumstände es erfoderten den Verband früher zu wechseln, und eine andre Behandlung zu wählen.

Der Unterschied zwischen zwey Wunden kann in Beziehung auf die natürliche Beschaffenheit des verwundeten Theils sehr groß seyn. So sind zuweilen kleine Gefäße durchschnitten, die man nicht wohl hervorziehen und unterbinden kann, und wo man doch die Blutung stillen muß. Man kann hier seinen Zweck durch die Art des Verbandes erreichen, und aus dem Grunde verlangen solche Wunden einen Verband, der blos diesen Umständen angemessen ist.

Bey penetrirenden Wunden, wo durch die äußere verletzende Ursache nicht nur die Theile selbst, sondern auch die eigenthümlichen Verrichtungen derselben, widernatürliche Veränderungen erlitten haben, ist ein den Umständen angemeßner Verband ein sehr wesentliches Erfoderniß. Auch eine ganz einfache Wunde in den äußern Bedeckungen einer Höle, z. B. in den Bedekkungen des Bauches und der Brust, der Gelenke und des Kopfes, kann auf die in diesen Hölen befindlichen Theile einen solchen Einfluß haben, daß der Wundarzt sich genöthigt sieht den Verband anders einzurichten, als es außerdem bey einer andern einfachen Wunde nöthig gewesen seyn würde. Manche Wunden dürfen sich gar nicht schließen, sondern müssen immer offen erhalten werden, weil wir einen künftigen Zweck dabey vor Augen haben, z. B. der Schnitt in der Scheidenhaut des Hoden bey der Radicalkur des Wasserbruchs; Andre Wunden erfodern vorzügliche Aufmerksamkeit ehe die Eiterung eintritt; bey diesen muß der Verband so eingerichtet werden daß man ihn schnell und leicht abnehmen kann, um die Theile gleich zu untersuchen wenn sich neue Zufälle ereignen, z. B. bey Kopfwunden mit oder ohne Brüche der Hirnschaale. So verschieden nun aber auch der Verband, in Rücksicht auf die mancherley Umstände, die bey Wunden eintreten können, seyn muß, so kommen doch diese Wunden sämmtlich darin überein, daß sie in Eiterung übergehen, und es muß folglich eine allgemeine Verfahrungsart geben, die man bey allen Wunden dieser Art zu befolgen hat, so weit die besondern dabey eintretenden Rücksichten es erlauben.

In England verbindet man seit einigen Jahren blos mit trockner Charpie. Man hat diese Methode wahrscheinlich aus dem Grunde fast durchgängig angenommen, weil bey den meisten Wunden eine Blutung stattfindet, und dieser Verband der Blutung Einhalt thut. Allein man verlohr bald den ursprünglichen Zweck desselben aus den Augen, und behielt blos mechanisch die Regel bey, daß der erste Verband so gemacht werden müsse.

Ich brauche kaum zu erinnern, daß alle Wunden, wenn sie eitern sollen, erst entzündet gewesen seyn müssen, und in diesem Stück den von selbst entstandenen Entzündungen, gleich sind. Ist diese Beobachtung richtig, wie sehr muß nicht bey einer von selbst entstandenen Entzündung diese Methode den allgemein für wahr angenommenen Grundsätzen widersprechen? Es entsteht nämlich die Frage: Was für ein Unterschied findet statt zwischen einer Entzündung die als Folge einer Wunde, und einer andern, die ohne eine Wunde entsteht? Desgleichen: Welcher Unterschied findet statt zwischen dem Verbande einer Wunde, die sich erst entzünden soll, während der Verband darauf liegt, und dem Verbande einer andern die bereits entzündet ist? Ich müßte darauf antworten: Keiner.

Wunden, welche eitern sollen, müssen, wie ich bereits bemerkt habe, erst die Zeiträume der adhäsiven und suppurativen Entzündung durchgehen. Diese Entzündungen in Wunden, sind völlig analog mit jenen von selbst entstehenden Entzündungen, in deren Fortgange sich Eiter erzeugt, und ein Absceß bildet, oder wo die Oberfläche in Verschwärung übergeht, und ein Geschwür entsteht.

Ich habe oben schon angezeigt, daß man sich jetzt beym Verbande solcher Wunden, der Breyumschläge und der Bähungen zu bedienen pflegt. Es scheint indessen, als ob man diese Mittel, ohne Unterschied und ohne genau zu untersuchen, ob ihr Gebrauch zum vorliegenden Fall paßt, anwende; denn man bedient sich derselben, ehe die Eiterung erfolgt, und wo man diese gar nicht beabsichtigt; in Fällen wo man die Eiterung befördern will, und wo sie schon eingetreten ist. Nun kann aber die Anzeige in Rücksicht auf die Eiterung selbst, abgesehen von allen andern Zwecken, in allen diesen verschiednen Zuständen, unmöglich immer dieselbige seyn; sondern, wenn Breyumschläge und Bähungen in diesen beyden verschiednen Perioden des Uebels wirklichen Nutzen leisten, so müssen diese auch beyde etwas mit einander gemein haben, weswegen jene Mittel abhelfen, auf die Eiterung allein aber kann sich dieser Nutzen nicht beziehen. Nun habe ich ferner oben den

Nutzen der Breyumschläge in Entzündungen der Haut gezeigt, es mögen nun dieselben protopathisch, oder durch einen tiefer liegenden Absceß, der nach und nach sich einen Weg nach außen bahnt, erregt seyn, und habe zugleich bemerkt, daß jener Nutzen darin besteht, daß sie die Haut weich und feucht erhalten. Dies ist nun, meines Erachtens, der Nutzen, den Breyumschläge in Entzündungen, sowohl vor dem Eintritt der Eiterung als nach demselben, so lange die Entzündung noch fortwährt, bis zum Aufbruch des Abscesses, leisten. Denn wenn sich ein Absceß einen Weg nach der Haut bahnen soll, so ist dazu derjenige Grad der Entzündung nöthig, den ich die ulcerative Entzündung nenne, und nur unter dieser Bedingung fängt der Absceß an sich zu setzen; Breyumschläge sind mithin hier noch insofern von Nuzzen, als sie bey der Entzündung Dienste leisten, und ihre Anwendung ist gegründet und allgemein, insofern die Entzündung, als der erste Grund um dessen willen man sie anwendet, durch alle Perioden des Uebels fortdauert. Braucht man sie aber bey Entzündungen in der Absicht, die Eiterung zu verhüten, so hat man gar keinen vernünftigen Grund dazu, obgleich ihre Anwendung in anderer Rücksicht hier sehr schicklich ist.

Ist mein obiger Satz wahr, daß Wunden, welche man zur Eiterung kommen läßt, sich in eben dem Zustande befinden als Entzündungen, welche in Eiterung übergehen sollen, so entsteht die Frage, wie sich die beyden verschiednen Methoden mit diesem Satze reimen lassen? Man legt Charpie auf eine frische Wunde, noch ehe sie sich entzündet, und fährt mit dem Auflegen derselben während des ganzrn Verlaufs der Entzündung fort, bis sich Eiterung einstellt, weil man sie nicht eher losbringen kann. Trockne Charpie ist ein sehr schlechter Verband für frische Wunden, die noch gar nicht entzündet sind, denn sie klebt, durch das ausgetretne und geronnene Blut, mehr oder weniger an die Wundflächen an. Daher läßt sie sich nicht gut losbringen, und muß oft Monate lang liegen bleiben, weil sie ganz mit neuerzeugter Substanz umgeben ist, welches vorzüglich auf der Oberfläche begränzten Hölen zu geschehen pflegt, z. B. in der Scheidenhaut des Hoden nach der Operation des Wasserbruchs; und doch ist dieses noch nicht die größte Unbequemlichkeit, die man davon zu erwarten hat. Die Zwischenräume der Charpie werden nämlich mit Blute angefüllt und durchzogen, wodurch sie sehr hart wird, sobald sie austrocknet; dieses geschieht allemal ehe sie sich absondert, und diese Absonderung erfolgt nicht anders als durch Eiterung. Es ist mithin dieser Verband der schlechteste, den man bey solchen Wunden wählen kann.

Da man bey Entzündungen, die nicht Zufall oder Folge einer Wunde sind, sondern blos an und für sich allein als Entzündungen zu betrachten sind, die Breyumschläge für das beste Wundmittel hält; so glaube ich, daß diese Umschläge bey allen Entzündungen ohne Ausnahme, sie mögen abstammen, von welcher Ursache sie wollen, die beste Art des Verbandes abgeben. Nach meinen Begriffen schickt sich bey einer Wunde, die noch nicht entzündet ist, blos als Wunde betrachtet, eine solche Substanz zum Verbande am besten, die weich ist und die Theile feucht erhält, und so wenig Zusammenhang besitzt, daß sie sich mit leichter Mühe absondern läßt. Breyumschläge sind das einzige Mittel dieser Art, und geben mithin, wenn sie alle jene Eigenschaften in sich vereinigen, den allerbesten Verband ab. Sie bleiben beständig weich, und lassen die Theile nicht zu trocken werden, auch kann man sie, so oft man will, ganz oder zum Theil, mit leichter Mühe hinwegnehmen. Man hat sich also in diesen Fällen eben den Nutzen davon zu versprechen, als bey Entzündungen ohne Wunde; und gesetzt auch, er wäre nicht völlig so gros, so gereicht doch schon der Umstand, daß man ihn leicht hinwegnehmen kann, besonders gegen den trocknen Verband gehalten, sehr zu seiner Empfehlung.

Hingegen sind Breyumschläge, wenn ihnen jene Eigenschaften fehlen, aus andern Gründen, nicht überall und zu jeder Zeit anwendbar. Denn um sich jene Vortheile von ihm versprechen zu können, müssen sie eine Masse bilden, welche für gewisse Absichten allerdings zu groß seyn würde. Wo sie sich aber nur irgend schicken, geben sie den besten Verband ab, und auch selbst in den Fällen, wo ihre Anwendung gar nicht statt findet, würde ich doch die Charpie nie trocken, sondern lieber mit einer fetten Salbe bestrichen, anwenden, um zu verhüten, daß sich das Blut nicht hineinziehen und die Charpie nicht drücken, sondern leicht weggenommen werden könne.

Diesen Verband setzt man einige Tage oder wenigstens so lange fort, bis sich gutes Eiter zeigt; dann aber kann man mit vielem Vortheil trockne Charpie anwenden, es müßte denn seyn, daß das Geschwür durch eine specifische Ursache unterhalten würde. Dies ist jedoch bey frischen Wunden selten der Fall, und eine Wunde, die nach einer Operation zurückbleibt, darf gar nicht etwas specifisches an sich haben, weil das specifische Leiden, wenn dergleichen vorhanden gewesen seyn sollte, durch die Operation entfernt, und der Schnitt aus dem Grunde, im gesunden Theile gemacht werden muß, wie bey der Ablösung eines scrophulösen Gelenks, oder bey der Ausrottung eines Brustkrebses. Hat aber die Wunde späterhin einen specifischen Charakter angenommen, so muß der Verband so eingerichtet werden, wie ich weiter unten zeigen werde.

Gemeiniglich macht man die Umschläge zu dünn, so daß sie beym leichtesten Drucke oder vermöge ihrer eignen Schwere von der Wunde losgehen; sie müssen so dick seyn, daß sie die beym Auflegen ihnen gegebne Form behalten.

Man macht sie gemeiniglich aus harter Brodkrume und Milch; es giebt dieses aber ein zu sprödes Gemisch, welches bey der geringsten Bewegung leicht in Stücke zerfällt, und oft einen Theil der Wunde unbedeckt läßt, wodurch der Zweck des Wundarztes vereitelt wird.

Die besten Breyumschläge sind die aus Leinsaamenmehl; sie lassen sich am besten auflegen, und verbreiten sich gleichförmig zwischen jedem Verband. Man kann von dieser Mischung immer so viel in Vorrath machen, als man braucht, und sie hält immer, wenn man sie auflegt, hinlänglich zusammen. *)

Man pflegt auch in dieser Periode der Wunde Bähungen zu machen, die gemeiniglich in dem Augenblick wo man sie auflegt Linderung verschaffen; dies ist allerdings ein hinreichender Grund sie beyzubehalten, zumal da es einmal so hergebracht ist. Sobald die Eiterung vollkommen im Gange ist, kann man den Theil so verbinden, wie es das äußere Ansehen des Geschwürs erfodert.

Dieser Verband schickt sich am besten bey Wunden in gesunden Theilen, die durch Erzeugung neuer Substanz heilen sollen. Eben so anwendbar ist er auch bey abgestorbenen Theilen, die einen Schorf bilden, und mithin bey Schußwunden, und wahrscheinlich bey allen gerissenen Wunden. Denn wenn man Charpie auf einen Theil legt, von welchem sich eine verdorbne Stelle losstoßen soll, so bleibt sie oft so lange liegen, bis sich der Schorf absondert, welches erst nach acht, zehn oder mehr Tagen geschieht.

Bey Behandlung der Wunden, wo man auf Eiterung wartet, ist es, von einer Seite betrachtet, rathsam, die Theile ungehindert sich selbst zu überlassen, und ihr freywilliges Zurückziehen nicht zu hindern. Die

---

*) Man nimmt eine genugsame Menge siedendes Wasser, rührt das Leinsaamenmehl hinein, bis es dick genug ist, und setzt dann etwas weniges von einem milden Oele dazu.

natürliche Elasticität der Haut, und das Zurückziehen der Muskeln macht gewöhnlich, daß die verwundeten Theile entblößt werden, und die darauf folgende Entzündung entblößt sie gewöhnlich noch mehr. Bey Wunden, die durch zufällige Ursachen veranlaßt werden, ist dies meistentheils noch mehr der Fall, als bey Operationen, wo doch immer die Wundärzte mit Recht die Wunde so klein als möglich zu machen, und von der alten Haut so viel möglich zu sparen suchen, weil sie wissen, wie vortheilhaft beydes ist. So geschieht dies z. B. bey der Ablösung des Schenkels, bey Ausschälung einer Geschwulst, bey Oefnung eines Abscesses. Dies alles ist sehr zweckmäßig, und man verfährt auch nach dieser Maxime gleich nachdem eine Wunde beygebracht, oder eine der eben gedachten Operationen vollzogen worden ist. Nach der Amputation zieht man die Haut herab, und erhält sie so durch den Verband; Wunden zieht man durch Vereinigungsbinden zusammen. Alles dieses geschieht nun in gewisser Rücksicht zu früh, und zu einer Zeit, wo die Natur gerade den entgegengesetzten Weg einschlagen will. Die Theile entzünden sich nothwendig, und ziehen sich dabey gemeiniglich noch mehr zurück; in dieser Rücksicht ist es also gut, wenn man alles ungehindert seinen natürlichen Gang nehmen läßt, bis die Entzündung nachläßt und sich Fleichkörnchen in der Wunde zu bilden anfangen. Diese werden, vermöge ihrer Kraft sich zusammenzuziehen, das ersetzen was wir versäumt hatten, und sollte nun ein unerwarteter Zufall machen, daß die Bildung der neuen Substanz zur Vereinigung der Wunde nicht hinreichte, dann erst, und nicht früher, ist es Zeit, der Natur zu Hülfe zu kommen. Betrachtet man aber die Sache aus einem andern Gesichtspunkte, so zeigt sich, daß es sehr nützlich ist, die Haut soviel möglich über der Wunde zusammenzuziehen, und daselbst festzuhalten. Denn zur Zeit der Entzündung vereinigen sich die Wundlefzen in dieser Lage, wodurch die eiternde Stelle weit kleiner wird, als sie außerdem seyn würde; auch glaube ich, daß, wenn man einmal gleich Anfangs dieses Verfahren beobachtet hat, dasselbe nachher einige Zeit lang fortgesetzt werden muß, weil sonst etwa die schon geschehene schnelle Vereinigung, nicht fest genug seyn möchte, um die Theile so lange zusammenzuhalten, bis die Erzeugung neuer Substanz sie unterstützt.

Oft geschieht es, bey zufälligen sowohl, als durch eine Operation veranlaßten Wunden, daß ein Theil derselben sehr glücklich durch die schnelle Vereinigung heilt, wie z. B. bey Verletzungen am Kopfe, wo ein Stück der äußern Bedeckungen losgerissen ist, bey Gesichtswunden ꝛc. desgleichen nach gewissen Operationen, vorzüglich an solchen Theilen, wo die Haut schlaff und voller Falten ist, wie am Hodensack, oder wo man bey der Operation selbst die Haut geschont hat, wie bey einigen Methoden der Amputation, der Ausrottung der Brüste ꝛc. Hier kann man die untere Seite der gespannten Haut, mit den darunter liegenden Theilen durch schnelle Vereinigung verheilen lassen, so daß nur ein Theil der Wunde in Eiterung übergeht. In allen diesen Fällen ist ein schicklicher Verband, der die Theile einander nähert, und in dieser Lage erhält, sehr vortheilhaft; ja man kann sich sogar mit guten Erfolge der Nath bedienen, wie ich bey der Heilung der Wunden durch schnelle Vereinigung angerathen habe.

III. Behandlung der Entzündung nach eingetretner Eiterung.

Es ist sehr begreiflich, daß bey Entzündungen, die von selbst, es sey nun von allgemeinen oder von örtlichen Ursachen, entstehen, ein anderes Verfahren beobachtet werden müsse, wenn die Eiterung schon eingetreten ist, als da wo man noch darauf denkt, sie abzuwenden. Aber selbst dann noch würde es in vielen Fällen sehr nützlich seyn, und noch viele üble Folgen verhüten, wenn man der fernern Erzeugung des Eiters Einhalt thun könnte. Gewiß ist es, daß eine schon angefangene Eiterung sich zuweilen selbst Gränzen setzt, zum sichern Beweiß, daß es in der kranken thierischen Natur ein allgemeines Gesetz gebe, nach welchem jene Wirkung erfolgt. *)

*) Ich habe schon oben bemerkt, daß eine Entzündung oft vorübergeht, ohne daß eine Eiterung erfolgt, ja daß sogar die ersten Zeiträume der Eiterung vorübergehen, ohne daß sich neue Substanz in den Theilen bildet, wobey die letztern in den adhäsiven Zustand zurückkehren, und das schon erzeugte Eiter wieder zurückgesogen wird, so daß der Zustand der Theile fast der nämliche ist, wie er vor der Entzündung war. Als ein vorläufiger Beweis hievon kann die Erfahrung dienen, daß bey penetrirenden Wunden der größern Hölen, die in denselben befindlichen Theile oft ganz gesund, und ohne neu erzeugte Substanz angetroffen werden, ob ihnen gleich durch die

Ich habe Leistenbeulen gesehen, die durch Brechmittel geheilt wurden, nachdem die Eiterung schon

---

Entblößung zur Entzündung und Eiterung Gelegenheit gegeben worden war. Die Eiterung bleibt gemeiniglich aus, ohne daß sich, meines Erachtens, die Theile durch Adhäsion vereinigen, und ohne daß sich Verwachsungen bilden, sondern so, daß die Theile in ihren ursprünglichen und natürlichen Zustand zurückkehren. Es geschieht dieses zuweilen nach der Operation der Eiterbrust. Ich habe Fälle gesehen, wo Verletzungen bis in die Brusthöle gedrungen waren, und wo man Ursache hatte, zu vermuthen, daß die ganze Höle erweitert seyn müsse, und wo dennoch die Patienten glücklich davon kamen. Man darf in solchen Fällen wohl schwerlich annehmen, daß die Theile während der Kur sich vereinigt und neue Substanz erzeugt haben, wie dieses im Zellgewebe zu geschehen pflegt: denn ich habe ähnliche Fälle gesehen, wo die Patienten starben, und keine neu erzeugte Substanz gefunden wurde. Ich habe Fälle gesehen, wo man die Radicalkur des Wasserbruchs durch das Aezmittel versuchte; so bald das Wasser abgelaufen war, trat die Eiterung ein; die Oefnung heilte aber bald zu, die Eiterung hörte auf, und man hielt die Kur für beendigt. Allein die Rückkehr des Uebels machte eine Wiederholung des Versuchs nöthig, man öfnete den ganzen Hodensack, und fand die Scheidenhaut des Hoden vollkommen gesund. Die Flüssigkeit ist in solchen Fällen blos ein schleimiges Serum. Ich habe Abscesse auf ähnliche Art rückwärts gehen sehen, glaube aber daß dieser Proceß bey scrophulösen, und vielleicht bey rosenartigen Geschwüren gewöhnlicher ist, als bey andern. Ich habe vereiterte Gelenke, nachdem man sie geöfnet hatte, heilen sehen, ohne daß sich neue Substanz erzeugt hätte, es blieb eine Art von beweglichen Gelenk zurück, selbst dann wenn die Knorpel am Ende der Knochen exfoliirt waren, beträchtlich um sich gegriffen hatte, und bey scrophulösen Abscessen ist dieser Ausgang gar nichts ungewöhnliches. Allein bey diesen leztern findet man selten Entzündung. Dieses Ereigniß scheint zur Verschwärung zu führen, die der Vereinigung gerade entgegengesezt ist. Selbst bey oberflächlichen Geschwüren, wo man mit Wahrscheinlichkeit vermuthen kann, daß die Eiterung ihren Gang fortgehen werde, wenn die Reizung fortdauert, pflegt dieselbe sogleich aufzuhören, sobald man einen trocknen Schorf ansetzen läßt. Die Erzeugung eines

---

welches man bemerkte, wenn man die beyden Enden der Knochen über einander bewegte. [Wenn die Eiterung zuweilen still steht oder ganz aufhört, so geschieht dieses wohl nicht vermöge einer eigenthümlichen Kraft, oder nach einem besondern Gesetz des thierischen Körpers: sondern man kann sich alles nach andern bekannten Naturgesetzen ohne sonderliche Schwierigkeit erklären. Entweder nämlich, 1) mangelt dem Absceß oder Geschwür welches wir als ein Absonderungsorgan betrachten müssen, der zur Unterhaltung des Absonderungsgeschäfts nöthige Grad des Reizes; oder 2) die Reizbarkeit des Organs ist allzusehr vermindert; oder 3) der Reiz ist größer als er zu dieser Art der Absonderung erfordert wird; oder 4) die Reizbarkeit des Organs ist übermäßig erhöhet, (in welchen leztern beyden Fällen meistens, in dem Verhältniß, wie die Eiterung stockt, neue trockne Entzündung eintritt;) oder 5) das Saugvermögen in den absorbirenden Gefäße des Organs ist ungewöhnlich vermehrt. Nirgends beobachten wir das Stocken der Eiterung öfter als bey Fontanellen; und die Fälle, in welchen es sich ereignet, lassen sich immer, wie man bey genauer Prüfung finden wird, auf eine der obengedachten fünf Gattungen zurückbringen. H.]

solchen Schorfs (scabbing) ist der Eiterung also entgegengesetzt. Nichts desto weniger ist es ein Geschäft, dem sich die thierische Natur ungern unterzieht, und die Mittel diese Wirkung nach Belieben zu veranlassen, stehen sehr wenig in unsrer Gewalt. Eine Vermehrung dieser Mittel würde demnach eine sehr nützliche Entdekkung seyn, weil die Eiterung in manchen Fällen einen sehr schlimmen Ausgang nimmt, wie die Eiterung des Gehirns und seiner Häute, der Brust und des Bauchs und ihrer Eingeweide, kurz weil die Vereiterung der zum Leben unentbehrlichen Theile, dem Leben selbst ein Ende macht, und zwar blos durch die dabey erzeugte Materie. Es würden sich zwar viele der Anwendung solcher Mittel in manchen Fällen der Eiterung widersetzen, weil sie es für ausgemacht halten, daß die Eiterung blos eine Absetzung schon vorher im Körper gebildeter Säfte und Materien sey; allein Zeit und Erfahrung werden hoffentlich die Aerzte von solchen Vorurtheilen zurückbringen.

Kann die Eiterung weder zum Stillstand gebracht noch zertheilt werden, so muß man in den meisten Fällen sie beschleunigen, und dieses ist gemeiniglich der erste Schritt der Wundärzte.

Ich weis nicht in wiefern es möglich ist, durch äußre oder innere Mittel die Eiterung zu befördern; allein man versucht es wenigstens in den meisten Fällen, und rühmt uns zu dieser Absicht Breyumschläge und Pflaster, welchen man jene Eigenschaften zuschreibt. Es bestehen dieselben aus den erhitzenden Gummiarten und Saamen, allein ich zweifle sehr, ob sie so gerade zu irgend einen beträchtlichen Nutzen schaffen. Denn wollte man dergleichen Mittel bey einem schon ofnen Geschwür anwenden, so würde der Ausfluß wahrscheinlich eher ab- als zunehmen. Indessen können sie in manchen Fällen, wo die Theile sehr unempfindlich sind, und schwer in wahre Entzündung gehen, mithin auch kein gutes Eiter geben würden, von Nutzen seyn. Sie erregen einen Reiz auf der Haut, und bewirken eine vollkommene, und in der Folge auch eine schnellere Eiterung. Allein bey einer vollkommen gutartigen Eiterung, wo Entzündung voraus gegangen ist, hat man wohl kaum nöthig in Rücksicht auf die Eiterung für sich allein etwas zu thun. Doch glaube ich, meinen Erfahrungen zufolge, behaupten zu können, daß dergleichen Mittel, selbst bey der schnellsten Vereiterung, die Materie geschwinder nach der Haut hinziehen, und dies hat man für vermehrte Eitererzeugung gehalten. Es kann jedoch diese Wirkung nur da stattfinden, wo die innere Oberfläche des Abscesses von jenem Hautreiz afficirt werden kann; sie hängt von einer andern Ursache, von einer andern Modification der lebendigen Thätigkeit ab, als die beschleunigte Eiterung, welche letztere die Verschwärung herbeyführt. Ich habe gesagt, daß die Verschwärung eine Folge der Entzündung, wenigstens mit dieser vergesellschaftet sey; was also diese Entzündung vermehrt, beschleunigt auch die Verschwärung, welche dem Eiter geschwinder einen Weg nach der Haut bahnt, ohne die Quantität desselben zu vermehren.

Gemeiniglich macht man über entzündete Theile, sobald man weis, daß die Eiterung schon eingetreten ist,

Breyumschläge von Brod und Milch. Diese Umschläge können weiter keine Wirkung auf die Eiterung haben, als daß sie die Entzündung mäßigen, oder vielmehr die Haut geschmeidiger machen. Denn ich habe erinnert, daß die wahre Eiterung nicht eher anfängt, als wenn die Entzündung nachgelassen hat. Allein es muß auch die Entzündung schon die Haut erreicht haben, wenn Breyumschläge etwas helfen sollen, weil sie nur auf diesen Theil allein wirken können.

Man muß zuweilen darauf denken, dem Patienten die Schmerzen zu erleichtern, wozu Breyumschläge und Bähungen oft sehr zweckmäßig sind; denn man findet, daß, wenn man die Oberhaut feucht und warm erhält, die Nerventhätigkeit der leidenden Theile gemäßigt, und gleichsam beruhigt wird, und daß im Gegentheil, wenn die entzündete Haut immer trocken bleibt, die Entzündung immer zunimmt. Da nun außerdem durch dieses Verfahren, die Eiterung nicht gestört wird, so ist es allerdings zu empfehlen. Wärme vermehrt die Thätigkeit; je wärmer also die Bähungen sind, desto besser ist es wahrscheinlich: zuweilen vermehren sie die Thätigkeit so sehr, daß sie die Patienten kaum aushalten können.

IV. Ansammlungen von Eiter ohne vorhergegangene Entzündung.

Ich habe bisher die wahre Eiterung beschrieben, die, meiner Meinung nach, lediglich eine Folge vorhergegangener Entzündung ist. So bemerkte ich auch absichtlich, als ich von der Entzündung, als der Ursache der Eiterung sprach, daß man oft Theile verschwellen und dicker werden sahe, ohne die gewöhnlichen sichtbaren Zufälle der Entzündung, Schmerz, Veränderung der Farbe, u. s. w. zu bemerken. Auch sagte ich in dem Abschnitte von der Eiterung nicht ohne Bezug, daß es Ansammlungen von widernatürlichen Flüssigkeiten gäbe, die zwar mit den Eitersammlungen einige Aehnlichkeit hätten, aber nicht als eine Folge gewöhnlicher Entzündungen entstünden. Von diesen soll jetzt die Rede seyn. Ich glaube daß alle Ansammlungen dieser Art scrophulösen Ursprungs sind. Man findet sie gewöhnlich nur bey ganz jungen Leuten, selten bey völlig Erwachsenen und Alten. Man nennt die Flüssigkeit, die sich hier erzeugt, gemeiniglich auch Eiter, und ich muß deswegen hier zeigen, inwiefern wahre Eiterung sich davon unterscheidet. Ob ich gleich den Prozeß, durch den jene Flüssigkeit erzeugt wird, auch Eiterung genannt habe, so fehlen doch dabey alle wesentlichen Kennzeichen derselben, so wie bey der Geschwulst die vorausgeht, die wahren Kennzeichen der Entzündung; und da ich diese nicht eine Entzündungsgeschwulst nenne, so sollte ich, um genau zu sprechen, auch jene nicht Eiterung nennen. Allein es fehlt mir an einem Ausdruck, der den Begriff genau bezeichnete.

Verschiedne kalte Geschwülste, Gliedschwämme, Geschwülste der lymphatischen Drüsen, Knoten in den Lungen und Anschwellungen in verschiednen Theilen des Körpers, sind widernatürliche Verdickungen, ohne bemerkbare Entzündung; und das was gewisse Arten von

Balggeschwülsten enthalten, die Jauche in manchen scrophulösen Geschwüren, z. B. bey scrophulösen Drüsenabscessen, bey der scrophulösen Eiterung mancher Gelenke, z. B. des Hand- und Fußgelenks, am Knie oder der sogenannten weißen Kniegeschwulst, bey gewissen Hüft und Lendenabscessen (hip-cases and loins) das was aus den obenerwähnten Lungenknoten ausgeleert wird, so wie auch mancherley Ansammlungen in verschiednen andern Theilen des Körpers, erzeugen sich ohne vorhergegangne merkliche Entzündung, und sind sich in diesem Stücke alle gleich. Sie entstehen unmerklich, und gemeiniglich ist die Geschwulst, eine Folge der Verdickung, das erste Symptom, dahingegen bey der Entzündung der Schmerz das erste Symptom ist.

Die in dergleichen widernatürlichen Ansammlungen gebildeten Materien, bahnen sich zwar einen Weg nach der Haut, aber doch auf eine andre Art, als es bey Eitergeschwülsten zu geschehen pflegt. Sie dehnen sich nicht leicht weiter aus, noch gehen sie leicht in Verschwärung über, und da vor der Erzeugung der Materie keine adhäsive Entzündung vorhergeht, so entfernen sich dergleichen Ansammlungen leichter von ihrem ursprünglichen Sitz, und ein leichter Druck, selbst ihre eigne Schwere, ist hinreichend, sie nach einem andern Theile zu leiten. Ich nenne sie Abscesse in einem Theile, (abscesses in a part) im Gegensatz der Abscesse eines Theils. (abscesses of a part) Wenn die Materie sich nach außen einen Weg bahnt, so geschieht es meistens blos durch eine Ausdehnung der Theile, wodurch eine breite Oberfläche, die sich nirgends merklich spitzt, gebildet wird. Die benachbarten und angränzenden Theile sind weich, ohne daß eine Verdickung zu bemerken wäre; dies findet vorzüglich bey den sogenannten Abscessen in einem Theile (abscesses in a part) statt.

Solche Ansammlungen sind immer größer, als wenn sie die Folge einer Entzündung, oder mit Entzündung vergesellschaftet gewesen wären. Dies ist die Folge ihres trägen Verlaufes, wodurch die große Ausdehnung über die Gränzen des ursprünglichen Uebels, und die Verbreitung in andre Theile möglich wird; dahingegen ein Absceß, welcher die Folge einer Entzündung ist, sich nur so weit erstreckt, als die entzündete Stelle reicht, die jetzt in Eiterung übergeht. Er bahnt sich schnell einen Weg nach der Haut, wodurch die Ausdehnung und die Verbreitung des Uebels verhütet wird.

Alle Erzeugungen solcher Materien, die nicht Folgen von Entzündungen sind, haben einerley Grundgesetz, das von dem der Entzündung höchst verschieden ist, und sind sich mithin in diese Rücksicht alle gleich. Der Krebs giebt zwar zu einer Absonderung Gelegenheit, aber der abgesonderte Stoff ist nicht eher Eiter, als wenn das Geschwür entblößt (geöfnet) wird. Der Krebs gehört mithin, so wie die Scropheln, unter die Geschwüre, die nicht eher, als bis eine Entzündung dazukommt, und selbst im letztern Falle selten Eiter geben; nur aus einer Entzündung entsteht ächte Eiterung, die sich mit einer Anlage zur Heilung endigt, welches beim

Krebs nicht der Fall ist. Auch scrophulöse Geschwüre widerstehen oft der Heilung.

Ein anderes Merkmal, wodurch sich das Product der Entzündung von jenen andern Erzeugnissen unterscheidet, ist das äußere Ansehen der letztern. Sie bestehen allemal aus einer käsigen Masse, wahrscheinlich gerinnbarer Lymphe, die ihres Serum beraubt ist, *) vermischt mit einer flockigen Substanz, die wahrscheinlich auch nichts anders, und nur in kleinere Stücken getrennt ist. Sie sehen aus wie das, was sich aus thierischen Feuchtigkeiten durch Säure oder Alcali niederschlägt.

So wie die Ursachen, welche diese Materien hervorbringen, nichts gemein haben mit den Ursachen derjenigen, welche aus ächter Entzündung entspringen, so ist auch das Product, oder die erzeugte Materie, verschieden; und es ist ein neuer Beweis, daß nie anders Eiterung entsteht, als nach vorhergegangener Entzündung, daß die nämliche Oberfläche, die vorher die obengenannten Materien erzeugte, sogleich wahres Eiter absondert, sobald nur die Entzündung eintritt, und dies geschieht allemal, wenn der Absceß geöfnet wird. Da nun die Ursache und die Art der Erzeugung in beyden

*) Wenn gerinnbare Lymphe lange eingeschlossen gewesen ist, oder gestockt hat, so ist sie der noch frischen ganz unähnlich, so wie, auf ähnliche Art, auch das Blut in Anevrysmen, das erst kürzlich geronnen ist, ganz anders aussieht, als das, was gleich im Anfange geronnen war.

Fällen verschieden ist, so entsteht die Frage, ob und wie beyde in ihrem Fortgang zur Heilung einige Aehnlichkeit mit einander haben mögen?

Alle Theile die eine Materie erzeugen, sey es nun als Folge von Entzündung, oder auf irgend eine andre Art, müssen, wenn die letzte Wirkung oder die Heilung stattfinden soll, einerley Veränderungen erfahren. Der erste Schritt ist überall die Ausleerung jener Materie, denn so lange diese nicht geschehen ist, kann die Natur nicht die zur Heilung erfoderlichen Kräfte äußern; nach der Oefnung ist der zweyte Schritt die Granulation, und der dritte die Vernarbung. Um die Ausleerung zu veranstalten giebt es zwey Wege; der eine ist die Resorption der Materie. Man sieht dieses häufig bey Scropheln, und solchen Ansammlungen die ohne vorhergegangne Entzündung entstanden sind, und es entsteht dadurch keine Veränderung in dem Theile, ausgenommen daß derselbe nach und nach in den Zustand der Gesundheit zurückkehrt, indem die Theile, welche durch die Anhäufung der Materie von einander entfernt worden waren, sich wieder vereinigen, ohne daß dabey eine Veränderung des allgemeinen Gesundheitszustandes bemerklich würde. Es findet jedoch die Absorbtion des Eiters, wenn die Erzeugung desselben die Folge einer vorausgegangnen Entzündung gewesen war, nur selten statt. Der andre Weg zur Ausleerung der Materie, ist die Oefnung des Abscesses durch den Schnitt, oder daß man es dahin zu bringen sucht, daß im innern des Geschwürs eine Verschwärung entsteht, und dadurch der Materie ein Ausweg verschaft wird. Da dieser

Proceß (die Verschwärung) im vorliegenden Falle gewisse Eigenthümlichkeiten zeigt, die nicht bemerkt werden, wenn die Verschwärung eine Folge von Entzündung ist, so ist es wichtig, diesen Unterschied kennen zu lernen. Wenn die Verschwärung auf eine, mit Entzündung verbunden gewesene Eiterung folgt, so ist sie in ihrem Fortschreiten sehr schnell, vorzüglich wenn die Eiterung es ebenfalls war; ist sie aber die Folge einer andern widernatürlichen Absonderung ohne vorausgegangene Entzündung, so ist ihr Verlauf äußerst träge. Es dauert Monate, und selbst Jahre, ehe die Theile hinlänglich Platz machen, und dann zeigt sich das Geschwür auf der Haut mit einer breiten Oberfläche, nicht wie die begränzten entzündungsartigen Geschwüre mit einer Spitze. Hierin liegt der Unterschied zwischen beyden.

V. Ueber den Einfluß solcher widernatürlichen Erzeugnisse auf den allgemeinen Gesundheitszustand.

So gros auch der Umfang solcher Ansammlungen seyn mag, so haben sie doch selten einen Einfluß auf den allgemeinen Gesundheitszustand, wenn sie nicht in einem zum Leben unentbehrlichen Organe befindlich sind, oder damit so in Verbindung stehen, daß die Verrichtungen desselben dadurch gestört werden.

Mangel an thätiger Kraft ist die Ursache hievon. Ein junger Mensch kann einen Lendenabsceß haben, und ihn Jahre lang behalten, ohne daß sich irgend ein Symptom hervorthut, das ein Leiden des ganzen Körpers anzeigte. Das Geschwür kann sich durch verschiedne Theile einen Weg bahnen, z. B. hinten an den Lenden, an den Hinterbacken, oder vorn durch den untern Theil der Bauchbedeckungen, und den obern Theil des Schenkels, und an allen diesen Orten können sich beträchtliche Eitersammlungen zeigen; ja es können sogar alle diese Umstände bey einer und derselben Person eintreten, ohne daß schlimme Zufälle, Schauer u. dergl. dabey bemerkt werden. Bey einigen findet sich nicht einmal die mindeste Lähmung, doch ist bey Lendenabscessen dies oft nur der Fall im ersten Zeitraum des Uebels.

Ich will nun zunächst eine Betrachtung und Vergleichung der Erscheinungen anstellen, die sich nach Eröfnung jener zwey verschiednen Arten von Ansammlungen äußern. Wenn ein entzündungsartiger Absceß geöfnet wird, so nimmt alsbald die Heilung ihren Anfang, ja es geschehen vielleicht die ersten Schritte dazu, noch ehe er geöfnet wird. Die Entzündung nimmt immer mehr ab, die Eiterung wird vollkommner, es fangen sich Granulationen an zu bilden, und alles dieses erfolgt nach nothwendigen und natürlichen Gesetzen, weil Entzündung vorher da war. Wenn hingegen eine Ansammlung von der zweyten Art geöfnet wird, so nimmt die Sache gleich einen ganz andern Gang. Es entzündet sich nunmehr die ganze Höle des Geschwürs, und sondert späterhin eine Materie ab, die dem Product der ursprünglichen Entzündung ähnlich ist. Diese erst nach der Oefnung des Geschwürs eintretende Entzündung, bringt nun allgemeine Zufälle hervor, wenn sie von der Art ist, daß sie Einfluß aufs ganze haben kann.

Es beruht aber dieses auf der Größe des Abscesses, auf seiner Lage, und der natürlichen Bestimmung der Theile u. s. w. Doch geschieht es zuweilen, daß dergleichen Geschwülste sich entzünden, ehe sie aufbrechen oder geöfnet werden; das kommt aber daher, daß die Materie die Höle ausdehnt, und mithin wie ein fremder Körper wirkt. Ich habe weiße Kniegeschwülste gesehen, die sich entzündeten, ehe sie geöfnet waren; es entsteht in solchen Fällen eine Verschwärung, und das Eiter bahnt sich schnell einen Weg nach außen, selbst, wenn es vorher Monate lang eingesperrt gewesen war, ohne daß sich jetzt noch einmal die mindeste Anlage zur Verschwärung zeigte, weil die Anlage zur Entzündung fehlt, indem die eingeschlossene Materie schon vorher wie ein Entzündungsreiz wirkte, und nachher auch die Verschwärung veranlaßte.

Die Entzündung und die neue Eiterung, die nach der Oefnung solcher Abscesse eintritt, gleicht vollkommen derjenigen, die eine Folge von Wunden und Entblößungen innerer Hölen ist, beyde müssen daher auch auf dem gewöhnlichen Wege zur Heilung gelangen. Unglücklicher Weise aber fangen solche Entzündungen gerade von hinten an; auch betreffen sie ein specifisches Uebel, und dieses kann selten ihre Gutartigkeit annehmen. Es verbreitet sich daher auch eine solche (secundäre) Entzündung über eine größere Oberfläche, als wenn sie protopathisch und die alleinige Quelle des ganzen Uebels ist, und wo sich mithin auch der Absceß, als die Folge der Entzündung, nicht weiter erstrecken kann als die Ursache desselben, oder die Entzündung selbst reicht.

In einigen Fällen, wie bey Lendenabscessen, ist der Umfang der entzündeten Oberfläche, in Vergleichung mit dem Umfang des ursprünglichen Uebels außerordentlich gros, und in dem nämlichen Verhältnisse sind auch die allgemeinen Zufälle beträchtlicher, wenn sich im Fortgang des Uebels jene Abscesse entzünden.

Wie sehr weicht nun dies alles von der Oefnung entzündungsartiger Abscesse ab! Hier entsteht nicht erst hinterher noch eine Entzündung, diejenige ausgenommen, die als eine Folge der Wunde entsteht, welche um das Eiter auszuleeren, in die festen Theile gemacht werden mußte. Läßt man aber das Geschwür von selbst aufbrechen, so entsteht gar keine neue Entzündung, und die Eiterung geht blos fort. Wollte man hingegen Geschwüre von der zweyten Art von selbst aufbrechen lassen, so würde man sehen, daß die deuteropathische Entzündung nicht so bald eintritt, als es zu geschehen pflegt, wenn eine künstliche Oefnung gemacht wird. Ich habe oft große Lendenabscesse gesehen, die an der niedrigsten Stelle der Lenden von selbst aufbrachen, und eine große Menge Materie ausleerten, sich dann wiederum schlossen, und von neuem aufbrachen, und so Monate lang abwechselten, ohne daß dadurch irgend eine Störung wäre veranlaßt worden; machte man aber eine künstliche Oefnung, so daß das Eiter ungehindert abfließen konnte, so trat unmittelbar darauf Entzündung und Fieber ein, und der Tod erfolgte in wenigen Tagen wegen der Lage der entzündeten Theile, und ihres großen

Umfangs. Es entsteht daher oft die Frage: ob man die erstere Oefnung erweitern solle oder nicht? Im allgemeinen lehrt die Erfahrung, daß in Fällen wie der eben erwähnte, wo ein ungünstiger Ausgang vorauszusehen und die Heilung unmöglich ist, weil das Uebel auf den allgemeinen Gesundheitszustand Einfluß haben muß, das mitleidenschaftliche Fieber, welches durch die nach der Oefnung des Geschwürs eintretende Entzündung erregt wird, am Ende meistens in ein hectisches ausartet, oder in dasselbe übergeht, ehe noch eine Intermission desselben stattfindet. Doch ist dieses nicht allemal der Fall, und es hängen dergleichen Ausnahmen von dem Zustand des Geschwürs, und dem allgemeinen Gesundheitszustand ab.

VI. Ueber den Einfluß der suppurativen Entzündung auf den allgemeinen Gesundheitszustand.

Bey allen örtlichen Uebeln von einiger Erheblichkeit, beobachten wir, wenn ihre Wirkung von Belange und ihr Verlauf schnell ist, selbst, wenn ihr Umfang weniger beträchtlich seyn sollte, einen stärkern oder schwächern Einfluß auf den allgemeinen Gesundheitszustand, und die Entstehung des sogenannten symptomatischen Fiebers. Es entstehen diese Zufälle aus der Mitleidenschaft des ganzen Körpers mit dem örtlichen Uebel oder der örtlichen Verletzung, und sind nach Maasgabe der großen Mannigfaltigkeit der Umstände sehr verschieden. So richten sie sich nach der Verschiedenheit des allgemeinen Gesundheitszustandes, bey dem so mancherley Abwechselungen stattfinden, und in Rücksicht dessen, auch das verschiedne Lebensalter in Anschlag zu bringen ist; — nach dem verschiednen Verhalten eines Theils im krankhaften Zustand, wobey ebenfalls mancherley Abänderungen möglich sind; — nach der Größe und der Art der örtlichen Verletzung, je nachdem nämlich unmittelbar Entzündung daraus entsteht, wie bey einer Wunde, oder mittelbar, wie bey dem Absterben eines Theils; — nach der verschiedenen Lage, übrigens gleichartiger Theile im Körper, und endlich — nach dem Zeitraume des Uebels selbst. Die letzte Klasse von Zufällen kann man wiederum eintheilen in solche, die unmerklich anfangen, und nach und nach zunehmen, wie das venerische Uebel, bey dem die mitleidenschaftlichen Zufälle nach und nach im Fortgange der Krankheit eintreten; und in solche, wo dieselben mit einemmale in aller ihrer Heftigkeit sich zeigen, und mit einemmale auch sich verlieren. Die erstere dieser beyden Unterabtheilungen liegt außer meinem gegenwärtigen Plan; blos diejenigen Zufälle sind der Gegenstand meiner jetzigen Untersuchung, die von der Verschiedenheit der körperlichen Anlage, und der Verschiedenheit der Theile abhängen; und diejenigen (örtlichen) Uebel, die so gewaltsam eintreten, daß sich ihr Einfluß auf den allgemeinen Gesundheitszustand, der in einem unheilbaren örtlichen Fehler seinen Grund hat, mit einemmale äußert. Anzumerken ist hier, daß jedes örtliche oder allgemeine Uebel, das durch sich selbst zur Entscheidung gebracht werden kann, gemeiniglich in seinem Verlauf regelmäßig ist, und bestimmte Perioden hat, wo die

Thätigkeit der Lebenskraft sichtbar wird, doch giebt es einige Krankheiten, bey welchen sich weder im Anfange noch im Fortgange irgend einige Veränderung in der Art der Reaction zeigt. Wo aber Veränderungen stattfinden, da sind sie an gewisse Perioden gebunden, welche den Verlauf der Krankheit regelmäßig machen. Da eine regelmäßige Thätigkeit der Lebenskraft in Krankheiten zur Entscheidung derselben führt, so ist sie etwas sehr wünschenswerthes, denn jene Veränderungen sind Intermissionen der wirkenden Ursache, die entweder nur eine Zeitlang dauern, oder anhaltend sind. Eine örtliche Reizung äußert mitleidenschaftliche Wirkungen auf den allgemeinen Gesundheitszustand, und diese Wirkungen richten sich wiederum nach der allgemeinen Anlage des Körpers, nach der Heftigkeit der Reizung, so wie auch nach der Natur der gereizten Theile, und es nehmen diese Zufälle allemal den Charakter derjenigen allgemeinen kränklichen Beschaffenheit an, die im Körper herrschend ist. Oft bleibt die örtliche Veranlassung unerkannt, und dann hält man sie einzig und allein für Folgen des allgemeinen Gesundheitszustandes, und behandelt sie auch als solche, oft aber bringt uns ihre Fortdauer auf die Vermuthung, daß ein örtliches Leiden mit im Spiel seyn müsse; doch haben örtliche Uebel auch gemeiniglich örtliche Zufälle, mittelbar oder unmittelbar, zu Vorläufern oder Begleitern, oder es weisen einer oder mehrere Nebenzufälle auf die wahre Ursache hin. Oertliche Uebel, die mit Entzündung begleitet und Gegenstände der Chirurgie sind, können oft die Folge irgend einer örtlichen Verletzung seyn; z. B. eines

Verlustes fester oder flüssiger Theile, welcher auf den allgemeinen Gesundheitszustand Einfluß hat, und die Unordnungen desselben vermehrt. Dieser Einfluß ist verschieden, je nachdem die Verletzung beträchtlich, und der Verlust lebendiger Stoffe, er mag nun feste Theile oder Blut betreffen, groß ist; er richtet sich nach der Zeit, wo die Operation ist gemacht worden, nach dem Zustand der operirten, und nach der natürlichen Bestimmung der weggenommenen Theile. Ich habe einen Mann unmittelbar nach der Ausrottung eines Hoden sterben sehen; ich habe, während der Operation des Wasserbruchs, Convulsionen entstehen sehen, so daß ich an dem Aufkommen des Patienten gänzlich verzweifelte; ich habe die heftigsten sympathischen Fieberbewegungen, Delirium und Tod erfolgen sehen, wenn man, um nur eine blutende Arterie aufzusuchen, genöthigt war, einige Theile am Schenkel zu durchschneiden. Der Verlust eines Schenkels übersteigt bey vielen die Kräfte der Natur, desgleichen der Steinschnitt, wenn der Stein zerbricht, nnd man wohl eine Stunde zubringt, um ihn heraus zunehmen. Sind die Theile in einem so krankhaften Zustande, daß die Wiederherstellung unmöglich ist, so dauern die Zufälle fort, und der Verlust eines Hoden, so unbeträchtlich die Größe des Theils in Vergleichung mit andern ist, deren Verlust der Mensch ohne nachtheilige Folgen ertragen kann, ist doch, wegen seiner Verbindung mit den übrigen lebendigen Theilen, wichtiger. — Ein beträchtlicher Verlust von Gehirnsubstanz ist tödlich.

Ein übermäßig starker Blutverlust, entsteht nicht

nur bey und nach chirurgischen Operationen, sondern zuweilen auch ohne beträchtliche Verletzung. Es ist dieses von wichtigem Einfluß auf den allgemeinen Gesundheitszustand, und erzeugt Schwäche, und mancherley andre Leiden, die aber an und für sich selbst, von der sogenannten allgemeinen Nervenschwäche abhängen. So habe ich eine Mundklemme als Folge eines beträchtlichen Blutverlustes entstehen sehen, dessen Ursache ganz unbedeutend war, und keine weitern Zufälle erregte.

Die Beschaffenheit der Ursache der Entzündung, hat wie mich dünkt, nur wenig Einfluß auf den allgemeinen Gesundheitszustand; sie mag seyn, welche sie wolle, so sind doch die allgemeinen Zufälle beynahe überall die nämlichen, und richten sich blos nach der Heftigkeit und Schnelligkeit ihres Verlaufs. Wenn die Entzündung heftig ist, welches besonders da bemerkt wird, wo eine gutartige Eiterung die Folge davon ist, so sind auch die Wirkungen auf den allgemeinen Gesundheitszustand gewaltsamer, als in andern Fällen. Dieses hängt jedoch gewissermaßen von der Empfänglichkeit des Körpers für die Entzündung ab, und wenn ja die Entzündung in dem einen Körper, sich von der Entzündung in einem andern unterscheidet, so beruhet dieses auf der verschiednen Anlage des ganzen Körpers und einzelner Theile, so wie auch auf ihrer verschiednen Lage, keinesweges aber auf dem Charakter der Ursache.

Das mitleidenschaftliche Verhältniß, das zwischen einem örtlichen Uebel und dem ganzen Körper stattfindet, nenne ich den allgemeinen Consensus, und es ist derselbe vielleicht die einfachste Wirkung (act) der Constitution.

Es gehören hieher die consensuellen Wirkungen, die eine einfache Verletzung, ein Schnupfen u. s. w. auf den ganzen Körper hat; aber doch werden allemal diese Wirkungen in verschiednen Körpern verschieden seyn, weil nicht jeder Körper, unter dem Einflusse des nämlichen örtlichen Uebels, auf gleiche Art reagirt. Obgleich in den verschiednen Zeiträumen der Entzündung, nach Maasgabe der natürlichen Disposition der entzündeten Theile und ihrer Lage im Körper, auch die allgemeinen Zufälle sich ändern, so entspringen sie doch aus der einfachsten Reaction der gerade jetzt vorwaltenden Stimmung des ganzen Körpers. Denn ob man gleich, im gegenwärtigen Augenblick, aus der Einwirkung des Uebels aufs ganze, auf eine Vermehrung des Uebels selbst schließen möchte, so ist dieses doch eine natürliche Folge, und ein günstigeres Zeichen, als wenn bey beträchtlichen Verletzungen gar kein Fieber eintritt; denn wo keine Entzündung ist, da ist auch wahrscheinlich wenig oder gar kein Fieber. Eine Verletzung muß der Natur gleichsam fühlbar werden; denn wenn nach einer großen Operation der Puls mehr schwach und ruhig ist, in welchem Fall er oft einen nervösen Zustand, eine Unterdrückung der Kräfte, andeutet, wenn das Athemholen schwer zu seyn scheint, und der Appetit mangelt, so ist der Kranke in Gefahr. Das Fieber deutet an, daß der Körper Kräfte habe dem Uebel zu widerstehen, die andern Symptome hingegen sind Zeichen von Schwäche, welche der Krankheitsursache unterliegt. Etwas ähnliches sehen wir bey der Wirkung des kalten Bades; und doch ist es im Stande, eine im ganzen Körper, oder in einem Theile desselben verborgen liegende eigenthümliche Anlage zu erwecken und zu entwickeln. Diese kann auch fortdauern, nachdem schon die consensuelle Thätigkeit vorüber ist; sie kann auch so auf den Theil zurückwirken, daß dieser der Heilung widersteht. Das Beyspiel örtlicher Verletzungen, der Skrofeln und selbst des Krebses kann dieses beweisen. *)

Das gewöhnliche Symptom eines eintretenden Uebels, an dem der ganze Körper Antheil nimmt, ist Schauer; dieser bringt wiederum andre Wirkungen hervor, die nothwendig aus ihm folgen, und die allemal

*) Ich glaube, daß örtliche specifische Reizungen keinen sonderlich wichtigen Einfluß auf den allgemeinen Gesundheitszustand haben, denn ich bin überzeugt, daß sie nicht wie die Pest und andre ansteckende Krankheiten, die Stimmung des ganzen Körpers verändern. Ich glaube, daß die specifischen Wirkungen der Krankheitsgifte auf den allgemeinen Gesundheitszustand, nicht von ihrer specifischen Wirkung auf einzelne Theile, sondern vielmehr davon abhängen, daß eine längere Einwirkung derselben möglich ist, und hiedurch der Körper geschwächt wird, z. B. durch die Lustseuche, wenn sie lange dauert. Dies ist wohl aber bey allen chronischen Uebeln der Fall; denn im Anfang ist ihr Einfluß auf den allgemeinen Gesundheitszustand gewiß noch nicht so bedeutend, daß dadurch die Beschaffenheit einer Wunde, in irgend einem Theile sollte geändert werden. Ungewisser bin ich in Absicht der natürlichen Gifte. Das Ticunasgift, vergiftete Pfeile u. s. w., scheinen als örtliche Ursachen allgemeine Zufälle zu erregen, denn man kann wohl kaum annehmen, daß in so kurzer Zeit eine Absorbtion geschehen seyn könnte.

mit der allgemeinen Anlage des Körpers in Verhältniß stehen. Bey starken Personen folgt auf den Schauer Hitze, gleich als ob die natürlichen Kräfte in Thätigkeit gesetzt würden, um der Schwäche zu widerstehen; die Hitze selbst endigt sich mit Ausdünstung, und mit dieser der ganze Anfall, wodurch die Ruhe wiederhergestellt wird. Alle Krankheiten, in welchen Schauer bemerkt wird, werden durch einen solchen vollständigen Paroxysmus am besten geheilt und entschieden, denn er ist ein Beweis, daß der Körper Kräfte genug hat, den Wirkungen der Ursache Gränzen zu setzen. Ich glaube jedoch, daß ein solcher Anfall, besonders, wenn er sehr leicht erregt wird, allemal einen gewissen Grad von Schwäche, oder eine eigne körperliche Stimmung andeutet. Da aber, wenn örtliche Reizungen den Schauer veranlaßten, die Ursache desselben immer fortdauert, so tritt auch der Schauer wiederum ein, und hieraus erkennen wir, daß die körperliche Constitution sehr empfindlich ist; doch ist es auch ein Beweis, daß Kräfte genug vorhanden sind, den Wirkungen des Uebels zu widerstehen, wenn der Schauer zu bestimmten Perioden wiederkommt. Ist der Körper schwach, so geht der Schauer, ohne darauf folgende Hitze, unmittelbar in den Schweis über, der gemeiniglich kalt und klebrig ist. Bey einer andern Stimmung des Körpers ist die Hitze anhaltend, und verringert sich nur am Ende etwas, ohne daß Schweis oder vollkommene Intermission statt fände; in einem solchen Falle ist die Reaction unvollständig geblieben.

Wenn auf den Schauer ein vollständiger Paroxysmus, und dieser zu gewissen voraus zubestimmenden Perioden folgt, so sind alle Kennzeichen eines intermittirenden Fiebers vorhanden; doch bemerkt man gemeiniglich, daß bey dem Schauer, der eine Folge vorhergegangener Eiterung ist, weder die Hitze noch der Schweis so heftig sind, als beym eigentlichen Wechselfieber.

Bey Entzündungen, die von selbst ohne bemerkbare äußere Veranlassung entstehen, hält es schwer zu bestimmen, ob der leidende Theil, oder ob der allgemeine Gesundheitszustand zuerst eine widernatürliche Veränderung erlitten hat. Könnte man dieses, so würde daraus am besten zu ersehen seyn, ob die Ursache der Entzündung blos örtlich, oder allgemein sey. Blos das frühere Eintreten der Symptome der einen oder der andern Art, ist das Mittel zu einiger Gewisheit in der Sache zu gelangen; nur sind die allgemeinen Zufälle, wenigstens im Anfange, oft so undeutlich, daß sie ganz unbemerkt bleiben. Es ist indessen bekannt, daß allgemeine Uebel örtliche erzeugen, die oft mit Entzündung vergesellschaftet sind, daß aber diese leztere, nach Maasgabe der natürlichen Anlage der Theile, verschiedne Abänderungen erleidet, *) wenn das Uebel vorher allgemein war. Bekannt ist es ferner, daß in

*) Oertliche, von allgemeinen Unordnungen im Körper abhängende Entzündungen, sind wie ich glaube, meistens scrophulöser Art, besonders, wenn sie in gewissen Theilen, in lymphatischen Drüsen, in Sehnen oder Bändern ent-

manchen Fiebern Eiterung, in irgend einem Theile des Körpers, und oft besonders in gewissen Theilen entsteht, z. B. in den Ohrendrüsen, welches wahrscheinlich von der Natur des Fiebers abhängt. Solche Entzündungen vermehren das allgemeine Uebel mehr oder weniger, nach Verhältniß ihrer Heftigkeit. Allgemeine Uebel, die von Entzündungen abstammen, treten entweder mit den letztern zu gleicher Zeit, oder wenigstens sehr bald nach denselben ein. Dieses richtet sich jedoch nach dem oben erwähnten Umstand; denn die Entzündung besteht in einer gewaltsamen Reaction des leidenden Theils, und die Folgen davon müssen sich, nach Verschiedenheit der Umstände, früher oder später im ganzen Körper äußern. Wenn beym Tripper, der für ein blos örtliches Uebel zu halten ist, eine Hodenentzündung entsteht, so werden die Folgen davon bald allgemein. Von äußern Verletzungen allein aber, entstehen besonders dann allgemeine Zufälle, wenn sie mit Verlust von Substanz begleitet sind, und der Grad der erlittenen Gewaltthätigkeit, und die Wichtigkeit der verlohrnen Theile bestimmt sodann, zufolge dem was ich oben hierüber gesagt habe, ihre frühere oder spätere Erscheinung; einfache Verletzungen aber, selbst mit Verlust eines Theiles, haben keine so wichtigen Folgen, als man sich beym ersten Anblicke vorstellen sollte. So leidet z. B. die Gesundheit nur wenig nach der Amputation des

---

stehen; man hält sie oft, besonders wenn sie gewisse Theile einnehmen, für venerisch. (s. die Abhandlung über die venerische Krankheit.)

Schenkels, wenn nur die Wunde durch die schnelle Vereinigung heilt, und es entstehen mithin, nur nach solchen Verletzungen mit Verlust von Substanz, allgemeine Zufälle, wo hinterdrein Entzündung und Eiterung eintritt; sobald sich diese zeigen, oder vielmehr, sobald die Theile sich zu diesen Veränderungen anschikken, leidet auch sogleich der ganze Körper; denn die allgemeinen Zufälle werden mehr durch die neue und ungewohnte Anlage, die zur Hervorbringung der Entzündung und Eiterung nöthig ist, als durch die Größe der Entzündung selbst veranlaßt, und man sieht Schauer u. s. w. beym bloßen Anfang der Anlage zur Eiterung entstehen, ehe noch die Eiterung selbst eingetreten ist.

Die allgemeinen Störungen im Körper, die im Anfange der Entzündung, unabhängig von der Lage der entzündeten Theile, ihrer Wichtigkeit und ihren Nerven entstehen, sind, nach Maasgabe der verschiednen Natur des Uebels, mehr oder weniger erheblich. Der Anfang der entzündlichen Periode hat nur wenig Einfluß aufs ganze, doch bemerkt man, obgleich nicht immer, einen Schauer, und zwar öfter bey Entzündungen, die von selbst entstehen, als bey solchen, die durch äußere Gewalthätigkeiten veranlaßt werden, wo sich selten oder niemals dergleichen unordentliche Bewegungen zeigen. Wenn die Anlage zur Eiterung eintritt, so entstehen von neuem allgemeine Zufälle, die sehr beträchtlich und verschieden sind. Im Anfange der Eiterungsperiode, sind die Anfälle von Frost und Hitze häufiger, als im Anfange der adhäsiven Entzündung, vorzüglich ist dieses der Fall bey den sogenannten von selbst entstehenden

Entzündungen, wenn sie sich der Eiterung nähern; denn bey denen, die durch einen Zufall, oder durch eine Operation veranlaßt werden, scheint vom ersten Anfang an eine gewisse Anlage zur Eiterung vorzuwalten. In keinem von beyden Fällen aber ist der Schauer sehr beschwerlich, oft folgt auf ihn Hitze, die sich mit Ausdünstung und mit Erleichterung endigt. Es kommt hier alles auf den Grad der gegenwärtigen Entzündung, und der darauf folgenden Eiterung an, verbunden mit der natürlichen Anlage der leidenden Theile. Heftiger sind die Beschwerden, wenn das Uebel in Theilen die zum Leben unentbehrlich sind, und nächstdem, wenn es in Theilen die vom Herzen sehr entfernt liegen, seinen Sitz hat. Der Frost ist in der That, bey sehr vielen örtlichen Uebeln, ein beständiges und deutliches Merkmal, daß sie allgemeine Zufälle zu erregen anfangen, oder daß der ganze Körper an dem Leiden einzelner Organe Antheil nimmt. Schauer ist gewöhnlich das erste Symptom anfangender Fieber, und absorbirter giftiger Stoffe. Ich habe auch von einem bloßen Stiche in die Fingerspitze, mit einer ganz reinen Nähnadel, *) Zufälle entstehen gesehen, wie sie sonst nur bey Giften, die ins Blut übergegangen sind, stattfinden. Widrige Reitzungen im Magen, und unangenehme Gemüthsbewegungen, verursachen ebenfalls Schauer, und es ist derselbe nicht blos auf den Anfang der Krank-

---

*) Es erhellet hieraus, daß die einfache Reizung eines Theils das ganze Nervensystem afficiren kann.

heit eingeschränkt, sondern er kommt auch im Fortgange, und zuweilen beym Ausgang des Uebels vor, wie ich jetzo zeigen werde.

Wahrscheinlich giebt der Magen, durch die Mitleidenschaft in welcher er mit der allgemeinen krankhaften Reaction steht, die Veranlassung zum Schauer. Denn da der Magen der Hauptsitz des einfachen animalischen Lebens und gleichsam ein Mittelpunkt ist, in welchem alle consensuellen Wirkungen der Lebenskraft, oder des Substrats derselben (materia vitae) sich vereinigen; so müssen auch alle Gelegenheitsursachen ihn mehr oder weniger afficiren. Ein Reiz, welcher irgend einen andern Theil des Körpers oder das Gemüth selbst trift, kann kaum so lebhafte Gegenwirkungen hervorbringen, als von widrigen Reizen im Magen entstehen, und dieses enthält den Grund, warum dies Eingeweide so großen Antheil an allen allgemeinen Veränderungen des Körpers nimmt. Ich bin geneigt zu glauben, daß, so oft von der Wirkung consensueller Reize auf den Magen Uebelkeit entsteht, schwächende Ursachen im Spiele sind. Dergleichen Ursachen sind Verletzungen und Unordnungen des Gehirns und seiner Verrichtungen, wodurch allgemeine Schwäche veranlaßt wird, übermäßiger Blutverlust und epileptische Anfälle. Wie es möglich sey, daß Uebelkeit positive Thätigkeit, nämlich Erbrechen hervorbringen, und wie diese Thätigkeit die Kräfte des ganzen Körpers wieder aufrichten könne, weis ich freilich nicht; allein es ist gewiß, daß, wenn bey Anfällen von Schwäche eine Ohnmacht auf dem Wege ist, diese durch ein hinzugetretenes Erbrechen verhütet wird. Das

Erbrechen wendet wahrscheinlich die Ohnmacht ab, indem durch dasselbe den Lebensverrichtungen des ganzen Körpers neue Energie mitgetheilt wird. Beynahe möchte ich auf die Vermuthung gerathen, als ob Schauer von gleichzeitiger Schwäche entstehe. *) Ein plötzliches Erschrecken, eine plötzliche allgemeine Reizung erzeugt, wie ich glaube, Schwäche unmittelbar; denn jede neue Regung, muß die Function des Theils, den sie betrift, schwächen, oder wenigstens einen Hang zur

---

*) Der Verf. scheint mir in diesem ganzen Raisonnement, wie auch andre sehr oft thun, die Begriffe der Schwäche und der Empfindung der Schwäche mit einander verwechselt zu haben. Schwäche ist Unvermögen der Organe, zur Vollbringung der ihnen zukommenden Functionen, welches entweder auf Verminderung des Nervenprincips oder auf Mangel an genugsamer Festigkeit, oder auf beyden beruht. Empfindung der Schwäche hingegen, beruht eigentlich auf dem Bewustseyn des gegenwärtigen Unvermögens zur freyen und willkührlichen Vollendung der Functionen. Dieses kann stattfinden ohne wirkliche Schwäche der Organe. So entsteht oft Gefühl der Schwäche bey einer sehr schmerzhaften Verwundung, ungeachtet der Körper der nöthigen Kraft zu wirken nicht ermangelt; weil nämlich, durch die überwiegende peinliche Empfindung, das Selbstgefühl der freyen Wirksamkeit verdrängt wird. — Der Schauer ist an sich so wenig Wirkung der Schwäche, daß wir ihn meistens gerade bey den stärksten Personen in Krankheiten am heftigsten finden. Wenn sich zur Uebelkeit Gefühl der Schwäche gesellt, so entspringt es aus dem thierischen Gefühl des widrigen Reizes, und dieser allein, nicht die Schwäche, ist die erregende Ursache der nachfolgenden angestrengten Thätigkeit — des Erbrechens. H.

Schwäche erzeugen, und die Folgen davon sind verschieden, nach Maasgabe der Wichtigkeit des gereizten Theils, und der Beschaffenheit des allgemeinen Gesundheitszustandes. Sind die Kräfte stark, und gehen die Functionen immer gleichförmig von statten, so wird die Schwächung erneuerte Reactior erregen, und Fieberhitze hervorbringen. Allein bey schwachen Kräften wo Hang zur Fäulniß vorhanden ist, wie bey manchen Uebeln vorzüglich gegen das Ende hin, da bleibt es beym bloßen Schauer, und selten entsteht ein bedeutender Fieberanfall; es erfolgt blos ein kalter klebriger Schweis: daher sind auch kalte Schweiße so gewöhnliche Vorboten des Todes. Daß der Schauer eine Folge jählinger Veränderungen im Körper, und daß seine Erscheinung nicht blos auf den Anfang der Krankheit eingeschränkt ist, erhellt aus folgenden Krankheitsgeschichten, die zugleich zum Beweise dienen können, daß diese Erscheinung selbst diejenigen Veränderungen in Krankheiten, die auf die Wiederherstellung der Gesundheit abzwecken, begleitet, und daß mithin der Schauer, nicht nur im Anfange der Krankheit und in ihren verschiednen Zeiträumen, sondern auch am Ende derselben, oder bey der Crisis sich zeigt. *)

---

*) Es ist eine sehr bekannte Sache, daß Schauer oft den kritischen Ausleerungen, durch Schweis, Stul und Harn, und überhaupt jenen Veränderungen der Maschine, von welchen die Genesung abhängt, vorausgehen; und es muß fast befremden, daß Hunter diesen Erfahrungssatz für neu zu halten scheint, und ihn mit Krankheitsgeschichten belegen zu müssen glaubt. H.

Ein Knabe von ungefähr eilf Monaten wurde krank, ohne daß man die wahre Natur der Krankheit, deren Anfang ganz unmerklich gewesen war, nach den Zufällen zu bestimmen vermochte. Sein Puls war geschwind und voll, und man hatte deswegen dreymal Blutausleerungen veranstaltet, wobey man das Blut mit Speckhaut bedeckt gefunden hatte; die Zunge war weis, die Hitze mäßig, aber das Kind war unruhig, unleidlich und hatte keinen Appetit; der Stul war im ganzen völlig natürlich; man bemerkte daß allemal einen Tag um den andern die Krankheit exacerbirte, obgleich mehr eine Art von Remission, als eine völlige Intermission statt fand. Nachdem die Krankheit ohngefähr vierzehn Tage so fortgedauert hatte, überfiel ihn ein erschütternder Frost, auf welchen Hitze und endlich Schweis folgte. Ich erwartete, die Krankheit würde nun eine bestimmte Gestalt angenommen haben, und es würden nun mehrere Paroxysmen mit Intermissionen abwechseln; allein es erfolgte keiner wieder, und das Uebel hatte mit einem Wort den Gang derjenigen Krankheiten angenommen, die sich mit einen einzigen Anfall entscheiden, und die Vorbereitung zu diesem Anfall, waren die obenerwähnten Zufälle gewesen. Aehnliche Symptome habe ich in mancherley andern Fällen beobachtet, vorzüglich bey Krankheiten, welche Folgen chirurgischer Operationen sind. Mehrentheils erregen diese Zufälle hier viel Besorgniß; man kann aber getrost seyn, wenn sonst nur alles seinen gewöhnlichen Gang nimmt. Einer meiner Patienten im St. Georgenhospital, an welchem ich den Steinschnitt gemacht hatte, brachte einige Wochen ohne alle schlimmen Zufälle zu; auf einmal bekam er einen Anfall von Frost, auf welchen Hitze und endlich ein reichlicher Schweis erfolgte. Die jungen Leute, die das Hospital besuchten, waren hierüber sehr betreten, und hielten diesen Zufall für ein Vorzeichen eines schlimmen Ausgangs. Ich sagte ihnen aber, daß die Sache keine nachtheiligen Folgen haben würde, da die Krankheit ihren regelmäßigen Gang genommen und vollendet hätte; daß es entweder ein regelmäßiges Wechselfieber werden würde, oder daß der Reiz in der Wunde die Zufälle veranlaßt habe. Wäre das erste, so würden zur gewöhnlichen Zeit mehrere Anfälle erfolgen, und die China sie wahrscheinlich heben; wäre aber das zweyte, so würde der Anfall nicht wiederkommen, denn da sich der Körper sonst in guten Stande befände, so würde sich der Kranke gewiß bessern, sobald es mit der Wunde besser ginge. — Es kam kein neuer Anfall, und der Kranke befand sich so wohl, als wenn er nie einen gehabt hätte. Dieses ist nicht das einzige Beyspiel der Art.

Es ist hiebey zu bemerken, daß jene allgemeinen Zufälle Folgen der örtlichen Reizung fester Theile sind, es mag nun dieselbe von innern Ursachen (spontaneous causes) entstanden, oder durch andre zufällige Umstände veranlaßt worden seyn. Allein es erscheinen auch zuweilen allgemeine Zufälle, oder allgemeine consensuelle Wirkungen, die unmittelbar durch die schädliche Potenz selbst veranlaßt, und sehr gefährlich werden können. So kann übermäßiger Blutverlust, wegen der dadurch bewirkten Schwäche, alle mögliche allgemeine Uebel,

ent-

entweder unmittelbar zur Folge haben, z. B. Ohnmachten, oder als secundäre Wirkungen nach sich ziehen, z. B. Wassersuchten, Nervenzufälle, Kinnbackenzwang, u. s. w.; so können auch bloße Verletzungen ohne Blutverlust, unmittelbare nachtheilige Folgen haben.

Ich sahe einst bey einem Manne nach der Operation des Wasserbruchs, so heftige Convulsionen entstehen, daß ich anfing an seinem Leben zu verzweifeln. Ich habe einen Mann gleich nach der Castration sterben sehen. Diese Zufälle gleichen gewissermaßen jenen der zweyten Art, oder den Nervenzufällen, (d. i. denjenigen, die als eine entfernte Folge örtlicher Verletzungen entstehen) sind aber demohngeachtet sehr davon unterschieden; denn die Kranken werden in den erwähnten Fällen sinnlos, und scheinen also mehr von einer Affection des Hirns als der Nerven zu leiden.

Ein anderes Symptom bey Entzündungen, wenn sie Einfluß auf den allgemeinen Gesundheitszustand haben, sind die öftern Exacerbationen oder Perioden, in welchen die Entzündung zuzunehmen scheint. Sie haben viel ähnliches mit dem Schauer, von dem so eben die Rede war.

Exacerbationen sind etwas sehr gewöhnliches bey allen allgemeinen Krankheiten, und scheinen selbst bey verschiednen blos örtlichen Uebeln vorzukommen. Bey einer festen Constitution sind sie gemeiniglich regelmäßig, und erscheinen zu bestimmten Zeiten, auch ist die Krankheit selbst um so weniger gefährlich, je ordentlicher sie sind. Es sind Erneuerungen des ersten Anfalls, aber selten so heftig, ausgenommen, wenn zwischen den Anfällen eine vollkommene Intermission stattfindet. Es ist dieses etwas dem Leben eigenthümliches, und beweißt, daß das Leben nicht ununterbrochen sich selbst gleich bleiben kann, sondern gewisse Stunden der Ruhe und der Thätigkeit haben muß.

Man hat bey diesen, so wie fast bey allen Symptomen, die Wirkung für die Ursache genommen; man betrachtete nämlich jederzeit die Exacerbationen als zum Wesen der Krankheit gehörig, gleich als ob die nächste Ursache der Krankheit selbst zu gewissen Zeiten sich vermindere, und einen Abgang erleide, und ein anderesmal wieder zunehme. Diese Vorstellung mag gelten bey Fiebern, deren Ursachen unbekannt sind; wo aber die Ursachen, wie bey örtlichen Uebeln, immer dieselbigen bleiben, da fällt sie von selbst weg. Denn auch bey diesen finden wir solche Perioden des Zu- und Abnehmens der Zufälle, obgleich die Ursache unverändert bleibt, und wir müssen folglich ein allgemeines Grundgesetz des animalischen Lebens aufzufinden suchen, das die Ursache dieser Erscheinungen enthält.

Die Einrichtung der thierischen Maschine ist von der Art, daß sie in keinem Zustande, er sey welcher er wolle, lange Zeit ununterbrochen zu verharren fähig ist. Im natürlichen und gesunden Zustande ist das Empfindungsvermögen einem regelmäßigen Wechsel des Zu- und Abnehmens (im Wachen und Schlaf) unterworfen. Eine Unterbrechung dieses regelmäßigen Wechsels ist Krankheit. Auch krankhafte Regungen können nicht immer in einem Grade mit derselbigen Heftigkeit fortgehen; der Körper wird zu Zeiten unempfindlich gegen die Einwirkung der Krankheitsursache, obgleich diese selbst immer die nämliche bleibt. Ist dies nun der Fall, wo die Fortdauer der entfernten Ursache offenbar ist, so daß der Körper nur in gewissen Zeitpunkten von ihr afficirt werden kann, und daß die Perioden selbst nach Maasgabe der Art der Reizung und der Constitution verschieden sind; kann man nicht vernünftiger Weise vermuthen, daß dies auch der Fall da seyn müsse, wo die Ursache unbekannt ist, wie bey Fiebern.

Ob die periodische Zunahme des Fiebers eine Folge der vermehrten Entzündung, oder ob umgekehrt die vermehrte Entzündung eine Folge des Paroxysmus sey, läßt sich schwerlich bestimmen, — beyde sind aber gleichzeitig.

Beym Wechselfieber ist die Krankheit, zwischen den Anfällen so gut als während derselben, im Körper gegenwärtig; nur wird der letztere im fieberfreyen Zeitraum unempfindlich gegen die Einwirkung derselben, und die Thätigkeit kann nur eine bestimmte Zeit lang fortdauern.

Der Prozeß der Verschwärung scheint nur selten Einfluß auf den allgemeinen Gesundheitszustand zu haben, und nur das äußere Ansehen der Theile belehrt uns von ihrem Daseyn, wenn nämlich die Theile, welche die Materie enthalten, sich weicher anfühlen, oder wenn das Geschwür größer wird. Daß aber im Anfange der Ulceration Schauer eintritt, ist meines Bedünkens offenbar, ob es gleich schwer hält, der Sache allemal gehörig auf den Grund zu kommen, denn Eiterung und

Verschwärung gränzen oft so genau an einander, daß es schwer hält zu unterscheiden, welche von beyden die eigentliche Ursache des Schauers sey. Wenn aber ein eiterndes Geschwür geöfnet worden, und mithin der erste Zeitraum der Eiterung vorüber ist, dabey aber die Oefnung nicht so gemacht worden ist, daß das Eiter einen freyen Abfluß hat, (z. B. wenn man das Geschwür nicht an seinem niedrigsten Theile geöfnet hat;) dann verursacht der Druck der Materie auf den niedrigsten Theil eine Verschwärung daselbst, und es entsteht Schauer. Es tritt aber der Schauer nicht unmittelbar nach der ersten Oefnung des Geschwürs ein, weil diese auf einige Zeit die Anlage zur Ulceration im ganzen Umfange des Geschwürs aufhebt; sondern, wenn die Oefnung nicht hinreichend ist, um die auf die tiefer liegenden Theile drückende Materie ganz zu entfernen, dann sucht sich dieselbe einen neuen Weg zu bahnen. Während nun dieses geschieht, tritt von neuem Schauer ein, und zwar mit mehrerer Heftigkeit als zuvor. Die Ursache davon ist nach einigen neue Entzündung, und neue Eitererzeugung, nach andern Absorbtion des schon gebildeten Eiters. Obgleich die Wirkungen der Ulceration auf den allgemeinen Gesundheitszustand, in keinem Verhältnisse mit dem übrigens daraus erwachsenden Nachtheile stehen, so wird sie doch in ihrem Verlauf durch Fehler der Constitution verschiedentlich modificirt, bald vermehrt, bald lediglich dadurch veranlaßt, (wie bey alten Geschwüren, vorzüglich an den untern Extremitäten) bald auch dadurch vermindert, oder völlig gehemmt.

Die allgemeinen Zufälle, die aus örtlichen Uebeln entstehen, können, in Rücksicht der Zeit, in drey Klassen eingetheilt werden: in unmittelbare, unbestimmte, und entfernte. Die erste Klasse enthält wie es scheint nur einen einzigen; die zweyte begreift wahrscheinlich eine große Menge verschiedner Zufälle, die wenigstens in verschiednen Gestalten und zu verschiednen Zeiten, in Rücksicht auf die ursprüngliche Ursache, erscheinen; von entfernten Zufällen giebt es wahrscheinlich wiederum nur einen einzigen. Der unmittelbar nach der Entstehung des örtlichen Uebels eintretende Zufall, ist, meiner Meinung nach, das sogenannte symptomatische Fieber; in die zweyte Klasse gehören die Nervenzufälle, die Zuckungen und Krämpfe, und das Delirium. Ob das symptomatische Fieber, ob die Krämpfe, oder ob das Delirium früher eintritt, ist ungewiß, oft sind sie alle gleichzeitig; da aber das symptomatische Fieber ein allgemeineres und mehr beständiges Symptom ist, so kann man annehmen, daß es zuerst eintritt. Die letzte Klasse von Zufällen begreift die sogenannten hektischen Fieberbewegungen, zu welchen man noch die Zufälle der Fäulniß rechnen kann, welche die letzte Stufe ausmachen, und entweder eine Folge der obengenannten, oder andrer Krankheiten sind.

Unter den allgemeinen Zufällen ist der erste das insgemein sogenannte symptomatische Fieber; ich nenne es lieber das sympathisch - entzündliche. Es erscheint unmittelbar, oder beynahe unmittelbar, nach der Entstehung des örtlichen Uebels, und hat seinen Grund in dem Consensus des ganzen Körpers mit dem leiden des einzelnen Theiles, wodurch eine allgemeine Störung in den Verrichtungen des erstern bewirkt, und seine thätigen Kräfte zur Hervorbringung der spätern Erscheinungen erweckt werden. Es offenbart sich dabey sehr deutlich die gerade vorwaltende eigenthümliche Beschaffenheit des allgemeinen Gesundheitszustandes; denn, obgleich weder Entzündung noch Fieber an und für sich etwas eigenthümliches haben, so nehmen sie doch, vermöge der natürlichen Gegenwirkung des Körpers, den Charakter seiner Constitution an, sie modificiren sich darnach, und werden mehr oder weniger specifisch, je nachdem es die Empfänglichkeit oder Anlage des ganzen Körpers ist.

Ich habe bereits angemerkt, daß die allgemeinen Zufälle oft mit Schauer anfangen; doch ist der Schauer gerade kein beständiges Symptom beym Eintritt des sympathischen Fiebers, ja ich glaube, daß eben diejenige Constitution die beste ist wo er sich nicht zeigt, und daß in solchem Fall das Fieber ein rein entzündliches wird. Sind die Kräfte vollkommen gut, so entsteht Hitze, nebst Trockenheit der Haut, häufigem und vollem, dabey aber auch mehr oder weniger hartem Pulse, Schlaflosigkeit, hochrother Urin, Mangel an Appetit zu festen Speisen und Durst. Alle diese Erscheinungen wechseln auf mannigfaltige Art ab, je nachdem die bemerkbaren sowohl, als gewisse nicht bemerkbare Umstände verschieden sind, so daß in dem einen Falle ein Symptom sich zeigt, was in einem andern fehlt.

Es ist in manchen Fällen schwer zu bestimmen, was Ursache und was Folge sey. Man hat insgemein angenommen, das Fieber sey zum Eiterungsproceß nothwendig, und es entstehe mithin nicht aus dem Consensus des ganzen Körpers mit dem örtlichen Uebel, sondern als eine nothwendige und unmittelbare Folge des leztern, um die nächste Ursache der Eiterung zu werden. Wäre dies gegründet, so könnte keine Eiterung ohne vorhergegangenes Fieber stattfinden, und das Fieber müßte bey einerley körperlicher Beschaffenheit immer dasselbige seyn, das örtliche Leiden möchte an sich so gros oder so klein seyn, als es nur immer wollte. Wenn eine kleine Pustel oder ein Nadelriß nur durch Fieber zur Eiterung gebracht werden könnte, so würde dazu eben so viel Fieber erfoderlich seyn, als beym größten Absceß, oder bey der größten Wunde; denn ein entzündeter oder eiternder Punkt, steht in derselben Beziehung in Rücksicht aufs ganze, als ihrer tausend; und ein großer Absceß ist zu betrachten, als aus einer unendlichen Menge eiternder Punkte zusammengesezt. Ein einziges venerisches Geschwür erfodert so viel Quecksilber zu seiner Heilung, als ihrer tausend. Eine einzige Pflanze erfodert eben so viel feuchte Witterung und Sonnenschein als eine Million. Ein Princip, (Reiz) dessen Wirkung sich über den ganzen Körper verbreitet, kann auf einen einzelnen Theil nur in dem Verhältnis wirken, als von der Summe der allgemeinen Erregung, dem gegebnen Theile mehr oder weniger zukommt; und dieses mehr oder weniger hat in jedem einzelnen Theile sein bestimmtes Maas.

Dieses vorausgesezt würde folgen, daß die leichteste Hautwunde eben so viel Fieber zur Eiterung erfordern, als nach der Ablösung des Schenkels nöthig ist. Aber nun ist die Frage, wie sich das alles mit der Erfahrung vereinigen lasse? Wir finden, daß Wunden ohne alles Fieber sich entzünden und eitern; daß das Fieber, welches auf eine örtliche Verletzung zu folgen pflegt, wenigstens nicht in allen Fällen, mit der Größe der Verletzung, der Entzündung oder Eiterung in Verhältniß steht, wie es doch der Fall seyn müßte, wenn die letztere eine Folge desselben wäre; und es ist bekannt, daß, wenn das sympathische Fieber durch irgend eine anderweitige Ursache vermehrt wird, die Eiterung anstatt beschleunigt zu werden, vielmehr gehemmt und unterdrückt wird.

Wollte man so weiter fortschließen, so müßte es völlig einerley seyn, ob das Fieber in einem zur Fortdauer des Lebens unentbehrlichem Organ, oder ob es in einem andern minder wichtigem Eiterung errege. Es ist weit eher begreiflich, wie die Verletzung eines Lebensorgans allgemeine consensuelle Wirkungen hervorbringt, als daß die Entzündung und Eiterung eines solchen wichtigen Theiles mehr Fieber ersodern sollte, als bey einem minder wichtigen nöthig ist; und die Erfahrung, daß gewisse Theile, wenn sie verletzt werden, leichter zu allgemeinen Zufällen Gelegenheit geben als andre, ist mit jener Theorie durchaus unvereinbar. In gewissen Fällen, wo Entzündung und Eiterung ohne bemerkbare äußere Veranlassung entstand, mußte man freilich, der Natur der Sache gemäß, ein Fieber als Ursache der Eiterung annehmen. Hätte man aber genauer beobachtet, so würde man zwey Arten der von selbst entstehenden

Eiterung unterschieden haben; die eine, wo die nächste sowohl als die entfernte Ursache örtlich ist, und wo mithin das Fieber eine Folge der örtlichen widernatürlichen Reizung ist, wie bey Wunden; die andre, wo das Fieber die entfernte Ursache der örtlichen krankhaften Veränderung abgiebt, und wo diese durch das Fieber erzeugte Veränderung, sie sey von welcher Art sie wolle, Entzündung und Eiterung hervorbringt; in diesem Falle geht ein Fieber der Eiterung vorher, und ist als entfernte, nicht aber als nächste Ursache derselben erfoderlich, welches man daraus ersieht, daß die Eiterung nicht eher als nach geendigtem Fieber erscheint. Hieher gehören die Blattern, und wahrscheinlich mehrere andere ansteckende Krankheiten.

Die Fortdauer dieser Zufälle richtet sich nach dem Grade der widernatürlichen örtlichen Reizung, nach der natürlichen Bestimmung und Lage der Theile, und nach dem allgemeinen Gesundheitszustand. Da ihre Ursache örtlich ist und nach und nach abnimmt, so nehmen sie in der Folge selbst mit ab. Da jedoch oft eine Anlage zur Entzündung oder zu andern Krankheiten im Körper verborgen liegt, so geschieht es nicht selten, daß, außer der activen Veränderung, die von der örtlichen Verletzung allein abhängt, sich auch noch jene Anlage in dem leidenden Theile entwickelt; vermöge der Zurückwirkung auf den ganzen Körper, wird sodann auch in diesem das Uebel, wozu derselbe disponirt war, erregt, das Fieber bekommt neue Nahrung, und mit ihm vermehrt sich auch die Entzündung.

Das Uebel ist gehoben, wenn die erwähnten Zufälle nachlassen; und wenn diese blos Folgen der örtlichen Verletzung sind, so hört das Fieber von selbst auf, ohne daß andre Mittel nöthig sind als solche, die seine Heftigkeit mäßigen. Ist aber ein specifischer Fehler zugleich mit im Spiele, so muß dieser, wo möglich, verbessert werden, worauf sodann die Cur keine weitere Schwierigkeit finden wird.

Da der Blutumlauf im ganzen Gefäßsystem beschleunigt ist, und da sich diese Beschleunigung bis auf jeden einzelnen Theil erstreckt; so muß alles, was den Blutumlauf mäßigt, in dieser Rücksicht Erleichterung schaffen. Es giebt zwey Wege dieses zu bewerkstelligen. Man kann nämlich entweder

1) die Stärke des Antriebs mindern; dieses geschieht durch Blutausleerungen, die, wenn sie auch nicht den Umtrieb selbst zu mäßigen, oder die mitleidenschaftlichen Wirkungen des örtlichen Uebels auf den Zustand des ganzen Körpers aufzuheben im Stande sind, doch das Uebermaas des Reizes im ganzen Körper sowohl als im leidenden Theile verringern, und so der Wirkung des widernatürlich beschleunigten Blutumlaufs zuvorkommen; oder man kann

2) die widernatürliche Reaction in einzelnen Theilen dadurch mäßigen, daß man den Tonus des ganzen Körpers herabstimmt; man erreicht diesen Entzweck durch Abführmittel, und selbst der Nutzen, den die Blutausleerungen leisten, beruht gewissermaßen hierauf. Es ist in solchen Fällen höchst nöthig, die allgemeinen Zufälle dadurch zu mäßigen, daß man auf den allgemeinen Zustand selbst Rücksicht nimmt, und die Erre-

gung des ganzen Systems mäßigt. Dann obgleich die wesentliche Anzeige weiter nichts erfodert, als die Entzündung zu mäßigen, und hiedurch den Einfluß derselben aufs ganze zu verringern; so ist dieses doch selten hinreichend, um das einmal schon entstandene Uebel zu heben. Beyde Arten von Mitteln müssen sich folglich gegenseitig unterstützen. In einem starken und gesunden Körper, bey heftigem symptomatischen Fieber, werden Blutausleerungen und Abführmittel ihre zwiefache Wirkung leisten; allein der allgemeine Zustand wird immer noch besondre Mittel erfodern, um so, gleichsam auf einem Nebenwege, die Heftigkeit der Entzündung zu mäßigen.

Die zweyte Klasse von allgemeinen Zufällen begreift diejenigen, die in Rücksicht der Zeit ihrer Erscheinung an keine bestimmte Zeit gebunden sind; ich nenne sie Nervenzufälle, denn ob sie gleich nicht überall im strengsten Sinne eine widernatürliche Veränderung in den Nerven anzeigen, sintemal keine mir bekannte Erscheinung so mannigfaltiger Abänderungen fähig ist; so scheinen doch alle diese verschiednen Gestalten mit dem Nervensysteme in genauerer Verbindung zu stehen als mit dem Gefäßsysteme, und hängen jede für sich von der eigenthümlich verschiednen Anlage und Empfänglichkeit des Körpers ab. Einige davon, die von den consensuellen Wirkungen örtlicher Uebel auf den ganzen Körper abhängen, sind gewöhnlicher bey jungen Personen als bey alten. Hieher gehören die Convulsionen über den ganzen Körper beym Zahnen und bey Würmern; Convulsionen einzelner Theile wie der Veitstanz, und vermuthlich mehrere andere, die sich weniger auszeichnen, als diejenigen, die oft beym Zahnen und in Wurmkrankheiten bemerkt werden. Ich habe kurz nach Operationen Schlucken entstehen sehen; allein in diesem Zeitpunkt hat man wenig von dergleichen Nervenzufällen zu besorgen, ob sie schon immer eine Eigenthümlichkeit der Constitution anzeigen, und mithin Aufmerksamkeit verdienen. Wenn aber in dem letzten Zeitraum nach einer Operation ein Schlucken eintritt, so ist dieses allemal ein Beweis der größten Zerrüttung und Entkräftung.

Viele erwachsene Personen sind ebenfalls schweren Nervenzufällen ausgesetzt, vorzüglich nervenschwache, und noch mehr solche, welche an Magenbeschwerden leiden. Man bemerkt bey solchen Personen große Niedergeschlagenheit und Ermattung, kalte Schweiße, einen kaum fühlbaren Puls, Mangel an Eslust und Schlaf u. s. w. Noch schlimmer ists, wenn Ohnmachten hinzukommen. Das Delirium scheint in der Rückwirkung der Nerven auf das Gehirn, oder auf das Sensorium seinen Grund zu haben, vermöge deren die Functionen des letztern mitleidenschaftlich afficirt werden. Diese Wirkungen äußern sich nicht durch Gefühle, z. B. durch Kopfschmerz, sondern durch eine Thätigkeit, welche Vorstellungen erzeugt, ohne daß äußerliche erregende Eindrücke zum Grunde liegen, und die folglich täuschend seyn müssen. Es kann sich dieser Zufall zu allen Verletzungen gesellen, besonders wenn sie sehr heftig sind, oder sehr lange anhalten; er ist oft die Folge complicirter Brüche, der Amputation der untern Extremitäten, der Gelenk- und Hirnwunden; seltner bemerkt man das Delirium beym Zehrfieber, hingegen ist es oft ein Zeichen des herannahenden Brandes. Auch entstehen oft Wechselfieber von örtlichen Beschwerden, zumal von Krankheiten der Leber und der Milz, desgleichen von Verhärtungen der Gekrösdrüsen.

Wie aus einer örtlichen Reizung Beschwerden entstehen können, die alle Kennzeichen allgemeiner Krankheiten an sich tragen, und wie dadurch das ganze Körpersystem in diejenige eigenthümliche Thätigkeit versetzt werden kann, zu welcher es vorzüglich gestimmt ist, das lehren folgende zwey merkwürdige Fälle. Bey einem Manne, welcher von Verengerung der Harnröhre eine sehr schlimme Fistel im Mittelfleisch bekommen hatte, entstand, als der Harnabgang stockte, eine Entzündung, die sich bis über den Hodensack verbreitete. Zu gleicher Zeit bekam er ein Wechselfieber, das durch die Fieberrinde eine Zeitlang gehoben wurde. Zwey Kinder die an Wurmzufällen litten, bekamen ein Wechselfieber, bey welchem die China nicht das geringste leistete, und das nur durch Abtreibung der Würmer und durch Zerstörung des Wurmschleims gehoben wurde. *)

Da die Beschwerden, die ich zu den Zufällen der zweyten Klasse rechne, so mannigfaltig sind, so sollte

---

*) Fälle der letztern Art sind doch meines Bedünkens zu gemein, als daß sie merkwürdig genannt werden könnten. H.

man jeden davon einzeln ausheben, und besonders betrachten. Allein die Kunst vermag sehr wenig dagegen; denn zuweilen sitzt das allgemeine Uebel schon so fest, daß es des örtlichen zur Unterhaltung desselben gar nicht mehr bedarf, wie beym Starrkrampf; zuweilen aber dauert das örtliche Uebel noch in seiner ganzen Stärke fort, und dann darf man sich wenigstens keine Rechnung machen die allgemeinen Zufälle ganz zu heben, ob man sie gleich unter gewissen Bedingungen etwas mäßigen kann. Wenn nämlich das allgemeine Uebel eine regelmäßige Gestalt annimmt, z. B. die eines Wechselfiebers, so darf man sich Hofnung machen, es einigermaßen zu mindern, wenn gleich die örtlichen Beschwerden noch immer in ihrer ganzen Stärke fortdauern. Man kann hier die Fieberrinde anwenden; denn obgleich die Absicht dabey nicht seyn kann, eine vollkommne Genesung zu bewirken, da die nächste Ursache noch immer fortdauert; so wird doch die Fieberrinde die übermäßige Reizbarkeit der festen Theile mäßigen, und so wenigstens auf einige Zeit das Fieber heben, wie in dem obgedachten Falle geschah, wo bey einem Hohlgeschwür im Mittelfleisch Anfälle eines Wechselfiebers entstanden. Bey den zwey Kindern aber, deren ich oben gedacht habe, war die Empfänglichkeit für den Fieberreiz so groß, daß die China unwirksam blieb. Wenn man daher in ähnlichen Fällen mit den gewöhnlichen Mitteln nichts ausrichtet, so könnte man vielleicht mit einigem Rechte auf ein örtliches Uebel schließen, wenn auch die Ursache desselben nicht geradezu erkannt würde. So entstehen oft symptomatische Wechselfieber von Fehlern in der Leber, und werden durch die Fieberrinde geheilt; dabey geht aber die Leberkrankheit immer ihren Gang fort, und vielleicht noch schneller, als außerdem geschehen seyn würde, weil die Fieberrinde, meines Erachtens, bey Fehlern dieses Eingeweides ein unschickliches Mittel ist. Man hat daher auch oft die Ursache von Leberkrankheiten in dem unzeitigen Gebrauch der Fieberrinde bey Wechselfiebern gesucht. Der Veitstanz und andre unwillkürliche Muskelbewegungen, können ähnliche örtliche Ursachen haben, da es bey der Anlage zu dergleichen Zufällen, nur einer Veranlassung bedarf um sie zu erregen. Vielleicht würde auch keine andre als gerade diese örtliche Reizung die nämlichen Wirkungen hervorbringen, weil in jedem Körper irgend ein Theil mehr als die übrigen im Stande ist, mitleidenschaftlich auf die ganze Maschine zu wirken. Es können auch von örtlichen Uebeln andre ebenfalls örtliche Zufälle, durch einen mehr entfernten Consensus mit dem leidenden Theile, entstehen, z. B. Kinnbackenzwang u. dergl. Sie verbreiten sich zuweilen ziemlich allgemein, und können in Rücksicht der Zeit nicht unter die unmittelbaren Zufälle gerechnet werden, weil sie oft erst nach dem symptomatischen Fieber eintreten. Insbesondre scheint der Kinnbackenzwang sich zuweilen während der voraus gehenden Zufälle zu entwickeln, und nachdem sich diese gelegt haben erst auszubrechen.

Folgender Fall mag die Wirkungen der Entzündung auf den allgemeinen Gesundheitszustand erläutern.

Eine nervenschwache Dame, deren Leiden ihren Grund zum Theil in einer zu großen Reizbarkeit des

Magens hatte, war oft mit Blähungen, und dem sogenannten nervösen Kopfweh beschwert, wobey der Urin blaß war, und eine außerordentliche Niedergeschlagenheit, so wie auch öftere Ohnmachten, bemerkt wurden; man nahm ihr eine Geschwulst an der Brust, und eine andre nahe an der Achselgrube weg. Die ersten Tage nach der Operation ging alles seinen gewöhnlichen Gang, dann aber zeigten sich auf einmal beträchtliche Störungen. Es überfiel sie Schauer und Frost, mit dem Gefühl eines Absterbens in allen Theilen, worauf ein kalter Schweis ausbrach. Da man glaubte, daß sie sterben würde, so goß man ihr Brantwein ein, worauf sich bald eine Wärme über den ganzen Körper verbreitete, und die Patientin sich erleichtert fühlte; dieser heftige Anfall kann einige Tage hindurch sehr oft wieder, und wurde allemal durch Brantwein gemäßigt; in einem der heftigsten Anfälle bekam sie einmal beynahe ein halbes Nösel davon. Während dieser Zufälle gab man ihr die Fieberrinde zur Stärkung; nebenbey den Moschus in ziemlich reichlichen Gaben als ein besänftigendes, und einen Julep mit Kampher als ein krampfwidriges Mittel; am Ende der Krankheit, noch den Baldrian ebenfalls in reichlichen Gaben. Es mögen nun aber diese Mittel zur Verminderung der Krankheit beygetragen haben so viel sie wollen, so ist doch so viel gewiß, daß sie ohne den Brantwein nichts ausgerichtet haben würden. Auf den Brantwein verschwanden die Anfälle gänzlich, auf den Baldrian aber glaubte ich blos eine Abnahme derselben zu bemerken.

Natür-

Natürlicherweise entsteht nun die Frage: ob der Branntwein allein als Arzneymittel fortgebraucht, ohne Beyhülfe der übrigen Mittel, die Kranke geheilt haben würde? Die übrigen Mittel für sich allein, glaube ich, waren dazu nicht hinreichend, und den Branntwein konnte man nicht in solcher Menge fortgeben, als nöthig gewesen wäre, die Rückkehr der Anfälle zu verhüten; man hatte daher glücklicherweise dieses doppelte Verfahren vereiniget, um theils den Rückfällen nach und nach vorzubeugen, theils auch um sie, so lange sie noch wieder kämen, sogleich zu unterdrücken. Bey der Stimmung des ganzen Körpers im gegenwärtigen Falle, würde der Uebergang in ein Zehrfieber sehr leicht gewesen seyn.

Fünftes Kapitel.

Vom Eiter.

Bisher war die Rede von denjenigen Verrichtungen der Theile, durch welche die Erzeugung des Eiters vorbereitet wird; ich komme nun auf die Erzeugung dieser Flüssigkeit selbst, auf ihre natürliche Beschaffenheit, und ihren wahrscheinlichen Nutzen.

Die unmittelbare Wirkung der thätigen Veränderung, die ich im vorhergehenden beschrieben habe, ist die Erzeugung einer Flüssigkeit, die man gewöhnlich

Eiter nennt; es ist dasselbe von dem Ausfluß im adhäsiven Zeitraum, der sich im Zellgewebe oder in begränzten Hölungen bildet, sehr verschieden; auch weicht es durchaus ab, von den natürlichen Erzeugnissen innerer Kanäle, obgleich hier wie dort die Absonderung aus einerley Gefäßen, nur unter verschiednen Bedingungen und durch sehr verschiedne Aeußerungen der Lebenskraft geschieht.

Im ersten Anfange der Anlage zur Eiterung, ist der Zustand der Gefäße in der Zellhaut und in den begränzten Hölen noch sehr wenig verändert, und fast noch eben derselbe, der er im adhäsiven Zeitraum war. Sie behalten hier noch sehr viel von der Stimmung, die sie im ersten Zeitraum angenommen hatten, und der Ausfluß ist im Anfange weiter nichts als gerinnbare Lymphe mit etwas Serum vermischt. Sobald nun aber die Anlage zur Entzündung nachgelassen hat, so nähern sich die Gefäße sogleich mit jedem Augenblicke mehr dem Zustande der Eiterung, vermöge der nunmehr in ihnen entstandnen neuen Anlage. Auch der Ausfluß, der vorher nur eine Art von Austretung einer natürlichen Flüssigkeit war, verändert sich, und es wird eine neue, der Eiterung eigenthümliche, Materie erzeugt, die den Bestandtheilen des Bluts immer unähnlicher wird, und sich der Beschaffenheit des Eiters mehr und mehr nähert; ihre gelbe oder grünliche Farbe, die sie in den ersten Zeiträumen auch der damit befleckten Wäsche mittheilte, verliert sich nach und nach in die weiße, und ihre Consistenz wird immer zäher und dicker.

Während diese neue Substanz sich bildet, wird die gerinnbare Lymphe, die im Zeitraume der adhäsiven Entzündung ausgetreten war, und sich, auf widernatürlich getrennten Oberflächen sowohl (z. B. in Wunden und Geschwüren) als in begränzten Hölungen, in den kleinen Nischen des Zellgewebes angesetzt hatte, losgestoßen. Ist es die innere Oberfläche einer Hölung, so dringt die vorwärts getriebne Lymphe in die Hölung selbst hinein, die nun mehr Lymphe und Eiter zugleich enthält; ist es aber eine Schnittfläche, so wird sie durch die Eiterung in die Höhe gehoben und abgesondert. Da man indessen dergleichen Oberflächen gleich nach der Operation, so lange die Wunde noch blutet, zu verbinden pflegt, so klebt der Verband anfänglich mittelst des Blutes, nachher auch mittelst der gerinnbaren Lymphe, die im adhäsiven Zeitraum ausschwitzt, an der Oberfläche der Wunde fest, und wird sodann, wenn die Oberfläche zu eitern anfängt, mit dem Blute und der geronnenen Lymphe zugleich losgestoßen. So geht es zu mit der ersten Bildung eines Geschwürs, und mit dem Uebergang einer frischen Wunde in den Zustand einer eiternden.

Auf der innern Oberfläche der Kanäle und Gefäße, folgen diese verschiednen Zeiträume nicht so regelmäßig auf einander, sondern es scheint hier die Eiterung ohne weitere Vorbereitung einzutreten; demohngeachtet geht auch hier ein entzündungsartiger Zustand gleichsam als Vorläufer voraus. Den Ausfluß aus innern Kanälen hat man nie für wahres Eiter erkannt, sondern ihn für Schleim oder etwas ähnliches gehalten; allein er hat alle wesentlichen Kennzeiche des Eiters, wovon ich mich vollkommen überzeugt habe.

Das Eiter präexistirt nicht im Blute, wie diejenigen Stoffe, die im ersten Zeitraum ausgeleert werden; sondern es wird erst durch eine Zersetzung des Blutes, durch neue Verbindung und Ausscheidung der Bestandtheile desselben, bey seinem Durchgang durch die Gefäße, erzeugt. Zu diesem Ende nehmen die Gefäße des leidenden Theils eine eigne Stimmung an, wodurch zu gleicher Zeit die Entzündung, durch welche jene Stimmung vorbereitet wurde, gedämpft wird. Es erhellt hieraus, daß die Erzeugung des Eiters etwas mehr seyn müsse, als eine blos mechanische Ausscheidung gleichartiger Säfte aus dem Blute. Es giebt zwar im Blute verschiedne Stoffe, die als fremdartige Theile in demselben anzusehen und nur mechanisch mit demselben gemischt sind, die folglich auch keinen wesentlichen Bestandtheil desselben ausmachen, und vielleicht nicht einmal nothwendig da seyn müssen. Diese können zwar mit dem Eiter, so wie mit allen übrigen abgesonderten Säften unverändert ausgeleert werden; allein es folgt daraus keinesweges, daß das Eiter einzig und allein aus unveränderten Bestandtheilen des Blutes zusammengesetzt sey. Es ist dasselbe vielmehr als ein neues Mischungsverhältnis des Blutes selbst anzusehen, und man ist anzunehmen genöthigt, daß, zur Hervorbringung der hiebey nöthigen Zersetzungen und neuen Verbindungen, entweder eine neue und eigenthümliche Organisation der Gefäße, oder eine neue Stimmung und eine neue Art von Thätigkeit in den alten Gefäßen erfoderlich sey.

Diese neue Organisation oder Stimmung der Gefäße werde ich drüsenartig, und das Produkt derselben, oder das Eiter, eine Secretion nennen.

I. Ueber die gewöhnliche Meinung von der Erzeugung des Eiters.

Daß das Eiter aus einer Zerstörung der lebendigen festen Theile entstehe, und daß das schon erzeugte Eiter im Stande sey diese Zerstörung fortzusetzen, ist eine alte Meinung, und noch jetzt die Meinung derer, die von Schärfe und äzender Kraft des Eiters sprechen. Wäre diese Vorstellung richtig, so müßte bey jedem Geschwür, aus welchem Eiter ausgeleert wird, die Zerstörung immer fortgehen. Es kommt mir widersprechend vor, daß derjenige Stoff, der zu heilsamen Absichten bestimmt zu seyn scheint, dazu dienen sollte, die Theile, die ihn erzeugten und die er wieder vereinigen sollte, zu zerstören. Der Grund dieser Vorstellung liegt wahrscheinlich darin, daß jedes Geschwür eine Hölung in festen Theilen bildet, und daß man glaubte, die Substanz, die ursprünglich diesen Raum ausfüllte, sey nunmehr in die Materie verwandelt worden, die man jezt im Geschwür findet. Diejenigen, welche sich auf solche Art die Entstehung des Eiters zu erklären suchten, mußten mit dem Umlauf der Säfte, mit den lebendigen Kräften der Arterien, und mit dem, was in einem Absceß nach Oefnung desselben vorgeht, ganz unbekannt seyn. Denn die gehörige Kenntniß dieser drey Stücke, zusammengehalten mit dem, was man von dem Absceß, ehe er geöfnet worden, weis, würde sie in den Stand gesetzt haben, einzusehen, daß das Eiter bloß durch die lebendigen Kräfte der Arterien abgeschieden wird; ihrem Grundsatze gemäß müßte ein Absceß, nach dem er geöfnet worden, immerfort und so schnell als zuvor sich ausbreiten. Auf diesen eingebildeten Satz hat man ferner die praktische Vorschrift gegründet, daß man alle verhärteten Theile, wo möglich in Eiterung setzen, und den Absceß erst spät öfnen solle, damit die festen Theile Zeit hätten durch die Eiterung zu schmelzen, wie man sich auszudrücken pflegte. Allein man schien vergessen zu haben, daß Abscesse, der eben vorgetragnen Theorie selbst zu folge, auch noch nach dem sie geöfnet worden, fortfahren müßten Eiter zu bilden, und daß sich mithin die festen Theile, nach der Oefnung des Abscesses so gut als vor derselben, in Eiter auflösen könnten. Von dem Vorurtheil eingenommen, daß das Eiter durch die Zerstörung fester Theile gebildet würde, übersah man den eiterförmigen Ausfluß aus innern Kanälen, wie beym Tripper, und glaubte, daß hier allemal eine Verschwärung stattfinden müsse. Man würde einem solchen Wahne verzeihen, wenn es noch unbekannt wäre, daß dergleichen Oberflächen, ohne Trennung des Zusammenhangs in festen Theilen, Eiter erzeugen können und in den gewöhnlichen Fällen wirklich erzeugen; daß aber, nachdem diese Wahrheit allgemein anerkannt worden, demohngeachtet jener Wahn noch Anhänger findet, verräth nicht allein Unwissenheit, sondern auch Blindheit. Die Erfahrung, daß aus innern begränzten Hölen, wie aus der Brust und dem Unterleibe oft ganze Nösel Eiter ausgeleert werden, ohne daß man eine Trennung des Zusammenhanges als Ursache angeben kann, ist doch wirklich ein Beweis der keinen Zweifel übrig läßt, und sollte eine bessere Ueberzeugung bewirkt haben. —

Noch lächerlicher ist die Geschäftigkeit einiger neuern, mit der sie, für die von mehrern schon bestrittne Theorie von der Erzeugung des Eiters durch die Zerstörung der festen Theile, scheinbare Gründe aufzufinden suchten; da sie doch wohl einsahen, daß es keinen einzigen haltbaren Beweis dafür gäbe. Sie dachten sich in jedem Absceß eine todte thierische Masse, die man, ihren Beobachtungen zu folge, bald ganz, bald nur zum Theil, zerstört finden sollte. Hieraus schlossen sie nun, daß die fehlenden festen Theile sich in Eiter verwandelt haben müßten. Allein diese Behauptung widerspricht sich selbst, denn was hieße das anders als einer todten Masse lebendige Eigenschaften zuschreiben? Und gesetzt auch, daß eine aufgelößte thierische Substanz in Abscessen enthalten wäre, so würde doch die Vorstellung falsch seyn, daß lebendige Theile, als solche, zu Eiter aufgelößt werden könnten; denn es kann doch unmöglich eine und dieselbe thierische Masse zugleich lebendig und todt seyn, und aufgelößte thierische Substanz ist nie anders als tod. Es gehört wahrhaftig nur sehr wenig praktische Beobachtung dazu, um zu bemerken, daß selbst fremdartige thierische Stoffe eine geraume Zeit in einer Wunde verweilen können, ohne zerstört zu werden; daß in Abscessen, die von äußerlicher Gewaltthätigkeit, oder als Nachlaß rosenartiger Entzündungen entstanden sind; oft Stücken Zellgewebe sich sammeln, die sich nachher wie nasses Werg ausziehen lassen, ohne in Eiter aufgelößt worden zu seyn.

Eine aufmerksamere Beobachtung würde ferner gelehrt haben: daß bey Abscessen in sehnigen Theilen, z. B. am Knöchel, oft eine Flechse abstirbt, und sich stückweise absondert; daß dergleichen Schäden nicht eher heilen als bis dieses geschehen ist; daß hiezu oft Monate Zeit erfodert wird; und daß demohngeachtet die losgestoßene Substanz sich nicht in Eiter verwandelt. Man würde bemerkt haben, daß Stücken abgestorbener Knochen oft mehrere Monate in Eiter gleichsam eingeweicht liegen, und sich doch nicht selbst in Eiter auflösen; und wenn unter solchen Umständen die Knochen einen beträchtlichen Verlust ihrer Substanz erleiden, (welches unwissende freylich für eine Verwandlung in Eiter ansehen) so kann man sich dieses nach den Gesetzen der Absorbtion erklären, durch welche die Knochen, auf Oberflächen, wo ihr natürlicher Zusammenhang getrennt ist, allemal verlieren, und die blos eine Fortsetzung derjenigen lebendigen Thätigkeit zu seyn scheint, durch welche die Losstoßung abgestorbner Theile bewirkt wird. *) Um die Meinung, daß todte thierische Substanzen sich in Eiter verwandelten, noch ferner zu prüfen, schlug ich den Weg der Versuche ein. Ich legte ein Stück Fleisch

*) Man kann annehmen, daß sich Knochen nicht in Eiter umwandeln können, allein es ist auch bekannt, daß Knochen eine thierische Substanz sind, und als solche sich in Lymphe auflösen können.

von gegebnen Gewicht in einen geöfneten Absceß, so daß ich es zu bestimmten Zeiten herausnehmen und abwägen konnte. Um den Versuch noch vollständiger zu machen, legte ich ein ähnliches Stück in Wasser, welches soviel möglich immer in gleicher Temperatur erhalten wurde. Beyde Stücke verlohren an Gewicht, aber das im Geschwür gelegene mehr; auch war die Art des Verlustes bey beyden verschieden, denn das im Wasser gelegene gieng früher in Fäulniß. Da ich aber diese Versuche schon im Jahre 1757 angestellt habe, so kann ich mich auf ihre Genauigkeit nicht völlig verlassen, und ich will sie daher lieber so angeben, wie sie mein Schwager Hr. Home gemacht, und in seiner Abhandlung über die Eigenschaften des Eiters, p. 32. wo er die Meinung beurtheilt, daß das Eiter eine äzende Beschaffenheit habe, erzählt hat. *) Seine Worte sind folgende:

„Da man angenommen hat, daß das Eiter eine äzende Beschaffenheit habe, die es sogar gegen lebendige feste Theile äußern sollte, so unternahm ich, um die Richtigkeit oder Unrichtigkeit dieser Behauptung zu prüfen, folgende Versuche, welche auswiesen, daß jene Meinung ohne Grund sey, und von Mangel an genauen Beobachtungen herrühre, wodurch man verleitet worden ist, das Eiter, in seiner reinen Gestalt, mit demjenigen Zustande desselben zu verwechseln, wo es mit fremden Substanzen vermischt ist.“

„Ich machte einen vergleichenden Versuch mit dem

*) M. s. auch Samml. auserles. Abhandl. für pract. Aerzte B. XII. S. 677. ff.

Eiter in einem Absceß, und mit Eiter und thierischer Gallerte außerhalb dem Körper. Eiter und Gallerte wurden in gleicher Menge in gläserne Gefäße gethan; und in der natürlichen Temperatur des menschlichen Körpers erhalten. Um den Versuch so vollständig als möglich zu machen, wurde ein Stück Muskel, das gerade ein Quentchen weg, in die Wunde und in die Materie eines komplicirten Knochenbruchs, am Arme eines noch lebenden Mannes; ein zweytes ähnliches Stück in die nämliche Materie außerhalb dem Körper; und ein drittes in Gallerte gelegt, die aus Kalbsfüßen bereitet, ganz rein und nicht mit Wein noch andern vegetabilischen Stoffen vermischt war. Diese drey Stücke Fleisch wurden alle 24 Stunden einmal herausgenommen, abgewaschen, gewogen, und wieder hineingesetzt, wobey sich denn folgendes ergab:

Nach 24 Stunden wog das Stück, welches im Geschwür gelegen hatte, 60 Gran, war weich und breyähnlich, und ganz frey von Fäulniß: das Stück welches im Eiter besonders gelegen hatte, wog 46 Gran, war ebenfalls weich und breyähnlich und hatte einen mäßig faulen Geruch: Das Stück in der Gallerte wog 38 Gran, es war kleiner und sein Gewebe dichter als bey jenen beyden andern.

Nach 48 Stunden wog das erste Stück 38 Gran, und war unverändert; das zweyte wog 36 Gran, und war weicher und noch mehr faul als gestern; das dritte wog 36 Gran und war noch kleiner als den Tag zuvor.

Nach 72 Stunden wog das erste Stück 27 Gran, und war trockner und fester; das zweyte Stück wog 18 Gran, und war fibrös und fasig geworden; das dritte Stück war unverändert.

Nach 96 Stunden wog das erste Stück 25 Gran, das zweyte hatte sich ganz aufgelößt, und das dritte wog 36 Gran. *)

Nach 120 Stunden wog das erste Stück 22 Gran, und war ohne alle Spur von Fäulniß; desgleichen auch das dritte welches 44 Gran wog.

Nach 144 Stunden war das erste Stück in seinem Gewicht noch unverändert, und frey von Fäulniß. Das dritte Stück wog 34 Gran."

Da man die Thatsachen, welche beweisen sollten, daß feste Theile sich in Eiter verwandelten, für eben so viele feste Grundsätze ansahe, auf welche man weiter fortbauen könnte; so war es nun etwas leichtes, sich

---

*) Die Ursache, daß das zweyte Stück so bald faul wurde und sich auflößte, lag wahrscheinlich darinnen, daß es die ganze Zeit über in der nämlichen Quantität Eiter lag, so daß die Auflösung desselben mehr der Fäulniß als der auflösenden Kraft des Eiters zuzuschreiben ist. Das Stück Fleisch hingegen, welches in dem Absceß lag, wurde immerfort von erneuertem Eiter bespült, und wenn dieses Eiter eine von der Fäulniß unabhängige auflösende Kraft gehabt hätte, so müßte unstreitig das Fleisch, welches in dem Absceß lag, zu allererst aufgelößt worden seyn: Dies geschah aber nicht, denn dasselbige Stück Fleisch hielt in seiner Abnahme mit dem dritten Stück ziemlich gleichen Schritt.

von der Art wie aus festen und flüssigen Theilen Eiter erzeugt würde, eine Vorstellung zu machen. Man verfiel sogleich auf die Gährung, und nahm diese als den Grund jener Auflösung an. Allein die Gährung müßte doch eine frühere Ursache haben, und wenn man dieses bedenkt, so finden sich allerdings Thatsachen, die jener Vorstellung widersprechen. Man darf fürs erste nur an innere Kanäle denken, die im natürlichen Zustande blos Schleim absondern, und nun auf einmal ihre vorige Bestimmung ändern und Eiter zu erzeugen anfangen, ohne daß ein Verlust an Substanz oder ein Ferment die Veranlassung dazu gegeben hätte. Sollte nun eine Gährung fester und flüssiger Theile die nächste Ursache hievon seyn̄, so entstünde erst die Frage: Was denn hier eigentlich für feste Theile zerstört werden, um den Stoff zum Eiter herzugeben? Das ganze männliche Glied würde nicht hinreichend seyn, den Stoff zu dem Ausfluß beym gemeinen Tripper herzugeben. Man könnte ferner fragen: wie es möglich sey, daß diese Gährung in den flüssigen Theilen jemals aufhören könne? denn es bleibt doch immer dieselbige Oberfläche, die wieder wie vorher Schleim absondert, sobald die Absonderung des Eiters vorüber ist.

Wenn übrigens zur Mischung des Eiters nothwendig zerstörte feste Theile gehörten, und wenn diese Zerstörung durch irgend ein Ferment veranlaßt würde; so könnte man fragen, wie denn der erste Tropfen einer solchen Flüssigkeit in einem Geschwür entstehe, ehe noch eine ähnliche Flüssigkeit da ist, die im Stande wäre feste Theile anzugreifen?

Wenn ein Absceß zur Reife gekommen ist und die Eiterung aufgehört hat, so steht er vielleicht Monate lang stille; am Ende wird das Eiter absorbirt, und das ganze Geschwür heilt. Was wird nun aus dem Ferment, das nothwendig auch die ganze Zeit über außer Wirksamkeit gewesen ist?

Man hat angenommen, daß das extravasirte Blut von selbst zu Eiter werde: Allein die Erfahrung lehrt, daß ausgetretnes Blut, es mag nun eine äußere Gewaltthätigkeit, oder eine Zerreißung der Gefäße, wie bey der Schlagadergeschwulst, dazu Gelegenheit gegeben haben, nie von selbst sich in Eiter verwandelt; daß sich in dergleichen Hölungen nicht eher Eiter bildet, als bis eine Entzündung in denselben vorausgegangen ist; daß man endlich sowohl Blut als Eiter daselbst findet. Ist das Blut geronnen, (welches in einem Extravasat von äußerlicher Gewaltthätigkeit selten der Fall ist) so findet man es noch geronnen; ist es aber noch flüssig, so ist das Eiter blutig.

Ein vollkommnes Eiter hat gewisse Eigenschaften, deren jede einzeln genommen auch andern abgesonderten Flüssigkeiten zu kommt, die aber zusammen die wesentlichen Kennzeichen desselben ausmachen. Es entsteht nämlich das Eiter aus kleinen Kügelchen, die in einer Flüssigkeit schwimmen, welche durch Zusetzung einer Salmiakauflösung gerinnt, (welches soviel mir bekannt ist, keine andre abgesonderte Flüssigkeit thut) und ist dabey allemal das Produkt einer Entzündung. Diese Umstände zusammengenommen machen das Wesen des Eiters aus.

Da ein entzündeter Theil nicht gleich vom Anfang an vollkommenes Eiter hervorbringt, so machte ich folgende Versuche, um die allmäligen Fortschritte seiner Erzeugung zu bemerken. Es war hiezu weiter nichts erfoderlich, als einen lebendigen Theil eine hinreichend lange Zeit in einem gereizten Zustande zu erhalten, um ihn zu den folgenden natürlichen Kraftäußerungen zu nöthigen. Die glatte Oberfläche innerer Hölen schien mir zu einem solchen Versuch vorzüglich geschickt, weil hier nichts die Kraftäußerung der Theile stören, oder das Resultat des Versuchs trüglich machen konnte. Uebrigens konnte man so die Fortschritte der Eiterung auf innern Oberflächen eben so gut beobachten, als man sie in Wunden und Geschwüren bemerkt.

II. Versuche über die Fortschritte der Eiterung.

Erster Versuch.

Die Scheidenhaut eines jungen Widders wurde aufgeschnitten, der Hode entblößt, und, nachdem die Oberfläche desselben rein abgewischt worden war, ein Stück Talk (oder Fraueneis) darauf gelegt. Es wurden sogleich mehrere Gefäße auf der Oberfläche sichtbar, und da man nach fünf Minuten den Talk wegnahm, und denselben mit Hülfe des Mikroscops untersuchte, konnte man noch keine Kügelchen entdecken, sondern blos eine Feuchtigkeit, welche Serum zu seyn schien. Nach zehn Minuten hatten sich unförmliche Klümpchen an dem Talk angesetzt, die etwas durchsichtig waren, deutliche Ecken zeigten und noch keine Kügelchen waren.

Nach funfzehn Minuten zeigte sich ohngefähr dasselbige.

Nach 20 Minuten bemerkte man schon eine Spur von Kügelchen.

Nach 25 Minuten waren die Kügelchen traubig zusammengehäuft, allein ich konnte ihre Beschaffenheit noch nicht deutlich unterscheiden.

Nach 35 Minuten waren die Kügelchen deutlicher, mehr ausgebreitet und zahlreicher.

Nach 55 Minuten noch vollkommner und deutlicher.

Nach 70 Minuten erschienen die Kügelchen unregelmäßiger und mithin weniger deutlich;

Nach 85 Minuten waren sie wiederum deutlicher und zahlreicher.

Nach 100 Minuten waren sie aufs neue undeutlich und unregelmäßig, und bildeten kleine Klümpchen.

Nach 2 Stunden waren die Klümpchen durchsichtiger und die Menge der Kügelchen geringer.

Nach dritthalb Stunden waren die Klümpchen völlig durchsichtig, und von Kügelchen gar keine deutliche Spur zu entdecken.

Nach 4 Stunden schienen einige der durchsichtigen Klümpchen Kügelchen zu enthalten.

Nach 7 Stunden waren die Kügelchen deutlich und zahlreich.

Nach 8 Stunden noch deutlicher und etwas größer.

Nach 9 Stunden war von Kügelchen weniger zu bemerken.

Nach 21 Stunden wurde der Hode mit Charpie bedeckt, die Haut darüber gezogen und durch eine

Ligatur in dieser Lage erhalten. Nach 12 Stunden oder 33 Stunden nach dem Anfang der Versuche, öfnete man die Wunde, wischte den Hoden trocken ab und legte 5 Minuten lang ein Stück Talk darauf. Es zeigte sich sehr wenig Flüssigkeit, allein sie enthielt viele und kleine Kügelchen.

Anmerk. Während der Hode bedeckt war, hatten sich zwischen der eigenthümlichen Haut desselben und der Scheidenhaut, beträchtliche Adhäsionen gebildet, welches zu beweisen scheint, daß die Entzündung wieder in ihre erste Periode zurückkehrt, wenn sich ähnliche Flächen einander berühren.

Nach 40 Stunden wurde das vorige Verfahren wiederholt, und die Kügelchen erschienen auf dem Talk etwas deutlicher.

Nach 44 Stunden zeigten sich vollkommen deutliche Kügelchen, und der Ausfluß glich einem dünnen Eiter.

Zweyter Versuch.

In die Bauchhöle eines Hundes wurde unter dem Nabel, quer durch die weiße Linie ein Einschnitt gemacht, der einige Zoll lang war und wobey man Sorge trug, kein Blut in die Bauchhöle dringen zu lassen. Auf das Bauchfell wurde ein Stück Talk gelegt, so daß es von der Flüssigkeit, die dasselbe schlüpfrig erhält, bedeckt wurde; und um dieses zu bewerkstelligen, war man genöthigt, dem Stück Talk eine beträchtliche Oberfläche zu geben. Man untersuchte die Flüssigkeit unter

dem

dem Mikroscop und fand, daß sie eine geringe Anzahl kleiner durchsichtiger Kügelchen enthielt, die in einer Flüssigkeit schwammen.

Die Feuchtigkeit, welche die Bauchhöle schlüpfrig erhält, scheint, wiederholten Versuchen an gesunden Hunden zufolge, nur von so geringer Menge zu seyn, daß die Oberflächen dadurch blos schlüpfrig erhalten werden, aber kein Tropfen davon gesammelt werden kann.

Nach 5 Minuten hatte sich mehr Feuchtigkeit auf den Oberflächen der innern Theile gesammelt, welche, als sie wie vorher untersucht wurde, noch deutlichere Kügelchen zeigte.

Nach 15 Minuten waren auf den Oberflächen mehr Gefäße sichtbar geworden; eine Stelle der Gedärme wurde trocken abgewischt, und ein Stück Talk darauf gelegt; In der Feuchtigkeit, die sich an demselben sammelte, bemerkte man sehr viele Kügelchen, welche kleiner waren, als die zuerst bemerkten.

Nach einer Stunde war die Anzahl der sichtbar gewordnen Blutgefäße um ein beträchtliches vermehrt, und die ganze Oberfläche schien gleichförmig roth zu seyn; man wischte dieselbe trocken ab und legte ein Stück Talk darauf; die Flüssigkeit, die sich an demselben sammelte, schien nicht aus Kügelchen, sondern aus kleinen, etwas durchsichtigen Körperchen zu bestehen, die keine regelmäßige Gestalt hatten; welches beym Austrocknen noch sichtbarer wurde. Diese Körperchen waren ohne Zweifel gerinnbare Lymphe.

Der Versuch wurde auf der Oberfläche der Milz wiederholt, welche von der vermehrten Menge kleiner, rothes Blut führender Gefäße ebenfalls sehr roth wurde. Die Erscheinungen waren übrigens ganz dieselbigen.

Es scheinen diese Versuche zu beweisen, daß die Flüssigkeit, welche das Bauchfell schlüpfrig erhält, bey der Entblößung desselben Veränderungen erleidet, und daß am Ende, wenn Entzündung eintritt, statt jener natürlichen Feuchtigkeit Lymphe ausschwitzt. Die Menge dieser Feuchtigkeit ist zwar im natürlichen Zustande sehr gering, allein in weniger als einer halben Stunde nach Eröfnung der Bauchhöle vermehrt sich dieselbe sehr beträchtlich, und hat das Ansehen von Oel mit Wasser durch einander gerüttelt. Allein unter dem Microscop zeigte sich die natürliche Menge jener Feuchtigkeit blos durch einen Zuwachs von gerinnbarer Lymphe vermehrt, obgleich einige Zergliederer sie fälschlich für eine ölige schlüpfrig machende Substanz gehalten haben.

Dritter Versuch.

Um halb sieben Uhr des Morgens wurde an einem jungen Widder am obern fleischigen Theil des Schenkels mit einer Lanzette ein Einschnitt gemacht, und ein silbernes Röhrchen eingebracht, das ohngefähr einen Viertelszoll dick und dreymal so lang, mit einer Menge kleiner Seitenöfnungen versehen, und an beyden Enden offen war; es wurde an der Haut angeheftet, und unten mit einem kleinen Kork verschlossen.

Das Blut wurde verschiedenemal mit dem Schwamme weggenommen, und der Kork in den Zwischenzeiten fest in der Röhre erhalten. Um halb neun Uhr zog man denselben heraus, und fand die Röhre mit einer Flüssigkeit angefüllt, welche, als man sie an einem hineingetauchten Stück Talk untersuchte, offenbar Kügelchen enthielt, die den rothen Blutkügelchen vollkommen ähnlich, nur ohne Farbe waren.

Um eilf Uhr hatte die Menge der Flüssigkeit zugenommen, und das äußere Ansehen derselben war unverändert.

Um ein Uhr füllte die Flüssigkeit die Röhre zur Hälfte an, hatte eine röthlich braune Farbe, die Kügelchen hatten an Menge zugenommen und theilten dem Wasser keine Farbe mit.

Um drey Uhr war die Menge des Ausflusses sehr beträchtlich, die Kügelchen selbst aber waren kleiner und weniger gefärbt.

Um halb fünf Uhr verhielt sich noch alles eben so.

Vierter Versuch.

Auf gleiche Weise wurde auch um neun Uhr des Morgens das Röhrchen in den fleischigen Theil des Schenkels eines Esels gebracht.

Um ein und um zwey Uhr war der Ausfluß mit rothen Kügelchen gefärbt.

Um vier Uhr sahe man keine einzeln verbreiteten Kügelchen, sondern kleine Flocken, die in einer durchsichtigen Flüssigkeit schwammen, aber blos aus traubig zusammengehäuften Kügelchen bestanden.

Am nächsten Morgen um sieben Uhr, oder 22 Stunden nach dem Anfange des Versuchs, fand man in dem Röhrchen gewöhnliches Eiter.

Die so eben erwähnten Versuche auf innern Oberflächen, scheinen zu beweisen, daß die zur Eitererzeugung nöthige Stimmung der festen Theile und das Eiter selbst, beynahe zu gleicher Zeit entstehen. Allein aus Home's Versuchen p. 51 erhellet vielmehr, daß die Kügelchen etwas später erscheinen, als die zu ihrer Bildung nöthige Einrichtung; diese frühere oder spätere Erscheinung richtet sich nach Umständen, die wir wahrscheinlich nicht kennen.

So weit gehen die Versuche, welche die Fortschritte der Eiterung auf innern Oberflächen erläutern; ich will nun, aus Home's obenerwähnten Abhandlung, die Versuche über die Fortschritte derselben auf der Haut, nachdem sie vom Oberhäutchen entblößt worden, anführen.

„Einem gesunden jungen Manne legte ich ein spanisches Fliegenflaster von der Größe eines Gulden auf die Magengegend. Nach acht Stunden hatte es eine Blase gezogen; diese wurde geöfnet, und die darin enthaltene Materie herausgelassen. Es war dieselbe flüssig, durchsichtig, und gerann in der Hitze; unter dem Mikroscop entdeckte man in derselben keine Spur von Kügelchen, und sie war in jedem Betracht dem Blutwasser völlig gleich. Das Oberhäutchen wurde nicht weggenommen, sondern man lies es zusammenfallen, und untersuchte nun von Zeit zu Zeit die Flüssigkeit, die sich auf der Oberfläche der Haut sammelte, unter dem Mikroscop, um die Veränderungen derselben so genau als möglich zu bestimmen."

„Um dieses auf die bequemste Art zu bewerkstelligen, wurde, da die Menge der in den Zwischenräumen angesammelten Flüssigkeit äußerst gering seyn mußte, die ganze Oberfläche mit einem sehr dünnen und durchsichtigen Stück Talk bedeckt, und ein Heftpflaster darüber gelegt. Die Oberfläche des Talks, welche die Haut zunächst berührte, wurde unter dem Mikroscop untersucht, und nach jedesmaliger Untersuchung ein neues Stück aufgelegt, um jede mögliche Täuschung, wenn die gedachte Oberfläche nicht ganz rein gewesen wäre, zu vermeiden."

„Die Untersuchungen unter dem Mikroscop sollten dazu dienen, das äußere Ansehen der Flüssigkeit genau zu bestimmen; da aber Versuche gelehrt haben, daß der wäßrige Bestandtheil des Eiters worin die Kügelchen schwimmen, durch den Zusatz einer gesättigten Salmiakauflösung gerinnt, welches bey dem Serum und den Molken nicht geschieht; so schien mir dieses eine Eigenthümlichkeit des Eiters, und folglich die Salmiakauflösung ein gutes Prüfungsmittel zu seyn, um die Gegenwart des wahren Eiters zu erforschen."

„Acht Stunden nach Auflegung des Blasenpflasters, war die ausfließende Feuchtigkeit vollkommen durchsichtig, und gerann nicht, als man die Salmiakauflösung dazu setzte."

„Nach 9 Stunden war der Ausfluß weniger durchsichtig, aber ohne eine Spur von Kügelchen."

„Nach 10 Stunden entdeckte man in der ausgeleerten Flüssigkeit eine geringe Menge sehr kleiner Kügelchen."

„Nach 11 Stunden waren der Kügelchen sehr viele, aber die Flüssigkeit wollte durch die zugesetzte Salmiakauflösung noch nicht gerinnen."

„Nach 12 Stunden zeigte sich alles wie vorher."

„Nach 14 Stunden waren die Kügelchen etwas größer, und die Flüssigkeit schien sich durch die Salmiakauflösung zu verdicken."

„Nach 16 Stunden schienen die Kügelchen sich zusammen zu ballen, und die dadurch gebildeten Klümpchen waren durchsichtig."

„Nach 20 Stunden waren sie doppelt so gros, als sie 10 Stunden nach Anfang des Versuchs beobachtet wurden; die Flüssigkeit hatte das Ansehen eines gutartigen etwas verdünnten Eiters; die Salmiakauflösung brachte sie zum gerinnen, wobey die Kügelchen vollkommen deutlich blieben, so daß ich sie nun für vollkommnes Eiter halten konnte."

„Nach 22 Stunden war keine Veränderung zu bemerken."

„Nach 32 Stunden war die Flüssigkeit beträchtlich dicker und die Menge der Kügelchen größer; außerdem aber war alles noch eben so, wie es 20 Stunden nach Auflegung des Blasenpflasters war beobachtet worden."

Um die Fortschritte der Eiterung in Kanälen und auf absondernden Oberflächen zu beobachten, habe ich oft die Materie an den Bougies, die man in die Harnröhre eingebracht hatte, untersucht, und gefunden, daß sich dieselbe in noch kürzerer Zeit erzeugt, als es in einem der erst gedachten Versuche bemerkt wurde. Nach Home's Versuchen sind 5 Stunden dazu hinreichend; allein es entsteht oft ein Tripper auf einmal, ohne daß der mindeste Ausfluß gleichsam als Vorbereitung vorausgegangen wäre.

Man hat seitdem Versuche mit dem Eiter aus verschiednen Arten von Geschwüren angestellt, in der Absicht, den wesentlichen Charakter des Geschwürs, aus dem Resultat dieser Untersuchung kennen zu lernen. Schon mit unbewafneten Augen erkennt man, daß das Eiter aus Geschwüren von sehr verschiedner Beschaffenheit ist, welches ohne Zweifel davon abhängt, daß die verschiednen Bestandtheile des Bluts bald mehr bald weniger verändert werden; denn man findet, daß der oder jener Stoff, der in der Mischung des Blutes enthalten ist, in der einen Art Eiter mehr, in der andern weniger vorwaltet, wodurch verschiedne Modificationen des wahren Eiters entstehen; auch bemerkt man, daß dergleichen ausgeartetes Eiter früher als ächtes in Verderbniß geräth, welches sogleich aus dem folgenden erhellen wird. Aus dem allen schließe ich nun, daß dergleichen Versuche wenig Licht über das Wesen der Krankheit selbst verbreiten, und das ist doch gerade die Hauptsache. Man erkennt aus denselben, daß das Eiter aus einer venerischen Leistenbeule auf der Höhe der Krankheit, oder aus einem Krebsgeschwür, Eiter von übler Beschaffenheit ist; allein über den Unterschied zwischen diesem und allen andern Arten von Eiter, so wie auch über die specifische Verschiedenheit beyder untereinander, bleibt man ungewiß. Die Blattern sind ein so bösartiges Uebel, als nur irgend eins seyn kann, und das Blattereiter enthält so viele giftige Stoffe als irgend ein anderes; und dennoch hat es alle Kennzeichen eines wahren Eiters, ausgenommen, wenn es aus zusammenfließenden Blattern genommen ist, die aber gar keine eigentlichen Blattern sind. Die Gutartigkeit des Eiters hängt von der Gutartigkeit der Entzündung, diese aber von den Bestreben der Theile ab sich selbst wieder zu vereinigen; dessen Grad sich, in jedem einzelnen Körper, nach der verschiednen Anlage desselben und nach der Beschaffenheit des Uebels selbst richten muß. Bey venerischen Localzufällen und beym Krebs ist die Sache ganz anders. Hier wird das Geschwür, von dem Zeitpunkt des Aufbruchs an, immer bösartiger; sobald aber bey einer venerischen Leistenbeule die Quecksilberkur angewendet wird, nimmt das Eiter sogleich eine andre Beschaffenheit an; ob es gleich noch immer das Vehikel des venerischen Giftes bleibt. Hieraus folgt, daß man unter einem schlechten Eiter, nicht die Gegenwart eines Miasma in demselben, sondern ein solches Eiter zu verstehen habe, das in einem Geschwüre erzeugt worden ist, welches keine Anlage zur Heilung hat. Da nun in einem Krebsgeschwür nie die zur Heilung erforderliche lebendige Thätigkeit stattfindet, so kann es auch nie gutartiges Eiter absondern. Die obenangeführte Beobachtung bey den Blattern, kann man auch auf den venerischen Tripper anwenden;

denn da bey diesem Uebel ein gewisses Bestreben der Natur statt findet, das Uebel selbst zur Heilung zu bringen, so ist auch, nach dem Grade dieses Bestrebens, die Eiterung mehr oder weniger gutartig. Da indessen der Tripper nicht in so bestimmten Zeiträumen verläuft als die Blattern, so ist auch bey jenem die Zeit, wo die Absonderung des gutartigen Eiters erfolgt, nicht so genau bestimmt. Allein es bleibt bey alle dem gewiß, daß bey den Blattern sowohl, als bey venerischen Localzufällen, in dem Zeitraum, wo sich das Uebel zur Heilung anläßt, gutartiges Eiter erzeugt wird, ob es gleich noch immer das Vehikel des Miasma bleibt.

Die obigen Versuche beweisen, daß die chemische Untersuchung dessen was man insgemein Eiter nennt, eigentlich ein unnützes Unternehmen ist; denn man nennt jeden Ausfluß aus einem Geschwür Eiter, so verschieden derselbe auch in manchen Fällen von dem ist, was ich wahres Eiter nenne. Das letztere ist vornämlich der Fall bey solchen Geschwüren, die einen specifischen Charakter haben, welcher der Heilung im Wege ist. In chemischer Rücksicht würden wahrscheinlich alle diese Ausflüsse von einerley Beschaffenheit seyn.

II. Ueber die Eigenschaften des Eiters.

Schon auf den ersten Anblick unterscheidet sich ein ganz vollkommnes Eiter, durch gewisse ihm allein zukommende Eigenschaften. Diese Eigenschaften sind hauptsächlich seine Farbe und seine Consistenz. Die

Farbe scheint von den kleinen runden Körperchen abzuhängen, die den größten Theil der ganzen Flüssigkeit ausmachen, und die sehr viel ähnliches mit den Kügelchen haben, die in der Flüssigkeit des Rahms schwimmen. Man könnte annehmen, daß diese Kügelchen weis seyn müßten, weil der Rahm selbst diese Farbe hat; wiewohl es nicht gerade zu nothwendig ist, daß eine Substanz, welche weis erscheint, deswegen an und für sich wirklich weis seyn müsse: denn auch durchsichtige Körper erscheinen weis, wenn sie sehr fein zertheilt und in großer Menge zusammengehäuft sind, z. B. zerriebnes Glas, geschabtes Eis, mit Luft angefüllte Wasserbläschen, oder Schaum.

Diese Kügelchen schwimmen in einer Flüssigkeit, die dem ersten Ansehen nach aus dem wäßrigen Bestandtheil des Bluts besteht, weil sie wie jener in der Hitze gerinnt, und wahrscheinlich auch einen geringen Antheil coagulabler Lymphe enthält, denn das Eiter gerinnt zum Theil, nachdem es aus den absondernden Gefäßen ausgeleert worden, so wie ich dies bereits vom Schleime angemerkt habe. Allein ohngeachtet dieser Aehnlichkeit mit dem Serum, hat es doch gewisse Eigenschaften, welche bey diesem fehlen. Da mir Eiter und Milch einige Aehnlichkeit zu haben schienen, so versuchte ich, ob sich nicht der flüssige Bestandtheil des Eiters durch den Magensaft verschiedner Thiere zum gerinnen bringen ließe; allein es gelang nicht. Ich wiederholte darauf die Versuche mit verschiednen andern Mischungen, vorzüglich mit Neutralsalzen, und fand, daß eine Auflösung des Salmiaks diese Flüssigkeit zum gerinnen bringe, und dieselbe Wirkung bey andern thierischen Säften nicht äußere, woraus ich schloß, daß eine Mischung aus Kügelchen und einer durch jenes Salz coagulablen Flüssigkeit für Eiter zu halten sey, und daß sich eine solche Materie in allen Geschwüren erzeugt, in welchen nicht etwa durch eine besondre Anlage die Heilung verzögert wird.

Das Verhältniß dieser weißen Kügelchen zu den übrigen Bestandtheilen des Eiters hängt von der Gesundheit der Theile ab, in welchen es abgesondert wird. Ist die Menge derselben gros, so ist das Eiter dicker und weißer, und man nennt es gutartig. Der eigentliche Sinn dieser Art sich auszudrücken ist: die festen Theile, welche zur Absonderung des Eiters dienen, sind gesund; denn was ist das äußere Ansehen des Eiters anders, als die Wirkung und das Zeichen gewisser heilsamer Regungen in den festen Theilen, durch welche diejenige Anlage in denselben hervorgebracht wird, wovon die Eiterung sowohl, als die Erzeugung neuer Substanz abhängt. Alle diese Umstände haben viele Aehnlichkeit mit der Milchabsonderung; denn im Anfange derselben besteht auch diese Flüssigkeit grösstentheils nur aus Serum; wenn der Zeitpunkt, wo das Thier gebären soll, herannaht, zeigen sich Kügelchen, deren Menge sich von Zeit zu Zeit vermehrt, und je größer dieselbe ist, desto dicker und nahrhafter ist die Milch. Gerade eben so geht auch die Milchabsonderung wieder rückwärts, wenn sie aufhören soll, so wie auch dann die erste unvollkommne Absonderung wieder eintritt, wenn die Drüsen der Brüste an einem örtlichen Uebel z. B. an einer Entzündung leiden, oder wenn eine allgemeine Krankheit z. B. ein Fieber ausbricht.

Das Eiter ist specifisch schwerer als Wasser. Es hat wahrscheinlich das nämliche specifische Gewicht als das Blut, oder andre thierische Stoffe in flüssiger Gestalt.

Außer den bereits erwähnten Eigenschaften, hat das Eiter noch einen süßlichen ekelhaften Geschmack, der es gar sehr von andern abgesonderten Säften unterscheidet, und wahrscheinlich von beygemischtem Zuckerstoff herrührt; auch ist derselbe immer der nämliche, das Eiter mag aus einem eigentlichen Geschwür oder von einer entzündeten und gereizten Oberfläche hergenommen seyn. Wenn daher jemand ein Geschwür in der Nase, im Munde, im Halse, in den Lungen oder den nahegelegnen Theilen hat, dergestalt daß das Eiter, ohne durch die Fäulniß eine Veränderung erlitten zu haben, in den Mund kommt; so verräth es sich daselbst durch diesen eigenthümlichen Geschmack, wenn anders der Schleim oder der Speichel geschmacklos ist. Ein gleiches bemerkt man, wenn auf der Oberfläche der genannten Theile, ohne eine eigentliche Verschwärung, ein Entzündungsreiz statt findet.

Wenn die innere Oberfläche der Nase entzündet ist, und die daselbst abgesonderte Feuchtigkeit auf einem weißen Schnupftuche eine gelbe Farbe zeigt; so bemerkt man auch zugleich einen süßlichen ekelhaften Geschmack, wenn man dieselbe hinter in den Mund zieht. Den nämlichen Geschmack bemerkt man auch, wenn dieselbe in der Mundhöle oder im Schlunde abgesondert, desgleichen wenn sie aus der Luftröhre und den Lungen herausgestoßen wird, und durch einen Katarrh dieser Theile erzeugt ist. Kurz das Eiter hat allemal diese Eigenschaft, es mag nun von einer natürlichen gereizten Oberfläche, oder aus einem gewöhnlichen Geschwür abstammen.

Der Geruch des Eiters ist zwar gewissermaßen specifisch, aber doch veränderlich; daher kann man gewisse Krankheiten, z. B. den venerischen Tripper, am Geruche erkennen.

Um die specifischen Eigenschaften des Eiters zu entdecken, oder um es vom Schleim zu unterscheiden, hat man beyde chemischen Prüfungsmitteln unterworfen, in der Meinung, daß Auflösungen und Niederschläge gehörigen Aufschluß über ihre Verschiedenheiten geben würden. Man sieht sogleich daß ein solches Unternehmen unphilosophisch ist, und ich hielt es von jeher für etwas ungereimtes, da alle und jede thierische Stoffe, man mag sie in Säuren oder in Alkalien auflösen, die nämlichen Erscheinungen gewähren, und mithin auch alle einerley Niederschläge bilden. *) Kalkerde, wenn

---

*) Hätte Hunter blos behauptet, man könne durch chemische Versuche den innern Grund der Verschiedenheit thierischer Feuchtigkeiten nicht befriedigend erklären, so würde ich ihm ganz beystimmen. Aber irrig ist seine Meynung, daß alle thierische Säfte ohne Unterschied sich in der Vermischung mit Alkalien und Säuren ganz gleich verhalten, und einerley Niederschläge bilden. Das streitet mit der Erfahrung, und kann auch deswegen nicht seyn, weil nicht alle Säfte aus einerley Stoffen bestehen,

man sie in einer Säure, z. B. in Salzsäure, auflößt, zeigt immer die nämlichen Erscheinungen, sie mag nun von Kreide, von gemeinem dichten Kalkstein, von Marmor oder von Kalkspat (calcarious spar) hergenommen seyn, und auch die Niederschläge sind allemal dieselbigen.

Meine eigne Ueberzeugung mochte übrigens seyn welche sie wollte, so verhüteten doch jene kühnen, aus gewissen Versuchen gefolgerten Behauptungen, daß ich nicht in den nämlichen Irrthum verfiel, und Erscheinungen beschrieb, die ich nie gesehen hatte. Ich machte daher einige Versuche über diesen Gegenstand, und da ich vorläufig auf die schon oben angeführte Vermuthung gekommen war, so gab ich meinen Versuchen eine allgemeinere Ausdehnung. Ich unterwarf denselben alle Arten thierischer Stoffe, organische und unorganische, und bemerkte überall die nämlichen Erscheinungen. Von organischen Theilen wählte ich Muskeln, Bänder, Knorpel und Drüsen, nämlich Stücken von der Leber und vom Gehirn; von unorganischen Stoffen aber Eiter und das weiße vom Ey. Diese lößte ich in Vitriolsäure auf, und schlug dann dieselben aus der Auflösung durch Pflanzenalkali nieder.

Alle diese Niederschläge untersuchte ich unter Ver-

---

und noch weniger die Verhältnisse, in welchen die Bestandtheile mit einander vermischt sind, in allen Säften dieselbigen sind. Darum ist auch das Beyspiel nicht passend, welches Hunter statt Beweises anführt. H.

größerungen, welche die Gestalt derselben deutlich zeigten. — Sie hatten alle ein flockiges Ansehen.

Der Niederschlag vom flüchtigen Alkali sah völlig eben so aus.

Um diesen Versuchen mehr Vollständigkeit zu geben, lößte ich die nämlichen Stoffe in kaustischen Pflanzenalkali auf, und schlug die Auflösungen durch Salzsäure nieder. Hierauf untersuchte ich sämmtliche Niederschläge unter dem Mikroscop und fand wiederum überall das nämliche, d. i. eine fasige Substanz ohne regelmäßige Gestalt.

Um mich zu überzeugen, ob sich nicht durch die chemische Zergliederung des Ausflusses aus Geschwüren, die Beschaffenheit des Geschwürs selbst bestimmen ließe, untersuchte ich die Jauche aus einem Krebsgeschwür, und fand, daß sich dieselbe zwar anders verhielt als wahres Eiter, daß aber dennoch eine solche Untersuchung keine weitern Aufschlüsse gewährte, als was man schon mit bloßen Augen bemerkt, daß nämlich diese Materie kein Eiter ist. Der specifische Unterschied aber zwischen Krebsmaterie, und der Materie aus einer venerischen Leistenbeule vor Anwendung des Quecksilbers, wird aus solchen Versuchen nie dergestalt erkannt, daß man angeben könnte, welches von beyden Krebsmaterie, und welches venerisches Eiter sey, so wenig als sich aus der chemischen Untersuchung des Urins, auf den gegenwärtigen Zustand der Nieren etwas schließen läßt.

Die Beschaffenheit des Eiters richtet sich jederzeit nach dem Zustand der Theile, in welchen es abgesondert wird. Haben diese Theile eine eigenthümliche und besondre Stimmung, so nimmt auch das Eiter diesen specifischen Charakter an; daher findet man in venerischen Geschwüren venerisches Eiter, in Blatterpusteln Blattermaterie, in Krebsschäden Krebsjauche. Der allgemeine Gesundheitszustand hat nicht den allergeringsten Einfluß auf die Beschaffenheit des Eiters, wenn nicht die Theile, in denen es erzeugt wird, Antheil an demselben nehmen.

Die Beschaffenheit des Eiters ist dem Zustand seines Secretionsorgans, und dessen eigenthümlicher Stimmung insofern angemessen, daß es keinen widernatürlichen Reiz für dasselbe abgiebt; es findet hier das vollkommenste Gleichgewicht statt, und die Theile sind gegen das Eiter völlig unempfindlich. Daher ist das Eiter kein Reiz für die Oberfläche, auf der es abgesondert worden ist, ob es gleich ein Reiz für andre Theile von der nämlichen Art werden kann. Aus eben dem Grunde kann auch keine eiternde Oberfläche, durch die specifische Schärfe des auf derselben abgesonderten Eiters, offen erhalten werden; denn wäre dies, so würde ein Geschwür, das einen specifischen Charakter hat, oder Eiter von reizender Beschaffenheit absondert, nie zur Heilung kommen. Das nämliche bemerkt man auch bey der Absonderung anderer scharfer Feuchtigkeiten, der Galle, der Thränen u. s. w., die zwar für andre Theile des Körpers, aber nicht für ihre eignen Drüsen und Ausführungsgänge, ein Reiz werden können. Der venerische Tripper, die Blattern *rc.* und andre ähnliche Uebel die von selbst heilen, sind auffallende Beyspiele hievon. Man findet indessen demohngeachtet,

geachtet, daß unter gewissen Umständen das Eiter auf die Wunde, und abgesonderte Säfte auf ihre Kanäle, als ein Reiz wirken. Ein Beyspiel von der leztern Art sind die Säfte des Darmkanals. Ob aber nicht diese scharfen Säfte erst in einem krankhaft verändertem Stück des Darmkanals erzeugt worden sind, und blos wenn sie an eine gesunde Stelle desselben gelangen, ihre reizenden Wirkungen äußern, lasse ich unentschieden. Im Mastdarm und am After geschieht so etwas ohne Zweifel häufig beym Purgiren, wo durch die wäßrigen Stüle die Theile so gereizt werden, daß es schmerzt als ob sie mit heißem Wasser gebrühet wären. Es scheint auch diese Vorstellung durch eine andre Erfahrung bestätigt zu werden. Wenn man eine große Menge Eiter untersucht, so findet man es oft mit fremdartigen Stoffen vermischt, die keinen eigentlichen Bestandtheil desselben ausmachen, sondern wahrscheinlich aus dem Blute unverändert in dasselbe übergegangen sind, und da sie kein reines Eiter sind, noch eine weitere Veränderung erleiden müssen. Es hängt diese Erscheinung nicht einzig und allein von der Beschaffenheit des Geschwürs ab, denn man bemerkt sie bey Geschwüren von sehr verschiednem specifischen Charakter, da doch durch den leztern nur die specifische Beschaffenheit des Eiters selbst bestimmt wird. Doch wird nach der verschiednen Art des Geschwürs jener fremdartige Stoff häufiger oder sparsamer abgesondert, und verursacht nachher, als ein hinzugekommener Bestandtheil des Eiters, in jeder Art von Geschwür eine gewisse Reizung.

Meine bisherigen Bemerkungen betreffen blos den natürlichen Gang eines Geschwürs, bey vollkommen gesundem Zustande des ganzen Körpers und der einzelnen Theile: denn ein Geschwür, welches alle seine Zeiträume bis zur Heilung regelmäßig durchläuft, kann, als solches, nicht Krankheit genannt werden.

Ein Beweis hievon ist, daß, wenn während der Eiterung der ganze Körper oder der eiternde Theil in einen wirklich krankhaften Zustand versetzt wird, jene natürliche Absonderung aufhört, und eine ganz entgegengesetzte eintritt. Es wird nun kein Eiter mehr gebildet, und die Flüssigkeit nimmt gewissermaßen in eben dem Verhältnis eine von der gewöhnlichen verschiedne Gestalt an, in welchem jene krankhaften Veränderungen erfolgen, allemal wird sie dünner und durchsichtiger, und es hat das Ansehen, als ob der Zeitraum der adhäsiven Entzündung wieder einträte. Die abgesonderte Flüssigkeit nähert sich mehr der natürlichen Mischung des Bluts, (wie dieses unter ähnlichen Umständen auch bey andern Absonderungen beobachtet wird) und man nennt dieselbe, nach dem gewöhnlichen Sprachgebrauch, nicht Eiter sondern Jauche.

Das Eiter, welches unter solchen Umständen in einem Geschwür erzeugt wird, enthält mehr Serum, und oft auch mehr gerinnbare Lymphe, aber weniger von der Mischung, die es in den Stand setzt, bey dem Zusatz einer Salmiakauflösung zu gerinnen. Auch hat es nach Verhältniß mehr fremdartige und im Wasser auflösliche Bestandtheile aus dem Blute, (z. B. Salztheilchen,) und wird eher faul. Da ein mit fremdartigen

Stoffen geschwängertes sowohl als ein faules Eiter, dem specifischen Zustande der Reizbarkeit in einem Geschwür nicht angemessen ist, so wirkt es auf sein Absonderungsorgan als ein widernatürlicher Reiz. Aus eben dem Grunde reizt auch das Eiter die angränzenden Theile, mit welchen es in Berührung kommt; es macht die Haut wund, und bewirkt eine ulcerative Entzündung; so wie auf ähnliche Art die Thränen, wenn sie über die Wangen herabfließen, vermöge ihrer salzigen Bestandtheile die Haut wund machen. Wegen der erwähnten Wirkung, hat man dem Eiter eine fressende Eigenschaft zugeschrieben die es doch in der That nicht hat; Es reizt blos die Theile, mit welchen es in Berührung kommt auf eine solche Art, daß dadurch eine Absorbtion derselben bewirkt wird, wie bey der Betrachtung der Ulceration gezeigt werden soll.

Als Ursache dieser widernatürlichen Veränderung im Eiter kann man annehmen, daß die zur Erzeugung desselben erfoderlichen Zersetzungen und neuen Mischungen nicht so wie sie sollten von statten gehen. Es hängt dieses wahrscheinlich von den Gefäßen ab, die ihre gehörige Struktur und Thätigkeit verlohren haben, so daß sie nachher nicht nur zu diesem Geschäft untauglich werden, sondern daß auch ihre sonstige Bestimmung, nämlich die Erzeugung neuer Substanz, nur unvollkommen erreicht wird. Die Gefäße nehmen eine solche Organisation an, daß dadurch die Absonderung des Eiters, und durch die nämliche Einrichtung auch in der Folge die Granulation bewirkt wird. Beyde sind

Nebenwirkungen einer und derselben Ursache, nämlich der eigenthümlichen Organisation der Gefäße des leidenden Theils.

Was aber dieses für eine Organisation sey, ist völlig unbekannt, und da wir von der innern Einrichtung der übrigen Absonderungswerkzeuge eben so wenig wissen, so darf uns dieses auch gar nicht befremdend scheinen. Man hat zwar allerdings gewisse Verschiedenheiten der Drüsen, so wie auch der Struktur derselben überhaupt entdeckt. Allein diese Entdeckungen sind nicht von der Art, daß sie über das, was in den verschiednen Theilen der Absonderungswerkzeuge vorgeht, so wie über ihre eigentliche Bestimmung, wovon die Beschaffenheit der abgesonderten Flüssigkeit abhängt, einen solchen Aufschluß gäben, daß man, sobald die Struktur einer Drüse bekannt wäre, schon im voraus angeben könnte, was für eine Flüssigkeit sie absondern müsse.

Nach Anleitung einiger Umstände welche die Eiterung oft begleiten, sollte man glauben, daß das Eiter einen größern Hang zur Fäulniß habe, als andre Säfte; allein ich vermuthe daß dieses bey einem vollkommen reinen Eiter nicht der Fall ist, denn wenn es ganz frisch aus einem Absceß kommt, ist es immer vollkommen mild. Es giebt zwar gewisse Ausnahmen hievon, allein diese hängen von Umständen ab, die dem Eiter an sich ganz fremd sind. Wenn z. B. ein Absceß, so lange das Eiter noch in demselben eingeschlossen ist, mit der äußern Luft in Verbindung steht, (wie dieses bey Abscessen in der Nähe der Lungen oft der Fall ist,) oder wenn sich derselbe so nahe an dem Colon oder Mastdarm befindet, daß es durch den Unrath verunreinigt wird, so ist es wohl kein Wunder, wenn das Eiter eine faule Beschaffenheit annimmt. Die Materie, welche im Eiterungszeitraum in Geschwüren, vorzüglich aber nach äußern Verletzungen fester Theile, zuerst erzeugt wird, enthält allemal etwas Blut, und wenn feste Theile absterben und losgestoßen werden, so verunreinigen auch diese das Eiter. Das letztere geschieht auch, wenn eine Entzündung rosenartig ist, und in dem Sitz des Abscesses der Brand entsteht. Unter allen diesen Umständen hat das Eiter einen größern Hang zur Fäulniß, als wenn es vollkommen rein und ächt, und so eben aus einem gutartigen Absceß, oder aus einer heilenden Wunde, genommen ist. Daher wird auch das Eiter in neuentstandnen Geschwüren, in der Zwischenzeit von einem Verband bis zum andern, sehr leicht faul, da es hingegen in den nämlichen Geschwüren und in der nämlichen Zwischenzeit sich vollkommen frisch erhält, wenn der Ausfluß schon einige Zeit länger gedauert hat. Ob nun aber gleich ein unvollkommnes und mit fremden Bestandtheilen vermischtes Eiter zur Fäulniß geneigt ist, wenn es mit der äußern Luft in Berührung steht, so widersteht es doch derselben eine geraume Zeit, wenn es vollkommen in einem Absceß eingeschlossen ist. Es leidet jedoch, wie ich schon erinnert habe, dieses Gesetz eine Ausnahme bey derjenigen Eiterung, die eine Folge der rosenartigen Entzündung ist. Der innere Brand giebt hier oft zur Eiterung Gelegenheit, *) und die Materie wird faul, wenn sie auch gleich außer aller Gemeinschaft mit der äußern Luft ist. Wahrscheinlich werden hier die festen Theile zuerst faul, und theilen nachher dem Eiter diese Eigenschaft mit.

Eine ähnliche Beobachtung kann man in Rücksicht derjenigen Geschwüre machen, die schon seit längerer Zeit gutartiges Eiter abgesondert haben, und welchen diese Absonderung gleichsam habituell geworden ist. Wenn hier durch irgend einen Zufall eine Austretung von Blut entsteht, oder wenn die absondernden Gefäße ihren Tonus dergestalt verändern, daß sie Blut durchlassen, welches sich mit dem Eiter vermischt; so verliehrt der Ausfluß seine vorige milde Beschaffenheit, und wird faul und scharf. Es scheint vollkommen reines Eiter, ob es gleich durch fremde hinzukommende Stoffe sehr leicht verändert wird, doch für sich allein unveränderlich und sich immer gleich zu seyn: Dieß geht so weit, daß es wochenlang in einem Absceß eingeschlossen bleibt, ohne die mindeste Veränderung zu erleiden. Diese Eigenschaften kommen aber, wie gesagt, nur dem vollkommen gutartigen Eiter zu. Denn sobald ein Geschwür seine vorige Beschaffenheit ändert und sich entzündet, so wird auch das nunmehr erzeugte Eiter, wenn

*) Ich verstehe nicht, wie man behaupten könne, der Brand gebe zur Eiterung Gelegenheit. Wenn das brandige losgestoßen wird, so entsteht in den Gränzen desselben Entzündug und Eiterung, allein diese wird nicht durch den Brand, sondetn durch irgend einen Reiz erregt, der die Thätigkeit der lebendigen Gefäße vermehrt. H.

es gleich kein ausgetretnes Blut, oder brandigen Stoff enthält, viel eher faul als vor dieser Veränderung, und weit reizender als es vorhin war, wie ich schon oben erinnert habe.

Aus den obigen Bemerkungen erklärt sichs, warum der Ausfluß bey gewissen specifischen Uebeln, obgleich nicht bey allen, um so vieles schärfer ist, als er in gewöhnlichen Geschwüren zu seyn pflegt, denn das Eiter ist hier meistens nicht rein, sondern mit Blut vermischt.

Wenn in der Tiefe eines Geschwürs kranke Knochen oder andre fremde Körper befindlich sind, die oft einen so heftigen Reiz erregen, daß die Gefäße anfangen zu bluten, und nicht selten auch die Gefäße selbst zerreißen; so wird ebenfalls der Ausfluß jedelmal sehr übelriechend, und ist ein Kennzeichen kranker Knochen, ob man sich gleich nicht unbedingt darauf verlassen darf.

Silber und Bley wird fast ganz schwarz, wenn es in den Ausfluß eines unreinen Geschwürs getaucht wird. Diese Schärfe greift sogar thierische Stoffe an, denn wenn man z. B. die Ränder einer Wunde durch Heftpflaster auf Leder gestrichen zusammenzieht, so findet man, wenn die Eiterung eintritt, daß die Streifen von Leder, welche die Wunde bedecken, zwischen dem ersten und zweyten Verbande, völlig zerfressen werden und in zwey Stücken zerfallen. Das Pflaster, welches gemeiniglich Bley enthält, wird da wo es mit dem Eiter in Berührung kommt, schwarz. Auch

Eyer, wenn sie nicht mehr ganz frisch jedoch aber noch nicht völlig in Fäulniß übergegangen sind, verändern die Farbe der Metalle auf ähnliche Weise, und das Kochen oder Rösten vermehrt wahrscheinlich noch diese Eigenschaft. Crawford, schreibt in seinen Versuchen über die Krebsmaterie und über die animalisch hepatische Luft, diese Auflösung der Metalle der eben erwähnten Luftart zu. *)

III. Ueber den Nutzen des Eiters.

Der eigentliche letzte Zweck der Eiterabsonderung ist, wie mich dünkt, noch unergründet, obgleich fast ein jeder im stande zu seyn glaubt ihn anzugeben. Man hat sehr verschiedne Naturabsichten bey dieser Erscheinung angenommen. Einige glaubten, die Eiterung diene dazu, Säfte aus dem Körper wegzuschaffen; auch gab es eine Zeit, wo man annahm, daß sich ein allgemeines Uebel in ein örtliches verwandelte, und daß auf diesem Wege der Krankheitsstoff, in Gestalt des Eiters oder unter dem Vehikel desselben, gleichsam ausgestoßen würde, wie bey den sogenannten critischen Abscessen. Allein diejenigen, welche diesen Zweck annehmen, heben ihn wieder auf durch die Behauptung, daß die auszuleerenden Materie wieder zurückgesogen werden, und sodann eine Quelle weit schlimmerer Zufälle werden

---

*) Philos. Transact. Vol. 80. a 1790. P. 2. p. 385.

könne als diejenigen waren, die erleichtern sollte. *) Ich glaube, daß die Fälle wo eine Absorbtion stattfindet, weit häufiger sind, als die, wo man eine Erleichterung der Krankheit will bemerkt haben, und wenn dieses der Fall ist, so würde durch die Eiterung nichts gewonnen. — Einige nehmen auch an, daß durch die Eiterung, vermöge einer Ableitung oder Zuleitung, (Derivatio et revulsio) ein örtliches Uebel gehoben werden könne. Auf diesen Grundsatz gestützt, erregt man in gesunden Theilen künstliche Geschwüre, z. B. Fontanelle, um andre Geschwüre dadurch zum Austrocknen zu bringen. Man hat auch wohl gar die Absicht gewisse Theile, z. B. verhärtete Geschwülste, durch die Eiterung zu zerstören; allein es ist im vorhergehenden gezeigt worden, daß die festen Theile keinen Bestandtheil des Eiters ausmachen.

Auf ähnliche Weise hat man auch eine Eiterabsonderung für ein allgemeines Mittel gehalten, um gewissen oder allen Veranlassungen zu Krankheiten vorzubeugen. Man legt um deswillen Fontanelle an, in der Absicht, sowohl allgemeine als örtliche Uebel entfernt zu halten. Ich bin aber geneigt zu glauben, daß uns die wahre Bestimmung des Eiters noch nicht recht, oder vielleicht noch gar nicht, bekannt ist, denn es findet

*) Daß doch die Natur sich des Eiters zuweilen als eines Vehikels bediene, um schädliche Stoffe zu entfernen, davon belehren uns die Erscheinungen der Blattern u. s. w. H.

sich dasselbe in allen, und zwar in seinem vollkommensten Zustande in gutartigen Geschwüren, besonders da, wo der allgemeine Gesundheitszustand ohne Tadel ist.

Auch lehrt die Erfahrung, daß selbst ein sehr häufiger Eiterausfluß, aus Theilen die zum Leben nicht unentbehrlich sind, nur sehr geringen Einfluß auf den allgemeinen Gesundheitszustand hat, sogar dann, wenn er gestopft wird, was auch immer manche gagegen einwenden mögen.

Der Gedanke ist sehr natürlich, daß das Eiter dazu diene, das Geschwür in dem es erzeugt wird, feucht zu erhalten, da doch alle innre Oberflächen eine eigne Feuchtigkeit ausschwitzen. Allein wenn man ein Geschwür, welches heilen soll, trocken werden läßt, so daß sich ein Schorf bildet, so verliehrt dasselbe die Fähigkeit ferner Eiter abzusondern, und heilt schneller. Blos die Art äußere Geschwüre zu verbinden macht, daß die Eiterabsonderung fortdauert, und diese erhält in sofern das äußere Geschwür in dem Zustand eines innern. Allein diese Vorstellung ist doch auf die Bildung eines Abscesses nicht anwendbar, wo man sich den Zweck der Eitererzeugung am besten erklären kann, weil durch sie innre Oberflächen entblößt werden sollen. Zuweilen hat die Eiterung den besondern Nutzen, daß durch sie auf einem entferntern Wege die Heilung bewirkt wird, indem sie eine Gemeinschaft zwischen dem Sitz des Uebels und der äußern Oberfläche des Körpers eröfnet. Eben so wird auch durch die Eiterung manchmal ein Ausweg für fremde Körper gebahnt.

Dieses alles sind jedoch nur untergeordnete Bestimmungen des Eiters.

Sechstes Kapitel.

Von der ulcerativen Entzündung.

Es würde gar nicht am unrechten Orte gewesen seyn, wenn ich da, wo von der Entstehung und dem Umlaufe des Bluts die Rede war, zugleich auch von dem System der zurückführenden Gefäße und deren Verrichtungen das nöthige beygebracht hätte. Man kann diese Gefäße gewissermaßen als den Hauptbestandtheil der ganzen thierischen Maschine ansehen, und sich die letztere als aus lauter kleinen Mündungen zusammengesetzt vorstellen, denn alles kommt von den absorbirenden Gefäßen her, oder gelangt zu denselben hin, und wenn man alles bis auf die letzten organischen Grundtheile zergliedert, so findet man, daß außer diesen Gefäßen fast gar nichts da ist. Bey Thieren die einen Magen haben, kann man diesen, so wie alle Theile die mit demselben in Verbindung stehen, als einen Anhang des lymphatischen Systems betrachten, und es giebt Thiere, z. B. die Korallenpolypen, die eigentlich aus nichts als aus einer unendlichen Menge Mägen zu bestehen scheinen, welche alle Nahrung einnehmen, sie verarbeiten und den absorbirenden Gefäßen überliefern, von welchen des Wachsthum und die Ernährung des ganzen abhängt. So wie die Koralle wächst, nimmt nicht etwa auch jeder von diesen kleinen Mägen verhältnismäßig an Größe zu, sondern die Anzahl derselben vermehrt sich, und mit ihr zugleich das Volumen des ganzen. Denn ob es gleich scheinen möchte, als ob jedes Stück ein einzelnes Thier für sich ausmache, so verhält es sich doch in der That anders. Da mich jedoch dieses für meinen gegenwärtigen Zweck zu weit führen würde, so breche ich ab, und schränke mich hauptsächlich auf den Nutzen der absorbirenden Gefäße, bey den Zuständen von welchen ich hier handle, ein; und da man eine ihrer vorzüglichsten Bestimmungen in Krankheiten noch nicht beschrieben, ja noch nicht einmal geahndet hat; so will ich, um gehörig verstanden zu werden, und um diese Bestimmung von andern schon bekannten genau zu unterscheiden, die letztern im voraus angeben. Es sind aber die bisher bekannten Verrichtungen des Lymphsystems folgende:

1) Die absorbirenden Gefäße nehmen fremde Stoffe auf, welche nährende Bestandtheile erhalten.

2) Ueberflüssige und ausgetretne Stoffe, von gesunder oder krankhafter Erzeugung, so wie auch

3) das Fett, werden durch sie zurückgeführt.

4) Das Abnehmen und Magerwerden der Theile, wobey die Muskeln dünner, und die Knochen leichter werden, hängt ebenfalls von ihnen ab. Was die beyden letzten Erscheinungen betrift, so hat man sie zwar vielleicht nicht gerade zu einer Absorbtion durch Venen, oder durch eine andre Gattung von Gefäßen zugeschrie-

ben, aber die Sache doch wahrscheinlich so verstanden.

Nur in diesen Rücksichten also betrachtete man bisher die zurückführenden Gefäße in der thierischen Oekonomie als thätig. Allein eine nähere Bekanntschaft mit der Einrichtung derselben wird lehren, daß sie zu weit wichtigern Absichten im Körper bestimmt sind, als man geglaubt hat; daß sie oft dasjenige wieder zerstören, was durch die Arterien angesetzt worden war; daß sie oft ganze Organe nach und nach verzehren, daß sie es sind, die während dem Wachsthum dem Körper seine Bildung geben, und daß endlich durch ihre Vermittlung krankhafte und abgestorbne Theile, wo alle Bemühungen der Kunst sonst fruchtlos seyn würden, vom gesunden abgesondert werden. Alles dieses will ich nun ausführlicher auseinander setzen.

Da durch diese Gefäße so mannichfaltige Erscheinungen in der thierischen Maschine hervorgebracht werden, die, ihren Folgen und ihren Zweck nach, sich so unähnlich sind; so kann man auch ihre Verrichtungen aus verschiednen Gesichtspunkten ansehen, und dieselben auf verschiedne Art eintheilen. Ich werde die zurückführenden Gefäße in doppelter Rücksicht betrachten, einmalin sofern, sie fremde Stoffe die keinen eigentlichen Bestandtheil des Körpers ausmachen, und zweytens insofern sie Theile der Maschine selbst absorbiren.

1) Daß durch die Lymphgefäße fremde, nicht zur Organisation selbst gehörige Stoffe, angesogen werden, ist allgemein bekannt. Diese Stoffe sind theils äußere, wohin alles was von außen an die Haut gebracht wird,

desgleichen auch der Speisesaft, zu rechnen ist; theils innre, z. B. allerley abgesonderte Flüssigkeiten, Fett, die Erde der Knochen u. s. w. *) Die Funktion der Lymphgefäße, dergleichen Stoffe aufzunehmen, ist von großem Umfang und Wichtigkeit, weil davon nicht nur die Ernährung sondern auch die Erreichung verschiedner andrer Zwecke abhängt. Außer den heilsamen Wirkungen die sie hervorbringt, wird sie aber auch die Quelle von tausenderley Krankheiten, namentlich wirken viele Gifte auf diesem Wege. Doch alles dieses liegt außer meinem gegenwärtigen Plan.

2) Was die Absorbtion lebendiger Theile selbst, als die zweyte Verrichtung der zurückführenden Gefäße, anlangt, so kann man auch diese wiederum in doppelter Rücksicht betrachten. Es entsteht nämlich entweder

a) bald eine allgemeine Abzehrung, wie bey der Atrophie; bald eine örtliche, wie beym Schwinden der Schenkelmuskeln, nach Nerven- Flechsen- und Gelenkwunden, oder andern Verlezzungen dieser Theile. Man könnte dieses eine Absorbtion aus dem Zellgewebe nennen, weil aus den Zwischenräumen desselben Bestandtheile angesogen werden, so daß der Theil wo diese Ansaugung geschieht, demohngeachtet noch immer ein voll-

*) Ich muß hier bemerken, daß ich weder das Fett, noch die Erde der Knochen, als Theile der thierischen Maschine betrachte. Sie sind kein eigentlich thierischer Stoff, und es fehlt ihnen Lebenskraft und selbstständige lebendige Thätigkeit.

kommnes Ganze ausmacht. *) Oft bleibt es aber nicht blos bey dem Schwinden des Theils, und zuweilen schwindet derselbe so lange, bis nicht einmal eine Spur desselben mehr übrig ist, wie z. B. bey der gänzlichen Verzehrung des Hoden. Man kann daher diese Art der Ansaugung in zweyerley Sinne nehmen; — oder es werden

b) ganze organisirte Theile durch die zurücksaugenden Gefäße weggenommen. **)

Man kann hier wiederum eine natürliche und eine krankhafte Ansaugung annehmen.

Von der natürlichen Ansaugung hängt die ursprüngliche Bildung und Struktur des Körpers ab, und wenn man annimmt, daß in diesem Stück alles auf die Lymphgefäße ankommt, so erhellet, daß sie, bey jeder Veränderung welche die ursprüngliche Bildung des Körpers, sowohl durch das natürliche Wachsthum, als durch widernatürliche Veranlassungen, erleidet, allemal thätig sind und eine beträchtliche Rolle spielen. Ich werde diese Verrichtung derselben die bildende (plastische) Ansaugung nennen, und eine nähere Betrachtung derselben würde zeigen, daß die Wirkungen

---

*) Man hat von jeher zugegeben oder angenommen, daß diese Art der Ansaugung durch die lymphatischen Venen oder Gefäße geschehe.

**) Dieser Nutzen der Lymphgefäße ist meine Entdeckung, Ich habe ihn schon seit 1772 in meinen öffentlichen Vorlesungen vorgetragen.

derselben eben so mannichfaltig und von eben so großem Umfang sind, als bey irgend einer andern Kraft in der thierischen Oekonomie. Denn jeder Knochen, und wahrscheinlich jeder organische Theil, erhält durch sie seine Bildung. Durch diese Ansaugung werden Theile, deren Nutzen nur auf einen gewissen Zeitraum des Lebens beschränkt war, im weitern Verlaufe desselben, wo sie ganz ohne Nutzen seyn würden, wieder aufgenommen. Bey mehrern Thieren ist dieses sehr deutlich; So wird die Brustdrüse, der Ductus arteriosus und die Sternhaut (membr. papillaris) nach und nach völlig absorbirt. Bey den Verwandlungen der Insekten äußert sich vielleicht diese Kraft deutlicher, als bey irgend einem andern bekannten Thiere.

Die widernatürliche Ansaugung, durch welche ebenfalls ganze Theile des Körpers hinweggenommen werden, ist in ihrer Wirkungsart der eben erwähnten natürlichen oder plastischen Ansaugung ähnlich, aber ihrem Zweck und ihren letzten Wirkungen nach, gänzlich davon verschieden. Diese Wirkungen sind sich untereinander selbst nicht überall gleich; bald entsteht ein Geschwür, und ich nenne dann diejenige krankhafte Veränderung, durch welche jene Ansaugung möglich wird, eine Ulceration; bald geschieht die Ansaugung ohne daß ein Geschwür entsteht, und für diese Erscheinung habe ich noch keinen passenden Ausdruck finden können; für beyde zusammengenommen aber könnte man die Benennung progressive Ansaugung wählen.

Die Ansaugung ganzer fester Theile, oder die Fähigkeit des Körpers Theile von sich selbst, wenn gewisse

wisse Absichten es erfordern, mittelst der Lymphgefäß wieder in den Umlauf der Säfte aufzunehmen, ist eine Erscheinung, auf die man bisher noch gar nicht geachtet, ja deren Wirklichkeit man nicht einmal gemuthmaßt hat. Da ich mich nun genau mit derselben bekannt gemacht habe, so will ich jetzt das eigenthümliche davon im allgemeinen darzustellen suchen. Man erlaube mir jedoch vorher nochmals zu bemerken, daß man von jeher das thierische Oel oder Fett und die Erde der Knochen, für Substanzen angesehen hat, die der Ansaugung unterworfen sind, so wie man auch bey andern Theilen des Körpers, wo eine allmählige Abzehrung stattfindet, annahm, daß dieses durch die zurückführenden Gefäße geschehe: daß aber die gänzliche Vernichtung eines festen Theils durch die Wirksamkeit der ansaugenden Gefäße, eine ganz neue Entdeckung sey. Beweise und Belege dazu hatte ich zwar schon lange, allein zuerst brachte mich darauf die Verflächung und des endliche Verschwinden der Zahnhölen, und das spitzig werden ausfallender Zähne.

Beym ersten Anblick hält es schwer einzusehen, wie ein Theil des Körpers sich selbst verzehren kann; allein es ist gerade eben so schwer, sich vorzustellen, wie der Körper sich durch seine eigne Kraft bildet, welches doch eine so alltägliche Erscheinung ist. Beyde Erscheinungen aber sind einander ähnlich, und eine Untersuchung über die eigentliche Art, wie diese Kraftäußerung stattfindet, würde vielleicht nur sehr wenig Aufschlüsse geben; so viel aber getraue ich mir zu behaupten, daß, wenn ein fester Theil unsers Körpers eine Verminderung erleidet, oder wenn sein Zusammenhang durch irgend eine krankhafte Veranlassung getrennt wird, die ansaugenden Gefäße dieses bewirkeu.

Wenn ein ganzer mit Lebenskraft begabter Theil auf diese Art aus dem Wege geräumt werden soll, so muß natürlich nicht nur den ansaugenden Gefäßen eine neue Thätigkeit mitgetheilt werden, sondern der Theil, welcher absorbirt werden soll, muß auch in einen Zustand versetzt seyn, der ihn geschickt macht, diese Veränderung zu erleiden.

Keine andre Kraft des thierischen Körpers kann solche Wirkungen hervorbringen, und diese hängen, so wie alle andere Verrichtungen desselben, von Reiz oder von Reizung ab. Alle andre Zerstörungen geschehen entweder auf mechanische Weise durch schneidende Instrumente, Messer, Sägen u. dergl., oder durch chemische Zersetzung durch Aezmittel metallische Salze u. dergl.

Der Proceß der Ulceration ist im ganzen genommen überall derselbe, aber einige Veranlassungen und Erscheinungen derselben sind sehr verschieden.

Erst spät lernte man den Nutzen des Lymphsystems, und noch später die verschiednen Modificationen seiner Thätigkeit kennen. Um sich diese zu erklären, nahmen die Physiologen anfangs die Lehre von der Wirkung der Haarröhrchen zu Hülfe, und man glaubte wirklich fast allgemein daran, weil diese Lehre damals gerade Mode war. Allein das Gesetz von der Wirkung der Haarröhrchen, ist für eine mit Lebenskraft begabte Maschine zu eingeschränkt, und erklärt auch nicht alle Arten der Ansaugung. Haarröhrchen können blos

Flüssigkeiten ansaugen, und da die Beobachter nun fanden, daß auch feste Substanzen oft absorbirt werden, z. B. scierhöse Geschwülste, geronnenes Blut, die Erde der Knochen, u. s. w. so sahen sie sich genöthigt, für diese ein Menstruum anzunehmen. Dies mag nun übrigens wahr oder falsch seyn, so ist doch dieses eine von den Hypothesen, die man nie beweisen oder widerlegen kann, und die mithin auch ewig bloßer Wahn bleiben. Ich stelle mir die Sache so vor, daß die Natur so wenig als möglich dem Zufall überläßt, und daß das ganze Werk der Absorbtion von einer Thätigkeit in den Mündungen der zurückführenden Gefäße abhängt. Selbst bey der Erklärung durch die Wirkung der Haarröhrchen, mußten die Physiologen eine gewisse selbstständige Wirksamkeit dieser Gefäße annehmen, um zu erklären, wie das angesogene weiter fortgeschaft wird, und aus eben dem Grunde mußten sie zugeben, daß sich diese Wirksamkeit bis zu den Mündungen jener Gefäße erstrecke.

Da wir von der Art, wie die Mündungen dieser Gefäße ihre Kraft äußern, nichts wissen, so ist es auch unmöglich, etwas zuverlässiges darüber anzugeben. Indessen kann man aus der Fähigkeit sowohl flüssige als feste Stoffe anzusaugen, mit Wahrscheinlichkeit schließen, daß diese Kraftäußerung verschieden sey. Denn obgleich die Gefäße, welche geschickt sind, feste Stoffe aufzunehmen, wohl auch im Stande seyn müssen, flüssige durchzulassen; so kann man doch annehmen, daß umgekehrt diejenige Organisation, welche zur Aufnahme flüssiger Stoffe hinreicht, nicht allemal geradezu geeignet ist, auch feste Theile aufzunehmen. Um die Wahrheit dieser Bemerkung besser einzusehen, darf man nur den Mund an verschiednen Thieren betrachten. Ich getraue mir zu behaupten, daß bey allen Thieren die absorbirenden Gefäße eben so viel verschiedne Stoffe zu verarbeiten haben, als durch den Mund aufgenommen werden, und dabey hat die so sehr verschiedne Bildung des Mundes bey verschiednen Thieren keinen andern Zweck, als dieselben zur Aufnahme fester Stoffe, deren Gestalt und Textur so mancherley ist, geschickt zu machen, dahingegen jedes Thier zur Aufnahme von Flüssigkeiten, bey welchen jene Verschiedenheit nicht statt findet, gleichmäßig geschickt ist.

Die Entfernung gewisser Theile des Körpers vermittelst der Ansaugung aus den Zwischenräumen der festen Theile, oder der sogenannten progressiven Ansaugung, ist ein Ereigniß, von welchem die Erreichung sehr wesentlicher Zwecke in der thierischen Oekonomie des Körpers abhängt, ohne welches mancherley örtliche Uebel, deren längere Fortdauer den Untergang des ganzen nach sich ziehen würde, ungeheilt bleiben müßten. Die Natur vertritt in solchen Fällen durch die Ansaugung die Stelle des Wundarztes.

Durch die progressive Ansaugung, sie mag nun durch Entzündung und Eiterung erregt werden, oder selbst erst dazu Veranlassung geben, werden Eiter und fremde Körper aller Art der äußern Oberfläche genähert; durch sie geschieht die Exfoliation der Knochen, die Losstoßung des brandigen, und das Schwinden ganzer Knochen, während durch die Arterien neue Substanz angesetzt wird. Im letztern Falle liegt zwar ein krankhafter Zustand zum Grunde, indessen hat doch diese Erscheinung etwas ähnliches mit der Art, wie bey der natürlichen Knochenerzeugung diese Theile ihre Gestalt und Bildung erhaltun. Durch diese Ansaugung werden ferner unnütze Theile entfernt, z. B. die Zahnfortsätze, wenn ein Zahn ausgefallen oder absichtlich ausgezogen worden ist, desgleichen die Wurzeln der Zähne, bevor sie ausfallen, wodurch dieses selbst möglich wird. Durch die Ansaugung geschieht das Aufbrechen der Geschwüre.

Eine andre Art wie Substanz verlohren geht, ist der Brand; die Ansaugung aber vertritt zuweilen seine Stelle. Soll dies aber geschehen, so wird dazu ein höherer Grad von Kraft und Thätigkeit erfodert, als beym Brande statt findet, wo alle Thätigkeit aufhört, da hingegen bey dem Verlust durch die Ansaugung, ob er gleich oft eine Folge von Schwäche seyn kann, dennoch allemal noch Thätigkeit übrig ist. Was der Brand angefangen hatte, das endigt in manchen Fällen die Ansaugung durch Losstoßung des Abgestorbenen.

Beyde Arten der Ansaugung, die Ansaugung aus dem Zellgewebe und die progressive, wirken oft sehr zweckmäßig zusammen, so daß jede auf ihre Art in dem zu entfernenden Theile geschäftig ist. Man könnte diese Art der Ansaugung die gemischte nennen, und sie findet, wie ich glaube, in vielen Fällen statt, z. B. wenn fremde Körper aller Art nach der äußern Haut gehen, desgleichen bey Abscessen in weichen Theilen. Die zweyte Art der Ansaugung aus dem Zellgewebe, die progressive und die gemischte, sind überhaupt am häufigsten ein Gegenstand der Chirurgie, doch kommt zuweilen auch die erstere Art der Ansaugung aus dem Zellgewebe vor, und verdient mithin ebenfalls Aufmerksamkeit.

So wie bey mehreren andern Erscheinungen in der thierischen Oekonomie, die eine Folge eines krankhaften Zustandes sind, möchte es auch wohl bey der Ansaugung ganzer Theile öfters scheinen, als ob dadurch blos Schaden gestiftet werde, indem nützliche Theile verlohren gehen, und kein sichtbarer Nutzen erreicht wird; durch sie werden Geschwüre gebildet, durch sie werden feste Theile an der äußern Oberfläche zerstört, wie dies bey alten Schenkelgeschwüren der Fall ist, die von neuem aufbrechen oder um sich greifen. Es muß indessen in allen solchen Fällen jedesmal ein nothwendiger Zweck zum Grunde liegen, und man kann sicher annehmen, daß dergleichen Theile ihre Integrität nicht länger behaupten können, und daß die Ansäugung hier blos die Stelle des Brandes vertritt. In manchen Geschwüren sieht man auch wirklich Ulceration und Brand beysammen, so daß die erstere alles das wegnimmt, was noch Kraft genug hat, dem gänzlichen Absterben zu widerstehen.

I. Ueber die entfernte Ursache der Ansaugung thierischer Theile.

Die entfernte Ursache von der das allmälige Schwinden thierischer Theile abhängt, scheint von mancherley Art zu seyn, und man kann dahin alles rechnen, was folgende Wirkungen hervorbringt.

Der beste und einfachste Zweck der Natur bey diesem Ereigniß, scheint die Entfernung eines unnütz gewordenen Theils zu seyn, z. B. der Brustdrüse, der Sternhaut (membrana purillaris) des Schlagadergangs (ductus arteriosus,) der Zahnhölen, wenn die Zähne ausgefallen sind, und der Krystallinse des Auges nach der Niederdrückung des Staars; wahrscheinlich gehört dahin auch das Magerwerden des Körpers beym Fieber, es sey nun hitziger oder hektischer Art. Die ansaugenden Gefäße nehmen dergleichen Theile auf, entweder, weil sie von keinem fernern Nutzen sind, oder weil ihre Thätigkeit, während der Krankheit unnöthig, und derselben nicht angemessen ist. *)

Eine andre Ursache ist Schwäche, oder Mangel an Kraft in einem Theile unter Einwirkung gewisser Reizungen seine Integrität zu behaupten. Dieses kann man als die Hauptursache ansehen, die allen übrigen Veranlassungen, durch welche eine Absorbtion ganzer

---

*) Man könnte die Frage aufwerfen: Geschieht die Abnahme des Körpers in Krankheiten deswegen, weil die bisherige Fülle desselben im krankhaften Zustand unnöthig wird, (wie man das bey Muskeln bemerkt, wenn ihre Flechsen oder die Gelenke zu welchen sie gehören u. s. w. widernatürlich verändert sind,) oder ist diese größere Magerkeit dem krankhaften Zustand angemeßner, und wirkt vielleicht als ein natürliches Heilmittel zur Genesung mit?

Theile bewirkt wird, zum Grunde liegt. Auf diese Art geschieht die Ansaugung des Callus und der Narben, ingleichen des Zahnfleisches bey der Speichelkur. Hieher ist auch zu rechnen die Ansaugung, die durch Druck oder durch äußerliche Reizmittel veranlaßt wird, desgleichen die Vereinigung todter Theile mit lebendigen. In allen den gedachten Fällen wirkt die Natur nach einem und denselben Gesetz, indem die Organe, unter Einwirkung des gegenwärtigen Uebels, nicht im Stande sind, ihre Integrität länger zu behaupten.

Dem zufolge, was ich oben von den Endursachen der krankhaften Ansaugung ganzer Theile gesagt habe, scheinen hauptsächlich fünf entfernte Ursachen dazu Gelegenheit geben zu können, nämlich: 1) Druck, 2) beträchtliche Reizung durch reizende Stoffe, 3) örtliche Schwächung; 4) wenn ein Theil aufhört, nützlich zu seyn, 5) Absterben eines Theils. Die erste und zweyte Ursache scheinen mir die nämliche Art der Reizung zu bewirken, die dritte bewirkt eine Reizung von ganz eigner Art, und die vierte und fünfte haben wieder etwas ähnliches.

Wahrscheinlich kann jede der gedachten Ursachen beyde Arten der Ansaugung, sowohl die aus dem Zellgewebe als die progressive, hervorbringen. Indessen wird durch einen Druck, wenn er mit Eiterung begleitet ist, allemal die progressive Ansaugung erregt, der Druck mag nun von außen nach innen oder umgekehrt wirken, wie das bey Abscessen der Fall ist.

II. Ueber die Anlage lebendiger Theile zu absorbiren und absorbirt zu werden.

In den Theilen des lebenden Körpers, welche absorbiren oder absorbirt werden, muß in Rücksicht auf die Theile selbst eine doppelte Anlage statt finden, und in dem einem Falle passiv, im andern aber activ seyn. Die erstere besteht in einem gereizten Zustande des zu absorbirenden Theils, wodurch derselbe ungeschickt gemacht wird, unter solchen Umständen länger unverändert zu bleiben; die Thätigkeit, welche durch diese Reizung erregt wird, verträgt sich nicht mit der natürlichen Thätigkeit und der längern Fortdauer der Theile, von welcher Art sie auch seyn mögen, und eben hiedurch werden sie zur Aufnahme in die lymphatischen Gefäße geschickt oder erleichtern dieselbe. Die zweyte oder active Anlage besteht in einer, durch den erwähnten Zustand der Theile erregten, Thätigkeit der zurückführenden Gefäße, so daß beyde sich zu einem und demselben Zwecke vereinigen.

Ist das was absorbirt werden soll, leblos, z. B. Nahrung, oder fremde Stoffe aller Art, so liegt die Disposition blos in den absorbirenden Gefäßen.

Wenn diese Anlagen, die als die nächsten Ursachen der Ansaugung zu betrachten sind, durch einen Druck hervorgebracht worden sind, so scheint die Ansaugung unter gewissen Umständen leichter, unter andern aber schwerer zu erfolgen, wenn gleich die Gelegenheitsursachen dieselben sind, und es muß mithin, außer dem Drucke, noch auf etwas anders dabey ankommen. Man bemerkt nämlich, daß ein Druck von innen nach außen weit leichter Verschwärung und Ansaugung hervorbringt, als ein Druck der in der entgegengesetzten Richtung wirkt. Käme es auf den Druck allein an, so würde der Grad der Ansaugung mit der Stärke des Drucks im Verhältniß stehen, allein man findet, daß ein gleich starker Druck, nach Maasgabe der ebenerwähnten Umstände, sehr verschiedne Wirkungen hervorbringt. Ein Druck von außen erregt einen geringern Grad der Reizung, (rather stimulates than irritales) erweckt die Theile zu mehrerer Kraftäußerung, und bewirkt eine Verdickung derselben; dahingegen ein gleich starker Druck von innen, eine Verzehrung der Theile zur Folge hat. Die nächste Wirkung eines Drucks von außen, ist eine Anlage zur Verdickung, die mehr das Produkt einer vermehrten Kraftäußerung ist. Wird aber der Druck zu heftig, als daß eine Verdickung statt finden könnte, so wirkt er als ein mehr eindringender Reiz, die lebendige Thätigkeit der Theile kann ihm nicht länger widerstehen, und so findet nun eine Ansaugung der gedrückten Theile statt. Auf diese Art scheinen die Theile des Körpers von Natur sehr viel Anlage zu besitzen, fremde Körper zu entfernen, da im Gegentheil nicht nur keine Anlage stattfindet fremde Körper in die Maße des Körpers aufzunehmen, sondern vielmehr ein Bestreben, ihnen durch eine Verdickung der Theile das Eindringen zu verwehren.

Gewisse feste Theile unsers Körpers haben, besonders wenn sie exulcerirt sind, mehr Anlage absorbirt zu werden, als andre, selbst wenn bey diesen die Umstände übrigens dieselben oder ähnlich sind; da hingegen in einem und demselben Theile, nach Maasgabe der verschiednen Umstände auch die Anlage verschieden ist.

Ganz besonders geschickt zur Aufnehmung in die lymphatischen Gefäße ist die Zell- und Fetthaut. Man sieht dieses an Muskeln, Flechsen, Bändern, Nerven und Gefäßen, die man oft, vorzüglich in Abscessen, von dem Zellgewebe, das sie mit den benachbarten Theilen verbindet, und vom Fett ganz entblößt findet. Die Exulceration folgt gern in ihrem Gange der Richtung und den Lagen der Zellhaut, und nimmt um deswillen oft einen großen Umweg, ehe sie die äußere Haut erreicht. Die äußere Haut selbst ist, wenn der Druck immer nach außen wirkt, zur Verschwärung weit weniger geneigt als die Zell- und Fetthaut, wodurch das Aufbrechen der Geschwüre, wenn sie bis unter die Haut gedrungen sind, verzögert und Veranlassung gegeben wird, theils daß die Geschwüre unter der Haut seitwärts um sich greifen, theils daß die Haut diese weit verbreiteten Geschwüre bedeckt, ohne selbst angegriffen zu werden. Häute, welche begränzte Hölungen auskleiden, werden nie von Verschwärung angegriffen, wenn nicht Eiterung vorhergegangen ist; Verschwärung würde in solchen Theilen ein sicherer Vorbote von Eiterung seyn.

Neu erzeugte Theile, oder solche, die nicht als ursprünglich zur Bildung des Thieres gehörig anzusehen sind, z. B. Narben, der Callus, zumal der nach complicirten Knochenbrüchen entstandne, sind der Ansaugung, besonders der progressiven weit mehr unterworfen, als solche die der ersten und natürlichen Formation ihr Daseyn zu verdanken haben. Der Grund hiervon ist wahrscheinlich in der größern Schwäche dieser Theile zu suchen, daher auch wieder solche Stoffe, die sich ganz von neuen erzeugt haben, leichter absorbirt werden als solche, durch welche alte verlohren gegangene Stoffe ergänzt werden. So wird z. B. eine Geschwulst leichter absorbirt als ein Callus, oder die Verwachsung einer getrennte Flechse, weil bey jener die Schwäche noch beträchtlicher ist als in den letztern Fällen, wo durch die neu angesetzte Substanz die Stelle eines von Natur schon dagewesenen Theils ersetzt wird.

Wenn durch das Absterben in äußern Theilen eine Verschwärung veranlaßt wird, so fängt sie zuerst da an, wo das abgestorbne und das lebendige an einander gränzt. Man erkennt dieses aus der Losstoßung des brandigen, denn der Schorf von Aezmitteln, von Stößen und Querschungen, fängt allemal da an, sich abzusondern, wo er zunächst das lebendige berührt.

Wenn durch einen fremden Körper ein Druck von innen veranlaßt wird, so wirkt dieser nach allen Seiten hin gleichförmig auf die umliegenden Theile. Käme es nun hierauf allein an, so müßte auch die Ansaugung, vorausgesetzt daß die umliegenden Theile ihrer Struktur nach einander ähnlich, oder, welches einerley ist, der Ansaugung gleich fähig wären, nach allen Seiten hin gleich stark seyn, weil der Druck überall gleichförmig wirkt. Allein die Erfahrung lehrt, daß von den umliegenden lebendigen Theilen, nur eine Seite für diese Reizung empfänglich ist, daß mithin nur von dieser

Seite die Ansaugung statt findet, und daß dieses allemal diejenige ist, die der äußern Oberfläche des Körpers am nächsten liegt. Daher ziehen sich fremde Körper aller Art jedesmal nach der Haut, und zwar nach der Seite hin, die derselben am nächsten liegt, ohne auf einen der übrigen umliegenden Theile einige Wirkung zu äußern, oder sie im mindesten zu zerstören. Wenn sich daher ein Absceß im Mittelpunkte eines Theils, oder nahe an demselben gebildet hat, so erhebt er sich nur nach einer Seite, nicht nach der andern; und in derselben Richtung bleibt er denn auch. Da aber gewisse Theile vermöge ihrer Struktur für jene Reizung empfänglicher sind als andre, so geschieht auch die Ansaugung oft nach einer Richtung, die nicht der nächste Weg nach der Haut ist. Eine solche Struktur hat die Zellhaut, wie ich nachher noch weitläuftiger darthun werde.

Nach eben dem Gesetze erheben sich auch Geschwülste; denn obgleich eine Geschwulst auf alle umliegenden Theile gleichförmig drückt, so findet doch die Ansaugung aus dem Zellgewebe blos nach der Seite hin statt, die der äußern Oberfläche die nächste ist, wodurch die Geschwulst der Haut näher gebracht wird. Daher geschieht es auch weit leichter, daß durch die Absorbtion ganzer fester Theile fremde Stoffe aus dem Körper geschaft, als daß sie auf eben dem Wege in denselben eingebracht werden.

Man sieht hieraus, daß der mäßige Druck, den die in einem Absceß eingeschloßne Materie auf die innern Wände desselben ausübt, beträchtliche Wirkungen hervorbringt, und daß hiedurch die Materie, wenn sie gleich sehr tief sitzt, eher nach der Haut gebracht wird, als wenn ein gleich starker Druck von außen wirkte, denn ein solcher würde eher die entgegengesetzte Wirkung, nämlich eine Verdickung veranlassen.

Der Grund hievon fällt sehr leicht in die Augen; denn auf der einen Seite äußern die Theile ein natürliches Bestreben, sich eines schon gegenwärtigen widernatürlichen Zustandes zu entledigen; auf der andern aber lassen dieselben nur langsam eine widernatürliche Veränderung zu. Nach diesem Gesetz in der thierischen Oekonomie erfolgt eine der merkwürdigsten Erscheinungen, in dem ganzen Verlauf der Verschwärung, daß nämlich nur die Theile, die zwischen dem fremden Körper und der Haut liegen, Anlage zur Verschwärung haben, die übrigen Seiten des Abscesses aber keine solche Veränderung erleiden. Indessen ist eine solche Einrichtung äußerst nothwendig; denn wenn die Verschwärung nach allen Seiten des Abscesses gleich stark um sich griffe, so müßte derselbe zu einer ungeheuern Größe anwachsen, und es würden gar zu viel feste Theile zerstört werden.

Bey einer Verschwärung in den Knochen finden, wie ich bemerkt habe, die nämlichen Erscheinungen statt; denn wenn sich in dem Innern eines Knochens ein Absceß gebildet hat, oder eine innre Exfoliation entstanden ist, so wirkt auch hier der fremdartige Stoff auf die innre Oberfläche der Hölung, und erregt dieselben Veränderungen wie in weichen Theilen.

Wenn Eiter oder das abgestorbne Knochenstück der einen Seite näher liegt, als der andern, so verbreitet sich die Verschwärung blos nach dieser Seite hin, und es ergiebt sich auch hieraus, wie hülfreich die Bestrebungen der Natur bey Abscessen sind. Denn in eben dem Maaße wie in der Hölung selbst die Verschwärung weiter um sich greift, verbreitet sich nach außen zu die adhäsive Entzündung, und so wie jene sich der äußern Oberfläche des Knochens mehr und mehr nähert, so ergreift diese nach und nach die Beinhaut, dann das Zellgewebe u. s. w. Merkwürdig ist es, daß bey dieser adhäsiven Entzündung, eine Anlage neue Knochensubstanz abzusetzen statt findet, weswegen ich sie auch die knochenerzeugende Entzündung (the ossific inflammation) nenne. Diese Knochenerzeugung geschieht eben so wie die Bildung des Callus bey einem einfachen Knochenbruch, und ist mithin ebenfalls fortschreitend.

Das gleichzeitige Zusammentreffen beyder Ereignisse in einem und demselben Knochen, hat eine Erscheinung zur Folge, die sehr auffallend ist. Indem nämlich das inwendige des Knochens durch die Ulceration zerstört wird, nimmt die äußere Oberfläche durch die neu angesetzte Knochensubstanz immer zu, so daß der Knochen bisweilen bis zu einer ungeheuern Größe anwächst, wie z. B. in manchen Fällen des Winddorns. Am Ende aber gewinnt doch die Ulceration die Oberhand, und die eingeschloßne Materie bahnt sich einen Ausweg.

Die Natur hat nicht nur in alle Theile überhaupt die Fähigkeit gelegt, unter gewissen Umständen sich selbst von dem Ganzen zu trennen, und hiedurch insofern für die Sicherheit der innern Theile gesorgt, daß fremde auszustoßende Körper nach der Haut geleitet werden; sondern diese Vorsorge erstreckt sich auch auf alle natürliche Oefnungen oder Auswege, ob man gleich vielleicht denken möchte, daß die Ausführung eines fremden Körpers auf einem solchen Wege wenig Nachtheil bringen, ja daß sie, in gewissen Fällen, von beträchtlichen Nutzen seyn würde, weil dergleichen natürliche Auswurfswege zur Fortschaffung desselben schicklicher und sicherer scheinen könnten.

Auf diese Art drängt sich eine Geschwulst im Backen, welche dicht an der innern Haut des Mundes, und in einiger Entfernung von der äußern Haut liegt, indem sie größer wird, nach außen, besonders wenn Eiter in derselben enthalten ist. Sie kommt nach und nach mit der äußern Haut in Berührung und verwächst mit derselben, da sie sich im Gegentheil mit der Haut der Mundhöle nicht genauer vereiniget hatte. Im Fall einer Eiterung, zumal wenn dieselbe von der scrophulösen Art, und mithin in ihren Fortschritten langsam ist, bricht die Geschwulst noch außen auf. Ja man sieht sogar Abscesse im Zahnfleisch, die sich nach außen öfnen, ohngeachtet das Eiter einen ziemlich weiten Weg nach der Haut zu nehmen hatte.

Auf gleiche Weise ist auch für die Sicherheit der Nasenhöle gesorgt: Wenn sich nähmlich in den Kinnbacken oder Stirnhölen, oder im Thränensack, welche Theile insgesammt der Nasenhöle näher gelegen sind als der äußern Oberfläche des Körpers, ein Absceß

gebildet

gebildet hat; so geht die Verschwärung nicht den kürzesten Weg gerade in die Nase, sondern nach demjenigen Punkt der äußern Oberfläche, dem das Geschwür am nächsten liegt.

Ich habe einen Absceß in den Stirnhölen beobachtet, der anfangs einen heftigen Schmerz in dem leidenden Theile veranlaßte, worauf eine Entzündung der ganzen Stirn erfolgte, und am Ende eine Fluctuation unter der Haut bemerkt wurde. Als man den Absceß öfnete, fand man, daß er bis in eine oder in beyde Stirnhölen drang, und der ganze Knochen exfoliirte sich. Der nächste Ausweg für einen solchen Absceß würde der in die Nase gewesen seyn. Ein Absceß im Thränensack, der eine sogenannte Thränenfistel bildet, entsteht aus einer ähnlichen Ursache, und es tritt hier ein sonderbarer Umstand ein, von dem ich jedoch nicht weis, ob er diesem Theil ausschließend eigen ist, oder nicht? Bey der Anlage zur Verschwärung nach außen am innern Augenwinkel, ist zu gleicher Zeit auch für die Sicherheit der nach innen gelegenem Theile dadurch gesorgt, daß sich die Schleimhaut der Nase beträchtlich verdickt. *) Ob auf der innern Oberfläche der Nasen-

*) Wer mit der pathologischen Geschichte des gewöhnlichen Ursprungs und Fortgangs der Thränenfistel bekannt ist, wird wohl schwerlich mit Huntern behaupten, daß die Verdickung der Schleimhaut in der Nase von der Natur veranstaltet werde, um den Durchbruch des Eiters nach innen zu verhüten. Die Exulceration des Thränensacks ist allezeit secundair. Ehe sie eintritt, ist der

höle den Kinnbackenhölen gegenüber, bey Geschwüren in den letztern, auch eine Verdickung statt findet, *) und ob überhaupt diese allgemein sey, und auch in andern Ausgangskanälen beobachtet werde, bin ich zu bestimmen noch nicht im Stande gewesen, ich bin jedoch mehr geneigt zu glauben, daß sie nicht allgemein sey. Aus dieser Erscheinung erklärt es sich übrigens, warum Einschnitte, die man auf der innern Seite solcher Theile in der Absicht macht, der daselbst eingeschloßnen Materie einen Ausweg zu verschaffen, weit weniger ausrichten, als man wohl zu vermuthen Ursache hätte, wenn man mit jener Einrichtung in der thierischen Oekonomie unbekannt ist. Die Oefnung muß demnach ni

---

Uebergang der Thränenfeuchtigkeit aus dem Thränensack in die Nase gehindert oder erschwert, und dieses ist die erste Ursache und der eigentliche Grund des ganzen Uebels, und auch der im zweyten Zeitraum eintretenden Exulceration. Bey einer Art der Thränenfistel, aber nicht bey allen, ist nicht die Schleimhaut der Nase, sondern der membranöse Theil des Nasencanals verdickt; aber diese Verdickung geht der Exulceration des Thränensacks voraus, und ist der erste Grund des Uebels; wie könnte sie denn ein Verwahrungsmittel gegen den Durchbruch des Eiters in die Nase seyn? H.

*) Zuweilen wohl, aber dann ist sie durch eben die Entzündung veranlaßt, welche der Bildung des Kinnbackenabscesses vorausging. Uebrigens ist es bekannt, daß sich das Eiter aus der Kinnbackenhöhle oft mit glücklichem Erfolg in die Nasenhöhle derselben Seite ausleert; zuweilen auch, wenn die Verschwärung chronisch ist, immer dahin ausfließt, so oft der Patient auf der gesunden Seite liegt. H.

auf der innern Seite gemacht werden, selbst wenn man es mit Bequemlichkeit thun könnte, es müßte denn seyn, daß die Materie dem Aufbruch nach innen zu sehr nahe wäre. Wäre dies nicht der Fall, so müßte man die Oefnung sehr gros machen, ja es würde wohl nöthig seyn, ein Stück Haut wegzunehmen, um die schnelle Vereinigung, die hier bald geschieht, zu verhindern.

Ich werde noch an einem andern Orte, wenn ich von der Verschwärung im allgemeinen handle, insofern sie jedesmal ihren Weg nach außen nimmt, diesen Gegenstand erläutern. *)

---

*) Hunter geht unstreitig zu weit, wenn er annimmt, es sey allgemeine Veranstaltung und Regel der thierischen Natur, Eiter und fremde Körper nach der äußern Oberfläche hinzuführen, und sie von den innern Theilen und den gewöhnlichen Auswurfswegen sorgfältig abzuwenden. Abscesse in der Wange öfnen sich wo nicht noch öfter, doch gewiß eben so oft, nach innen als nach außen: Eitersammlungen in den Stirnhölen brechen gar nicht selten, mit glücklichem Erfolg in die Nasenhöle, mit ungünstigem in die Hirnhöle durch. Und welchem erfahrnen Wundarzt ist es unbekannt, daß das Eiter zwischen der Pleura und den Brustmuskeln zuweilen durch die erstere in die Brusthöle dringt, wenn man zu lange gesäumt hat, es durch den Schnitt auszuleeren; daß Leberabscesse oft ihr Eiter in die Bauchhöle, in den Darmkanal, oder selbst queer durchs Zwerchfell in die Brusthöle ergießen; daß aus Abscessen neben dem After und im Mittelfleisch oft Fisteln werden, die sich inwendig im Mastdarm öfnen; daß das Eiter der Blasenabscesse sich nicht selten einen Weg in den Mastdarm bahnt? —

III. Ueber die Ansaugung aus den Zwischenräumen des Zellgewebes (interstitial absorption.)

Die Ansaugung aus dem Zellgewebe ist, wie ich oben bemerkte, in Rücksicht auf ihre Erscheinungen, von doppelter Art, oder richtiger, sie hat zwey verschiedne Grade. Der erste Grad ist der, wo die Ansaugung blos innerhalb eines Theiles statt findet, wenn z. B. ein Glied schwindet, weil es unbrauchbar geworden ist, es sey nun durch einen widernatürlichen Zustand in einem Gelenke, oder weil eine Flechse zerrissen, oder ein Nerve getrennt, und hiedurch der Einfluß desselben aufgehoben ist; oder wenn bey einer Krankheit, z. B. bey einem hitzigen oder hectischen Fieber, bey der Harnruhr, der Atrophie u. dergl. der ganze Körper abmagert. Der zweyte Grad ist das gänzliche Verschwinden eines Theils, ohne daß eine Spur desselben übrig bleibt. Hier scheint wieder eine doppelte Verschiedenheit statt zu finden; denn entweder liegt die Ursache dieser Erscheinung in einem anderweitigen krankhaften Zustand, und sie selbst ist eine nothwendige und

---

Die Erfahrung erlaubt uns durchaus nicht anzunehmen, daß die Natur in Beziehung auf die Richtung, in welcher sie Eiter und fremde Körper entfernt, vorzugsweise eine gewisse allgemeine Regel befolge; vielmehr ist es klar, daß der Durchbruch des Eiters nach innen oder nach außen durch sehr mannigfaltige und verschiedne Umstände, durch die Verschiedenheiten der Lage des ganzen Körpers und der einzelnen Theile, ihrer Verbindungen untereinander, des Drucks und des Widerstands, dem sie ausgesetzt sind, u. s. w. bestimmt werde. H.

heilsame Wirkung desselben, z. B. wenn durch dieses Mittel fremde Körper nach der Haut geschaft werden; oder die Ursache liegt in einem krankhaften Zustand des Theils selbst, wie bey dem gänzlichen Verschwinden der Zahnhölen, ohne eine widernatürliche Beschaffenheit der Zähne oder des Zahnfleisches, als welche erst späterhin zu leiden pflegen; desgleichen beym Schwinden eines Hoden, oder bey der Absorbtion des Callus. Die erste von den beyden hier erwähnten Verschiedenheiten beschäftigt mich hier vorzüglich, und verdient unsre besondre Aufmerksamkeit. Die Fälle, wo man sie bemerkt, sind außerordentlich zahlreich. In denjenigen Theilen, die zwischen einer Balggeschwulst und der äußern Oberfläche des Körpers liegen, macht sie stufenweise Fortschritte, indem sich die Geschwulst einen Weg nach der Haut bahnt. Gemeiniglich geschehen die Fortschritte bey dieser Art der Ansaugung langsam, so daß selbst ihre letzte Wirkung, so bedeutend und wichtig sie auch seyn mag, erst nach Verlauf einiger Zeit bemerkbar wird.

Es scheint hier, so wie bey der ersten Art der Ansaugung, ein Druck die äußere Veranlassung zu seyn; doch sind einige Umstände hier ganz verschieden. Denn bey einer Balggeschwulst wird die Reizung, welche die Ansaugung veranlaßt, nicht auf der Seite des Balgs, die der äußern Oberfläche die nächste ist, wie bey einem Absceß durch die eingeschloßnen Materien erregt, so daß eine Verzehrung der von den sie berührenden Materien gedrückten Oberfläche erfolgt: (denn dieses würde eine um sich greifende Verschwärung seyn;) sondern die ganze Geschwulst selbst, reizt die gesunden Theile, welche zwischen ihr und der Haut liegen, und diese werden sodann auf eine ähnliche Art angesogen, wie ich mir das Verschwinden eines Callus bey allgemeiner Schwäche vorstelle. Wenn sich in der Zellhaut eine Balggeschwulst gebildet hat, so kommt dieselbe nach und nach der äußern Haut immer näher, indem die Zellhaut und die übrigen Theile, die zwischen beyden befindlich sind, angesogen werdrn. Die ganze Masse, die zwischen den Häuten der Geschwulst und der äußern Haut liegt, wird nach und nach immer dünner, bis endlich beyde mit einander in Berührung kommen, und nunmehr eine Entzündung eintritt. Denn da die Geschwulst nunmehr dem Aufbruch nahe ist, so hat die Entzündung hier den Nutzen, daß sie die Ansaugung noch mehr beschleunigt, dergestalt, daß diese oft an Verschwärung gränzt. Gewissermaßen hat die Art, wie hier die Ansaugung erfolgt, viel ähnliches mit derjenigen, die wir im vorhergehenden bey durchaus festen Geschwülsten bemerkten. Denn so wie eine solche Geschwulst durch den Druck auf das umliegende Zellgewebe eine Ansaugung bewirkt, so kann auch bey einer Balggeschwulst, außer der Ansaugung aus dem Zellgewebe, die ihren Gang für sich fortgeht, noch durch den Druck und den Reiz der Häute auf die zwischen ihnen und der Oberfläche befindlichen Theile, eine ähnliche Ansaugung, wie durch den Druck einer festen Geschwulst, veranlaßt werden. Dagegen ist auch, selbst bey gemeinen Abscessen, die hier beschriebne Ansaugung aus dem Zellgewebe sehr deutlich zu bemerken; so daß die bereits angegangene progressive Ansaugung durch jene unterstützt wird.

Es ist bereits bemerkt worden, daß die Ansaugung aus dem Zellgewebe niemals Eiterung veranlaßt oder mit Eiterung begleitet ist.

IV. Ueber die progressive Ansaugung.

Die erste und wichtigste Erscheinung bey diesem Vorgang, ist das allmälige Schwinden der Oberfläche die mit den reizenden Ursachen, welche eine Ansaugung nothwendig zur Folge haben, in unmittelbarer Berührung steht. Diese Ursachen sind entweder Druck, oder reizende Substanzen, oder beträchtliche Entzündung in schwachen Theilen, vorzüglich in solchen, die erst neu gebildet sind, und die Stelle eines alten verlohren gegangenen Theils ersetzen. Die Ursachen, welche durch einen Druck zur Ansaugung eines Theils Gelegenheit geben, sind sehr zahlreich. Dahin gehören Geschwülste, die auf die benachbarten Theile drücken; der Druck des Blutes in Anevrysmen; die Wirkung des Eiters, oder eines andern fremdartigen Stoffes auf die innre Oberfläche eines Abscesses; dahin ist ferner auch die Verschwärung zu rechnen, welche an den Theilen der Oberfläche entsteht, die mit einem drückenden Körper in Berührung stehen, z. B. am Hintern und an den Hüften solcher Patienten, die lange Zeit auf den Rücken liegen, desgleichen auch in den Fersen, bey Leuten die, z. B. bey Heilung eines Schenkelbeinbruchs, lange Zeit in derselben Lage zu bleiben genöthigt sind. Es scheint, als ob in diesem Fall die Verschwärung die Stelle des Brandes vertrete, und daß sie, in dieser Rücksicht, ein Beweis der noch übrigen Kräfte des Patienten sey; denn wenn der ganze Körper sehr geschwächt ist, so entsteht allemal der Brand an diesen Theilen. Auf ähnliche Art wird durch den beständigen Druck der Ketten an den Füßen der Gefangenen, und des Geschirres an der Brust der Pferde, eine Verschwärung veranlaßt.

Die zweyte Ursache dieser Ansaugung ist die Einwirkung reizender Stoffe, z. B. das beständige Herabrinnen der Thränen über die Wangen; desgleichen die Wirkung reizender Mittel, welche die Thätigkeit zu sehr erhöhen, und wahrscheinlich zu gleicher Zeit auch die Theile schwächen. Die dritte Ursache ist die Bildung eines Geschwürs an der Oberfläche, als Folge eines krankhaften Zustandes, durch welchen eine Entzündung veranlaßt worden war. Im Fall eines Drucks, sind Knochen diesem Zufall eben so gut ausgesetzt, als weiche Theile; so entsteht derselbe bey Anevrysmen, bey Geschwülsten, die auf die Oberfläche des Knochens drücken, desgleichen beym Winddorn, wo man zuweilen in der Höle der Geschwulst bald nichts als geronnenes Blut, bald eine klumpichte käseartige Masse findet. Indem die Menge dieses fremdartigen Stoffes zunimmt, dauert auch der Druck immer fort, und so wird die innre Substanz des Knochens nach und nach absorbirt.

Ich habe schon bemerkt, daß man bey der um sich greifenden Ansaugung zwey verschiedne Arten unterscheiden kann, je nachdem dieselbe mit Eiterung verbunden ist oder nicht. Die letztere Art wird veranlaßt, entweder durch den Druck gesunder Theile auf krankhafte, oder umgekehrt durch den Druck krankhafter Theile auf gesunde. Dahin gehört der Druck des geronnenen sowohl als des noch flüssigen Blutes in Anevrysmen, als eines an sich gesunden Stoffes in kranken Gefäßen, die nicht im Stande sind, dem Drucke des umlaufenden Blutes zu widerstehen; dahin gehören ferner viele Geschwülste, als krankhafte Theile die auf gesunde drücken. Diese krankhaften Theile sind blos organisch belebt, welches in Rücksicht ihrer Folgen bey der Eiterung einigen Unterschied macht; dahin gehört endlich noch der ungewohnte Druck solcher Stoffe, die chemisch keine reizende Eigenschaft haben, und die hinreichend sind, eine suppurative Entzündung zu veranlassen, z. B. Glasstücken, Bleykugeln u. s. w. Von allem diesen wird jetzt ausführlicher die Rede seyn.

Von der hier erwähnten Art der Ansaugung, wo durch den Druck keine Eiterung bewirkt wird, hat man mehrere Beyspiele; so findet man dergleichen Fälle bey Anevrysmen, vorzüglich in der Aorta und ganz besonders in dem Bogen derselben. Wenn die Ausdehnung hier eine ansehnliche Größe erreicht hat, so daß sie gegen die umliegenden Theile, besonders gegen die Rückenwirbel oder das Brustbein drückt, (welches von der verschiednen Lage der Geschwulst abhängt,) so findet man, daß durch den Druck der erweiterten Stelle gegen diese Knochen, eine Ansaugung der Häute der Arterie bewirkt wird. Diese Ansaugung fängt an der äußern Oberfläche der Arterie an, da wo sie mit dem Knochen in Berührung ist, uud geht dann nach innen zu weiter fort, bis endlich die Häute ganz zerstört sind, so daß nunmehr das Blut selbst unmittelbar an den Knochen anspült. Da nun die Knochen im natürlichen Zustand nicht bestimmt sind, mit dem Blute in unmittelbarer Berührung zu stehen, so wird durch den Druck und die beständige Bewegung eine Absorbtion derselben veranlaßt. Die umliegenden Theile aber bekommen dabey gleichsam mehrere Festigkeit, und es findet daselbst eine Adhäsion statt, welche den wichtigen Nutzen hat, daß der noch nicht absorbirte Theil der Arterie in seinem ganzen Umfange mit den umliegenden Theilen verwächst; gerade so, wie bey Abscessen in weichen Theilen die Zellhaut, welche über der Fläche liegt, auf der die Ansaugung geschieht, erst eine adhäsive Entzündung erleidet, bevor sie in Verschwärung übergeht. Nur ist die Adhäsion hier stärker, (denn Festigkeit ist hier wegen der Ausdehnung nöthig,) so daß für den Durchgang des Blutes immer ein Kanal von einiger Festigkeit übrig bleibt, und daß keine Austretung des Blutes statt finden, noch auch die Theile so leicht nachgeben können.

Ein andres Beyspiel von dieser Art der Ansaugung bieten die Fälle dar, wo eine mit Lebenskraft begabte Geschwulst sich, ohne einen Absceß zu bilden, einen Weg nach der Haut bahnt. Einen merkwürdigen Fall dieser Art habe ich an einem Bergschotten in Holländischen Diensten gesehen. Bey diesem hatte sich eine feste Geschwulst entweder in der Gehirnsubstanz selbst, oder, welches noch wahrscheinlicher ist, über derselben in der weichen Hirnhaut, welche die Geschwulst zu umgeben schien, gebildet. Sie war länglich, ohngefähr einen Zoll dick, und zwey Zoll und darüber lang; ihrer ganzen Länge nach hatte sie sich, wie es schien, blos durch den Druck, in die Gehirnsubstanz eingesenkt, nach außen zu aber hatte sie durch den Druck gegen die harte Hirnhaut eine Absorbtion der letztern veranlaßt, so daß dieselbe an der Stelle, wo sie mit der Geschwulst in Berührung stand, gänzlich verschwunden war. Da der Druck auch die Hirnschaale betroffen hatte, so war auch diese über dem Orte der Geschwulst zerstört, und die Absorbtion hatte sich von da weiter bis in die Schedelhaut verbreitet.

Da die genannten Theile überall nachgaben, so erhob sich die Geschwulst immer mehr und mehr, und die nach außen gelegene Seite derselben drang in die Hölung ein, welche durch die Absorbtion in der Schedelhaut entstanden war. Ohne Zweifel würde sie auch am Ende hier durchgebrochen seyn, wenn der Kranke am Leben geblieben wäre; da aber das Uebel mit den zum Leben unentbehrlichen Theilen so nahe in Verbindung stand, so mußte er sterben. Alle nach außen gelegenen Theile waren absorbirt, und doch fand man an den nach innen gelegenen, die gegen die untere Seite der Geschwulst mit einer Gewalt drückten, die stark genug war sie nach außen zu treiben, nicht die mindeste Spur einer Verschwärung, so wenig als das Gewächs selbst, welches doch von allen Seiten dem Druck ausgesetzt war, im geringsten nachgegeben hatte. Im ganzen Umfang der Hölung war kein Eiter anzutreffen, weder an der harten Hirnhaut, noch an den getrennten Kanten der Schedelknochen, noch an dem Pericranium. Die Ursache davon war vielleicht die, daß das Gewächs ein belebter Theil und keine fremdartige Maße war. Doch war im ganzen genommen der Erfolg insofern dem Verlauf eines Abscesses ähnlich, als die Ansaugung auf der Seite erfolgte, die der äußern Oberfläche des Körpers die nächste war.

Selten oder niemals ist diese, hier zuerst betrachtete Art der Ansaugung schmerzhaft. Ihre Fortschritte geschehen äußerst langsam, oft findet nicht einmal eine Entzündung dabey statt. So glaube ich auch, daß sie selten oder nie Einfluß auf den allgemeinen Gesundheitszustand hat, ob sie gleich zuweilen durch widernatürliche Beschaffenheit des letztern veranlaßt wird, wie z. B. die Absorbtion des Callus.

V. Ueber die mit Eiterung verbundene Ansaugung oder die Verschwärung.

Ich komme nun auf die Beschreibung desjenigen Geschäfts der ansaugenden Gefäße, welches ich die Verschwärung nenne, und, nach der Eintheilung die ich im vorhergehenden Abschnitt aufgestellt habe, die zweyte Art der Ansaugung oder diejenige ist, die mit Eitererzeugung verbunden, und entweder die Folge oder die Ursache dieser Absonderung zu seyn pflegt, in beyden Fällen aber das ausmacht, was man ein Geschwür nennt. Die ganze Erscheinung beruht hauptsächlich auf der progressiven Ansaugung. *)

Diese Art der Ansaugung unterscheidet sich von der vorhergehenden durch gewisse besondre Erscheinungen. Sie ist entweder die Folge einer schon gegenwärtigen Eiterung, (und dann wirkt das Eiter als ein fremder Körper durch Druck,) oder sie entsteht an der äußern Oberfläche, als Folge einer specifischen Reizung oder Schwäche, (und in diesem Fall ist die Eiterung, und das um sich greifende Geschwür nur consecutiv, die Ursache des Substanzverlustes, oder der Trennung des Zusammenhanges, mag übrigens gewesen seyn welche sie will.)

Ich muß hier nochmals erinnern, daß, wenn durch einen Druck eine Verschwärung entstehen soll, dieser weit stärker seyn muß, wenn er von außen nach innen, als wenn er in umgekehrter Richtung wirkt. Geschieht der Druck von innen nach außen, so erfolgt die Verschwärung schneller, wenn die Ursache desselben nahe unter der Haut befindlich ist, als wenn sie in

*) Ich habe den Ausdruck Verschwärung (ulceration) gewählt, weil das Wort Geschwür (ulcer) das Product oder die Wirkung derselben bezeichnet. Von dem was bey der Verschwärung vorgeht, hatte man bis jetzt noch gar keinen Begriff, und machte sich auch deshalb jederzeit eine äußerst irrige Vorstellung von der Ursache dieser Erscheinung. Man glaubte, daß die Theile welche dabey zerstört würden sich in Eiter auflöseten; und das gab hernach auch Gelegenheit zu der irrigen Meinung, daß das Eiter aus festen und flüssigen Materien bestehe.

mehrerer Entfernung von denselben und in der Tiefe liegt. Denn je näher die drückende Ursache der Haut ist, desto eher zeigt sich die Entzündung, und ich habe bereits bemerkt, daß die Entzündung, ob sie gleich auch tiefer liegende Theile ergreift, doch selten oder niemals noch tiefer eindringt, sondern sich jederzeit nach außen verbreitet. Da nun solchergestalt die Fortschritte der Entzündung stufenweise zu gehen scheinen, und da sie selbst ein wesentliches Erforderniß bey der Verschwärung ist, so erhellet daraus die Ursache, warum sie früher sich zeigt, wenn der Druck nahe unter Haut geschieht, und warum sie immer schneller vorwärts rückt, je näher sie der Haut kommt.

Die Verschwärung, deren letzter Zweck die Ausleerung eines widernatürlich erzeugten Stoffes an der äußern Oberfläche ist, besteht nicht blos in Ansaugung der innern Oberfläche des Abscesses, sondern es geschieht dabey auch zu gleicher Zeit eine innere Ansaugung derjenigen Theile, die zwischen der innern Fläche des Abscesses und der äußern Haut liegen, so wie dieses im Vorhergehenden, in Rücksicht auf die Erhebung der Balggeschwülste nach außen bemerkt wurde. Ueberdies erfolgt auch eine gewisse Art von Erschlaffung und Streckung der Theile, die zwischen dem Absceß und der Haut liegen. Ich habe dieser Erscheinung schon im vorhergehenden gedacht, welche sich blos auf den Punkt einzuschränken scheint, wo sich der Absceß in eine Spitze erhebt.

Die Verschwärung, oder die mit Eitererzeugung begleitete Ansaugung, ist allemal mit Entzündung verbunden; doch ist diese Entzündung nicht protopathisch, sondern die Folge eines anderweitigen krankhaften Zustandes, und aus dem Grunde habe ich auch den Ausdruck ulcerative Entzündung gewählt. Eine adhäsive Entzündung geht jedesmal voraus, und vielleicht ist die Entzündung, welche die Verschwärung selbst begleitet, auch nur von dieser Art. Die Entstehung der Adhäsionen ist hier von sehr wichtigem Nutzen; denn wenn auch die adhäsive Entzündung der suppurativen gleichsam den Weg gebahnt hätte, und alle den Absceß umgebenden Theile verwachsen wären, so würde doch, wenn sich diese Vereinigung nicht bis nach der Haut hin erstreckte, wo der Absceß ausgeleert werden soll, eine Ergießung des Eiters oder der krankhaften Flüssigkeit ins Zellgewebe, und von da eine Verbreitung über den ganzen Körper, so wie bey der rosenartigen Eiterung, entstehen, sobald sich die Verschwärung über die Gränze der Verwachsung verbreitet hätte, und die darin enthaltenen Materien mit den nicht verwachsenen Theilen in Berührung gekommen wären. Um diesen Unfall zu verhüten, muß die adhäsive Entzündung der Verschwärung allemal den Weg bahnen.

Allein nicht in allen Fällen, wo sich die Verschwärung auf einer Oberfläche zeigt, ist die Nothwendigkeit derselben so in die Augen fallend, als unter den erst gedachten Umständen. Sie hat zuweilen noch andre Ursachen, und findet oft auch da statt, wo die widernatürlich erzeugte Materie auch ohne sie ausgeleert werden könnte, oder schon wirklich einen Ausweg gefunden hat. Dies ist der Fall bey manchen alten Geschwüren, bey der innern Oberfläche des Magens und der Gedärme, und bey allen oben genannten Flächen, die nicht leicht eine adhäsive, aber unter gewissen Umständen eine ulcerative Entzündung zulassen. Die Ursache davon scheint in dem Grade der Entzündung zu liegen, der entweder durch seine Heftigkeit die Theile dermaßen schwächt, daß sie nicht länger in dem Zustande der Integrität bleiben können, oder solche Theile betrift, die durch ein früheres Uebel schon geschwächt sind. So werden bey der Speichelkur, wo das Quecksilber mit seiner ganzen Stärke auf den Mund wirkt, die Theile des letztern durch die lange und heftige Gegenwirkung so geschwächt, daß am Ende eine Verschwärung des Zahnfleisches und der innern Mundhöhle die Folge ist; und so entsteht auf ähnliche Art eine Verschwärung des Zahnfleisches aus Schwäche in bösartigen Fällen beym Scorbut. Schwäche, verbunden mit Entzündung oder heftiger Gegenwirkung, scheint mithin die nächste Ursache der Verschwärung in solchen Fällen zu seyn.

Adhäsive Entzündung ist mithin in Theilen, wo dieselbe leicht erfolgt, der erste Effect einer solchen Reizung, wie sie im vorhergehenden geschildert worden ist. Verfehlt die Adhäsion den von der Natur beabsichtigten Entzweck, so folgt auf sie Eiterung, und endlich Verschwärung, durch welche die abgesonderte Materie, wenn sie in einem begränzten Raum eingeschlossen ist, nach der Haut geführt und ausgeleert wird. In solchen Theilen ist die natürliche Folge der Eiterung, das Nachwachsen von jungem Fleisch, oder die sogenannte

Granu-

Granulation, wodurch der bey diesem Proceß bewirkte Substanzverlust wieder ersezt wird. Findet aber eine solche Reizung auf der Oberfläche von Ausgangskanälen statt; so entsteht gleich vom Anfang suppurative Entzündung, und die adhäsive Entzündung tritt erst im weitern Verlaufe der Eiterung ein, wie dieses im vorhergehenden erwähnt worden ist. Verschwärung erfolgt hier nicht, weil die erzeugte Materie in solchen Theilen schon einen Ausweg findet, so wenig als Granulation nöthig seyn kann, da kein Substanzverlust vorausgegangen ist.

Ein merkwürdiger Umstand bey der Verschwärung ist der, daß fremdartige Stoffe, die mit einer schwärenden Fläche in Berührung kommen, eben so leicht absorbirt zu werden scheinen, als Bestandtheile des Körpers selbst; wenigstens muß dieses der Fall bey der Einimpfung der Blattern, und beym venerischen Chancre seyn, es sey nun, weil die ansaugenden Gefäße einmal in Thätigkeit sind, oder weil sie überhaupt ohne Unterschied alles, was mit ihren ofnen Mündungen in Berührung kommt, zugleich mit dem Stoff des Körpers selbst, aufnehmen. Man kann hier die Frage aufwerfen: ob in solchen Fällen die Theile des Körpers, welche angesogen werden, eben die Eigenschaft haben, als das in solchen Theilen abgesonderte Eiter, z. B. beym Krebs; und ob um deswillen die Ansaugung derselben eben so gut eine allgemeine Ansteckung bewirken kann, als wenn das angesogene Eiter gewesen wäre, z. B. bey den Blattern und der Lustseuche. *)

---

*) Was Hunter eigentlich hier meynt, ist mir, wie ich offenherzig bekenne, nicht ganz deutlich. Seine Worte in der Urschrift sind folgende: in such cases it might be a question also, whether the parts of the body, which they do absorb, have the same disposition with the pus of the part, as in the cancer, therefore contaminate the constitution, as in the small pox and venereal disease, as readily as if it was the pus. Fragt der Verf. mit diesen Worten, ob die von den Sauggefäßen absorbirten Bestandtheile der Organe dieselbe fehlerhafte Mischung, wie das absorbirte Eiter, und folglich dieselbe ansteckende Eigenschaft wie das Eiter haben, so möchte diese Frage wohl, wenn Erfahrung entscheiden sollte, unbeantwortbar seyn; denn, werden mit dem Eiter, welchem das unbekannte Miesma gleichsam einverleibt ist, zugleich feste Stoffe der Organe absorbirt, und werden dann beyde zusammen eine Mischung, die nach der gewöhnlichen Vorstellungsart in der ganzen Masse der Säfte sich verbreitet, so wird in dem Enderfolg, nämlich in der Ansteckung und den davon abhängenden Symptomen, durchaus kein Umstand uns bemerkbar seyn, aus welchem sich schließen ließe, ob und in wiefern die der ansteckenden Materie beygemischten angesognen Partikeln fester Theile zu jenem Erfolg, (der sich uns nur als Gesamtwirkung der ganzen Mischung darstellt) etwas beytragen. — Wollen wir aber der Analogie folgen, so möchte jene Frage nicht anders als verneinend beantwortet werden können. Es ist nämlich alles Eiter, gemeines sowohl als mit einem Miasma imprägnirtes, Product einer Absonderung; gleichwie nun bey natürlichen Absonderungen und bey der einfachen Eiterung der Stoff des absondernden Organs von dem Stoff der abgesonderten Flüssigkeit ganz ver-

Aus allen diesen Bemerkungen erhellet mithin folgendes: Jede Reizung, die so heftig ist, daß sie die natürlichen Verrichtungen eines Theils plötzlich aufhebt, oder deren Wirkungen so anhaltend sind, daß die Theile selbst zu Entfernung des lästigen Reizes in Thätigkeit gesetzt werden, erregt in gewissen Theilen anfänglich eine adhäsive Entzündung. Wenn weiterhin die Ursache der Reizung noch immer anhält oder zunimmt, so entsteht Eiterung mit ihrem ganzen übrigen Gefolge, insonderheit mit Verschwärung. In gewissen andern Theilen aber, namentlich auf absondernden Oberflächen, macht die suppurative Entzündung den Anfang, und die adhäsive zeigt sich erst in der Folge, wenn die erstere zu heftig ist. Sind endlich die Theile, welche jene Reizung betrift, sehr geschwächt, so folgt unmittelbar auf die adhäsive Entzündung sogleich die ulcerative, und späterhin Eiterung.

---

schieden ist, so ist auch höchst wahrscheinlich bey der Eiterung, die eine ansteckende Materie producirt, der Stoff des Organs, in welchem diese Absonderung geschieht, von dem Stoffe des Eiters und des in diesem enthaltnen Miasma ganz verschieden; und gleichwie bey andern abgesonderten Flüssigkeiten, z. B. Galle, Urin, u. s. w. Materien, welche ihnen etwa zufällig beygemischt sind, z. B. Schleim, Gallert, u. dergl. an den eigenthümlichen Beschaffenheiten derselben keinen Antheil haben, so ists auch gar nicht wahrscheinlich, daß zur ansteckenden Eigenschaft des Blattereiters, der Krebsjauche u. s. w. die angesognen und beygemischten Partikeln der Organe, durch welche diese Materien producirt worden sind, etwas beytragen können. H.

Diese Verschwärung ist insgemein mit einem beträchtlichen Schmerz vergesellschaftet, welchen man die Empfindung des Wundseyns (soreness) nennt. Es ist nämlich dabey ein Gefühl, das mit der Wirkung schneidender Werkzeuge die meiste Aehnlichkeit hat. Doch findet dieser Schmerz nicht bey allen Verschwärungen statt, und es giebt gewisse Fälle von specifischer Art, z. B. bey den Scropheln, wo wenig oder gar kein Schmerz bemerkt wird. Indessen kann selbst bey diesem Uebel, wenn die Verschwärung sehr schnell um sich greift, ein lebhafter Schmerz sich einfinden, daher denn auch der Schmerz mit der größern oder geringern Schnelligkeit der Wirkung selbst, in gewissem Verhältniß zu stehen scheint.

Der Schmerz ist am heftigsten bey den Verschwärungen, wo die Materie eines Abscesses nach der Haut geleitet werden soll, ingleichen, wenn die Verschwärung auf einer Oberfläche anfängt, oder ein Geschwür dadurch erweitert wird. Ob der mehrere Schmerz hier blos von der ulcerativen Entzündung allein, oder von der Vereinigung der ulcerativen mit der adhäsiven in einem und demselben Punkt, abhängt, ist schwer zu bestimmen; allein in manchen Fällen machen sie, so wohl jede für sich als beyde zusammen, sehr schnelle Fortschritte, und es ist mehr als wahrscheinlich, daß der Schmerz von dem Zusammentreffen aller dieser Ursachen herrührt.

Wenn durch die Verschwärung ein leblos gewordnner Theil abgesondert wird, wie bey der Losstoßung des brandigen oder bey der Exfoliation, so ist sie selten schmerzhaft. Die Ursache hievon möchte wohl schwer anzugeben seyn.

Von dem Einfluß der Verschwärung auf den allgemeinen Gesundheitszustand habe ich da gehandelt, wo ich von dem allgemeinen Einfluß anderer örtlicher Uebel ordete.

Ein ulcerirendes Geschwür, (sore) *) ist leicht von einem andern zu unterscheiden, welches still steht, oder wo sich Granulationen bilden. Ein ulcerirendes Geschwür nämlich zeigt lauter kleine Hölen und Vertiefungen, die Hautränder sind runzlich und gleichsam gekerbt, dünn, etwas nach außen umgebogen, und bedecken das Geschwür mehr oder weniger. Das Geschwür selbst ist immer unrein, vermuthlich von noch nicht völlig absorbirten Theilchen, und leert eine dünne Jauche aus. Wenn aber die Verschwärung stille steht, so werden die Hautränder ebner und weicher, zugleich auch mehr abgerundet, und nach innen gekehrt; ihre Farbe wird sodann purpurroth, und mit einem halb durchsichtigen Weiß bedeckt.

---

*) Wir haben im Deutschen kein Wort, welches, wie das englische sore, alle mit Absonderung von Eiter oder Jauche verknüpfte chirurgische Krankheiten, eiternde Wunden, geöfnete Abscesse, und das, was wir eigentlich Geschwüre nennen, gemeinschaftlich bezeichnete. Bey einem Geschwür denken wir allezeit an Exulceration, und so scheint freylich in dem Ausdruck ulcerirendes Geschwür, den ich hier aus Noth habe wählen müssen, das Prädicat überflüssig zu seyn. H.

IV. Von der Erschlaffung, als eigenthümlicher Erscheinung in thierischen Körpern; oder von dem relaxirenden Proceß.

Außer den beyden schon beschriebenen, entweder einzeln oder in Verbindung mit einander wirkenden, Aeußerungen lebendiger Thätigkeit, deren Zweck ist ganze Theile zu entfernen, giebt es noch eine dritte von beyden ganz verschiedne Operation, welche in einer gewissen Erschlaffung und Streckung der zwischen dem Absceß und der Haut gelegenen Theile besteht, jedoch blos auf den Punkt eingeschränkt ist, wo sich der Absceß in eine Spitze erhebt. Diese Erschlaffung, Streckung oder Schwächung mag vielleicht einigermaßen von den tiefer liegenden Theilen herrühren, allein es liegt dabey gewiß noch etwas anderes zum Grunde; denn die Haut welche einen Absceß bedeckt, ist allemal schlaffer, als sie in einem Theile zu seyn pflegt, der eine blos mechanische Ausdehnung erlitten hat; es müßte denn seyn, daß der Absceß ungewöhnlich schnell zugenommen hätte.

Ein Beyspiel, daß Theile, ohne mechanische Gewalt, durch gewisse eigenthümliche Reize, schlaff und welk werden, findet man an den weiblichen Geburtstheilen, die schon vor der Geburt, ehe sie noch einigen Druck erlitten haben, schlaff werden. Wenn eine Henne legen soll, so erkennen dieses die Bäuerinnen aus dem Schlaffwerden der Theile um den Hintern.

Daß die Theile zwischen einem Absceß und der Haut schlaff und welk werden, ist wohl überhaupt in allen Fällen dieser Art bemerklich, und es würde sich wohl ohne Beyhülfe dieser Erschlaffung, kein Absceß nach außen erheben können, es müßte denn seyn, daß eine mechanische Ausdehnung das nämliche bewirkte. Diese Erscheinung war vielleicht nirgends deutlicher als in folgendem Falle zu beobachten.

Ein Knabe von ungefähr dreyzehn Jahren bekam, ohne irgend eine deutliche Veranlassung, eine heftige Entzündung im Unterleibe. Die gewöhnlichen Mittel wurden ohne Erfolg angewendet. Nachdem die Krankheit einige Tage gedauert hatte, fieng der Unterleib an zu schwellen, die Haut, vorzüglich an den Händen und Füßen, wurde kalt und klebrig, sein Urin war ganz wasserhell und durchsichtig, mit einer kleinen Wolke von Schleim. An mehreren Stellen des Bauches zeigten sich Erhebungen, als wenn eine Materie daselbst ihren Ausgang suchen wollte, und eine davon, gerade unter dem Brustbein, wurde ziemlich ansehnlich, und bekam ein misfärbiges röthliches Ansehen. Ob man gleich keine deutliche Fluctuation daselbst entdecken konnte, denn dazu war nicht Flüssigkeit genug vorhanden, so war doch so viel gewiß, daß Flüssigkeit da seyn mußte, auch machten es die Erhebungen wahrscheinlich, daß die Materie ein Produkt der Entzündung sey, und daß sie, um sich einen Ausweg zu verschaffen, auf der innern Seite der Bauchwände eine Verschwärung veranlaßt haben müßte. Man hielt es daher für rathsam, an einer von den gedachten Stellen die Bauchhöle sobald als möglich zu öfnen. Ich machte mithin an der erhabnen Stelle gerade unter dem Brustbein einen kleinen zollangen Einschnitt. Bey dieser Operation sahe ich deutlich den obern Theil des geraden Bauchmuskels, durch welchen ich, nach der Richtung seiner Fasern, den Schnitt fortsezte. Sobald dies geschehen war, drang aus der Wunde eine dünne blutige Materie, deren Menge ohngefähr drey bis vier Nösel betragen mochte. Die Geschwulst des Unterleibes sank hierauf zusammen, der Puls fieng an sich zu heben, und wurde voller und weicher, auch wurden die Extremitäten wärmer. Man verordnete ihm China, u. s. w. allein der Tod erfolgte ohngefähr sechzig Stunden nach der Operation.

Bey der Leichenöfnung fand man in der Bauchhöle wenig oder gar kein Eiter ergossen, sondern es hatte sich dasselbe fast gänzlich durch die Wunde ausgeleert. Alle Därme, Magen und Leber, waren durch einen sehr dicken Ueberzug von geronnener Lymphe untereinander verwachsen, auch war diese Materie in alle Zwischenräume eingedrungen, so daß alles einen einzigen zusammengewachsenen Klumpen darstellte; nicht minder hieng auch die Leber mit dem Zwerchfell zusammen. Dagegen aber war keines von den Eingeweiden mit der innern Oberfläche der Bauchwände verwachsen, denn hier hatte die Materie durch ihren Reiz Verschwärung veranlaßt, welche der Verwachsung hinderlich ist. Die Verschwärung war bereits durch das Bauchfell gedrungen, welches an der Vorderseite der Bauchwände ganz zerstört war, auch waren die Quermuskeln und geraden Muskeln (Musc. transversi et recti) des Bauches an der innern Seite ganz entblößt und so anzusehen, als wenn sie anatomisch präperirt worden wären. Die Flechsen der Quermuskeln (Musc. transversi) und der innern schiefen Bauchmuskeln (Musc. obliqui interni) die unter den geraden Bauchmuskeln weggehen, waren gleichsam losgerissen, (in rags) und zum Theil ganz vernichtet, zum Theil in einen Schorf verwandelt.

Es erhellet aus diesen so bewandten Umständen, daß es der Zweck der Natur gewesen war, die wichtigsten Theile in Sicherheit zu stellen. Im Zeitraum der adhäsiven Entzündung, waren alle Gedärme mit einer Schicht von gerinnbarer Lymphe überzogen worden, um sie vor der Zerstörung zu bewahren. Vermuthlich war hier nach einem doppelten Gesetze das tiefere Eindringen des Uebels verhütet worden; einmal, weil die tiefer liegenden Theile Kanäle waren, welche der Verschwärung, in der Richtung von außen nach innen, den Eingang nicht verstatten, zweytens, weil die Därme mehr nach innen lagen als die Bauchwände. Mithin erfolgte nach innen eine Verdickung, um die tiefer liegenden Theile zu beschützen, und nach außen eine Verdünnung, um der Ursache des Uebels leichter einen Ausweg zu verschaffen.

Die Bauchhöle verhielt sich hier völlig wie ein Absceß; da aber das Uebel mit den zum Leben unentbehrlichen Theilen sehr nahe in Verbindung stand, und diese schon bey der Entzündung viel leiden mußten; so konnte der Kranke die Anstalten, welche die Natur treffen mußte, um das zu bewirken, was man in einem andern Falle eine Radicalkur genannt haben würde, nicht überstehen; ja es ist zu verwundern, daß er so lange lebte, wenn man bedenkt, welche gewaltthätige Veränderungen die Bauchwände und Eingeweide erlitten hatten.

Der sonderbarste Umstand dabey war das Auftreten des Unterleibes an verschiednen Stellen. Denn da die vordere Wand der Bauchhöle überall fast von einerley Dicke war, da der Absceß die ganze innere Oberfläche derselben überall gleichförmig berührte, und die Verschwärung noch keinen von den Muskeln selbst angegriffen hatte; so läßt sich nicht wohl ein Grund angeben, warum sich eine Stelle mehr als die andre erhoben hatte. Allenfalls könnte man annehmen, daß zwey oder drey Stellen zufälliger Weise empfänglicher für den Verschwärungsreiz gewesen wären als die übrigen, und daß diese folglich auch leichter nachgegeben hätten. Ob nun aber gleich die Verschwärung an den Stellen welche sich erhoben hatten, in der Folge die schnellsten Fortschritte würde gemacht haben, so war sie doch daselbst bis dahin noch nicht weiter gedrungen, als an den übrigen, sondern hatte blos das Bauchfell und die Flechsen der Seitenmuskeln zerstört; die geraden Muskeln aber waren an der Stelle, wo ich die Oefnung machte, welches die erhabenste von allen war, völlig gesund und unversehrt. Mithin war die bemerkte Erhebung keine Folge von Schwäche oder widernatürlicher Verdünnung dieser Stelle: denn wenn man auch dieses als Grund wollte gelten lassen, so würde doch, um eine solche Erhebung zu bewirken, ein sehr beträchtlicher Druck von innen erfoderlich gewesen seyn, welches wenigstens hier der Fall nicht war. Uebrigens würde ein bloßer Druck, wäre er auch noch hundertmal stärker gewesen, welches bey der Wassersucht nichts seltenes ist, dennoch eine solche spitzige Erhebung nie haben bewirken können, wenn nicht eine eigne specifische Thätigkeit noch hinzugekommen wäre.

Da also der bloße Druck nicht hinreichend war, im gegenwärtigen Falle eine solche Wirkung hervorzubringen, da ferner die Theile, welche sich in eine Spitze erhoben hatten, eben die mechanische Consistenz und Festigkeit hatten als die übrigen; so bleibt nichts übrig, was man als Ursache dieser Ausdehnung angeben könnte, als die oben beschriebne eigenthümliche Kraft, durch welche eine Schwächung, Streckung und Erschlaffung der Theile bewirkt wird.

Die Beobachtung, daß in der Substanz der Theile, wo sich eine spitzige Erhebung zeigt, eine eigne Art von Erschlaffung erfolgt, wird durch eine Menge Beyspiele bestätigt. Wenn ein großer Schenkelabsceß, der bloß mit der Haut und Fetthaut bedeckt ist, und vielleicht schon mehrere Monate lang, ohne eine Verschwärung zu erregen, gedauert, mithin auch sich nirgends in eine Spitze erhoben hat, sondern eine weiche ebne und gleichförmige Oberfläche darstellt, nunmehr durch einen Reiz an einer oder der andern Stelle zur Verschwärung veranlaßt wird; so bemerkt man, daß sich diese Stellen sogleich in eine Spitze erheben, obgleich die Theile gerade hier dicker seyn können, als an allen übrigen Stellen. *)

---

*) Aus der Thatsache, daß reifende Abscesse sich in eine Spitze erheben, und daß an der Stelle, wo dieses ge-

Der Druck, welcher nöthig ist, um fremdartigen Stoffen einen Ausweg zu verschaffen, braucht gar nicht stark zu seyn. Denn wenn ein Absceß nicht an der niedrigsten Stelle geöfnet worden ist, oder sich selbst weiter oben einen Ausweg gebahnt hat, so daß das Eiter in dem tiefer liegenden Theil der Hölung stekt; so ist oft blos dieser äußerst mäßige Druck hinreichend, eine Verschwärung zu veranlassen, und eine neue Oefnung zu bahnen, vorzüglich, wenn es nahe unter der Haut ist. Man findet dies oft bey Milchabscessen in den Brüsten, wenn die Oefnung nicht an der niedrigsten

---

schieht, die Haut weicher, welker und gestrekter, als im natürlichen Zustande wird, läßt sich wohl noch nicht auf die Existenz eines eigenthümlichen erschlaffenden Processes, oder gar einer positiven erschlaffenden Kraft im thierischen Körper schließen. Jene Erscheinungen lassen sich, ohne daß wir dieser Hypothese bedürfen, hinlänglich erklären, theils aus der in der Haut, welche den Absceß bedeckt, erfolgten Verminderung der Lebenskraft, theils aus der vermehrten Absonderung in jener Haut. Allemal ist diese leztere, da wo sich der Absceß spizt, dünner, als im übrigen Umfang desselben, und es ist falsch, wenn der Verf. behauptet, sie könne daselbst so dick, oder auch dicker als zuvor seyn. — Der Fall, welchen der Verf. anführt, scheint für die Wahrscheinlichkeit seiner Hypothese nichts zu entscheiden. Wenn der Absceß der hier hinter den Bauchmuskeln seinen Siz hatte, sich in verschiednen Stellen ungleich erhob, so war gewiß sehr viel darauf zu rechnen, daß jene Muskeln, die mit Flechsen und Aponeurosen durchwebt sind, eben deswegen an einigen Stellen weniger, an andern mehr der Ausdehnung durch das hinter ihnen liegende Eiter nachgeben mußten. H.

Stelle ist, auch ist es eine sehr gewöhnliche Erscheinung bey der Gesäßfistel. Denn hier geschieht es oft, daß die Verschwärung anfangs ihre Richtung nach dem Mastdarm hin nimmt, nachher aber, ehe sie noch bis dahin gedrungen ist, sich seitwärts einen Weg bahnt, und auf diesem Wege die Materie ausgeleert wird. Die Schwere des Eiters ist also hier ganz allein hinreichend, eine äußere Oefnung zu bewirken.

VII. Ueber den Zweck der Absorbtion im kranken Körper.

Die Absorbtion hat, wie alles in der Natur, bald wohlthätige bald schädliche Folgen, und zwar beyde im beträchtlichen Grade. Indessen würden wir, wenn es möglich wäre, alle entfernte Ursachen völlig zu durchschauen, wahrscheinlich einsehen, daß ihr Zweck überall wohlthätig ist, und daß ihre scheinbar schädlichen Wirkungen dennoch nothwendig, und mithin am Ende auch heilsam sind. Diejenige Art der Ansaugung, welche man die natürliche nennen könnte, äußert ihren Nutzen vorzüglich bey dem Bildungsproceß, und bey der Entfernung solcher Theile, die für einen gewissen Zustand des Lebens ohne weitern Nutzen sind, z. B. bey der Ansaugung der Brustdrüse. Es bezieht sich jedoch dieser Nutzen mehr auf den gesunden Zustand. Für unsern gegenwärtigen Zweck aber gehört mehr derjenige Vortheil, welchen die Ansaugung im kranken Zustand gewährt. Es erhellt, wie mich dünkt, ganz deutlich aus dem, was ich im vorhergehenden über diesen Gegenstand gesagt habe, daß jede Art der Ansaugung sehr heilsame Wirkungen hervorbringen kann, die, ob sie gleich oft die Folge eines widernatürlichen Zustandes seyn können, doch nicht allemal geradezu selbst Krankheit sind, ja selbst da, wo man die eigentliche Ursache nicht angeben kann, z. B. bey dem Schwinden einzelner Theile, bey der Atrophie, scheint der Nutzen der Absorption nicht unerheblich zu seyn. Vielleicht würde die natürliche Stärke und Fülle, bey einem solchen Zustand des ganzen Körpers oder einzelner Theile, schädlich seyn. Bey dem gänzlichen Verlust eines Theils, ist freylich der Nutzen nicht so sehr in die Augen fallend, desto beträchtlicher aber ist er bey der um sich greifenden Ansaugung, wenn sie die Folge der Eiterung ist und die Ausleerung der Materie durch sie bewirkt wird, oder wenu sie fremden Körper einen Ausweg bahnt. Desgleichen auch selbst bey der Bildung oder Ausbreitung eines Geschwürs. Ich habe im vorhergehenden gesagt, daß die Ansaugung die Stelle eines Wundarztes vertritt, und sie ist in der That, wenn sie nur gehörig wirken kann, oft mehr zu thun im Stande als die Kunst. Es ist dieses so augenscheinlich, daß es schon längst zur allgemeinen Regel geworden ist, sie so viel als möglich zu befördern, wenn man Abscesse zum Aufbruch oder Knochen zur Exfoliation bringen will; und wenn man dabey auch nicht auf das Gesetz der Ansaugung rechnete, so war doch die Wirkung selbst sichtbar und ihr Nutzen anerkannt.

VIII. Wie die Ansaugung auf verschiedne Art befördert werden könne.

Aus der umständlichen Beschreibung, die ich von den Ursachen der Ansaugung gegeben habe, ergeben sich auch gewissermaßen die verschiednen Wege, auf welchen sie befördert werden kann. Da aber einige Mittel, deren sich die Natur bedient, nicht in unserer Gewalt stehen, so soll hier blos auf diejenigen Rücksicht genommen werden, die wirklich anwendbar gemacht werden können.

Die Ansaugung im ganzen Körper zu vermehren hält eben nicht schwer: Man braucht nur den Ersatz zu vermindern, und den Abgang zu verstärken, welches leztere oft durch Arzneymittel geschieht; oder man darf auch nur solche Dinge anwenden, welche machen, daß der Ersatz ohne Wirkung bleibt, wie z. B. Essig oder Seife; doch wirken diese wahrscheinlich mehr nur auf das Fett. Eine schwerere Aufgabe ist es, die Ansaugung in einzelnen krankhaften, widernatürlich vergrößerten, oder neu erzeugten Theilen zu befördern, wovon wohl das leztere noch am leichtesten seyn möchte; denn ich habe dargethan, daß in neuerzeugten Theilen die Lebenskraft schwächer ist, als in solchen, die ein Produkt der ersten und ursprünglichen Bildung sind. Dies giebt uns nun schon einen Wink. Denn wenn es ein Mittel giebt, eine Abnahme des ganzen Körpers zu bewirken, so müssen bey der Anwendung dieses Mittels nothwendig die neu erzeugten Theile in eben dem Verhältniß mehr angegriffen werden, wie sie schwächer sind, als die übrigen, und eben deswegen müssen sie auch in dem nämlichen Verhältniß stärker abnehmen. Allein oft ist dieses Mittel nicht zureichend, oder wäre es hinreichend, so würde wenigstens der ganze Körper von der Wirksamkeit des Mittels zu sehr leiden. Indessen ist doch in einzelnen Fällen diese Methode mit gutem Erfolg begleitet, und das beste Schwächungsmittel zu dieser Absicht ist wahrscheinlich das Quecksilber, welches vermuthlich auf mehr als eine Art wirkt. Es befördert die Ansaugung durch seinen specifischen Reiz, indem es die Theile in einen Zustand versezt, bey welchem sie nicht länger bestehen können. Die Electricität und viele andre Reizmittel wirken wahrscheinlich auf eine ähnliche Art, denn oft wird auch eine heftige Entzündung die Ursache der Ansaugung. Das Absterben eines Theils erregt allemal eine Ansaugung, um die Losstoßung des abgestorbnen zu bewirken, und man bemerkt sogar, daß jede widernatürliche Beschaffenheit eines Theils eine gewisse Disposition sich abzusondern in demselben hervorbringt, und daß es blos einer beträchtlichen Entzündung bedarf, um diese Absonderung wirklich zu machen, wie z. B. bey Warzen, die nach einer Entzündung verschwinden. Ein krankhafter Theil kann in den benachbarten gesunden Theilen einen solchen Reiz erregen, daß die leztern, so bald jener eine Gewaltthätigkeit erlitten hat, oder durch ein Aezmittel getödtet worden ist, so gleich anfangen nachzugeben, und die Gränzen des Uebels sichtbarer werden, dergestalt, daß sich der krankhafte Theil abzusondern anfängt, wenn gleich die Wirkung des Aezmittels sich nicht bis dahin erstreckt hat, wo er an die gesunden Theile gränzt, daher sich auch hier-

hieraus der wahre Umfang des Uebels abnehmen läßt, welches vorher nicht möglich war. Gewissermaßen bewirkt der Arsenick auf diese Art die Ausrottung von Geschwülsten, deren Umfang sich viel weiter erstreckt als seine unmittelbare Wirkung reicht.

Der Druck ist eine von den allgemeinen Ursachen der Ansaugung, vorzüglich der progressiven, welche letztere jedoch gerade nicht diejenige Art der Ansaugung ist, deren man bey einer Zertheilung bedarf. Indessen dient der Druck auch mit zur Erregung einer Ansaugung aus dem Zellgewebe, deren zweyte Modification die totale Entfernung eines Theils ist, z. B. der Brustdrüse. Kann man nun diese dadurch bewirken, so ist der Druck in diesen Fällen für den Zweck, den man hat, hinreichend, wenn er nur auf eine schickliche Art angebracht werden kann. Allein die Anwendung desselben muß mit vieler Vorsicht geschehen, denn ein allzustarker Druck bewirkt oft entweder eine Verdickung oder eine Verschwärung, welche man doch hier nicht wünscht. Indessen kommt es bey diesen Erscheinungen auf Umstände an; denn ich glaube, daß ganz neu erzeugte Theile, wie z. B. Geschwülste, durch den Druck nicht verdickt werden, und daß man folglich hier so viel Gewalt anwenden darf, als es nur die umliegenden gesunden Theile ertragen wollen. *)

*) Die Erfahrung lehrt, wie mich dünkt, das Gegentheil. Balggeschwülste und Scirrhen, werden sehr oft unter der Einwirkung eines Drucks fester, härter und zur Ausartung geneigter. H.

In andern Fällen würde man im Gegentheil wünschen, die Ansaugung verhüten zu können; indessen sollte man, um dieses zu versuchen, vorher allezeit hinlängliche Gewißheit haben, daß der Theil, mit dessen Ansaugung die Natur umgeht, auf andre Weise als durch Ansaugung nützlich werden könne. Ich zweifle aber, ob man dieses in vielen Fällen überzeugend wissen könne.

IX. Erläuternde Bemerkungen über die Verschwärung.

Nachdem ich mich nun bemüht habe, die Folgen und Wirkungen der Entzündung, nämlich Adhäsion, Eiterung und Verschwärung, auf bestimmte Begriffe zurückzuführen; so will ich nun, zum völligen Verständniß dieser drey Modificationen der Entzündung, noch einige der gewöhnlichsten Fälle als Erläuterung beyfügen, und um die Sache noch mehr ins Licht zu setzen, sollen die Beyspiele von der Entzündung, Eiterung und Verschwärung der großen Hölen des Körpers hergenommen seyn.

Wenn sich die äußere Oberfläche eines Darms entzündet, so entsteht im ersten Zeitraum eine Verwachsung zwischen dem Darm und dem Bauchfell, welches die innre Seite der Bauchmuskeln bedeckt. Steht die Entzündung hier noch nicht stille, so bildet sich in der Mitte dieser Verwachsungen ein Absceß, und das Eiter wirkt nun als ein fremder Körper. Die Anhäufung des Eiters macht, daß der Absceß am Umfange zunimmt, bewirkt einen mechanischen Druck, und durch diesen eine Reizung, für welche blos die der äußern Haut am nächsten gelegene Seite empfänglich ist. Da durch diese Reizung jene Anlage zur Eitererzeugung nicht aufgehoben wird, so dauert dieselbe fort, und es tritt nun die ulcerative Entzündung ein.

Wenn mehrere Stellen in den Verwachsungen zu eitern anfangen, so stoßen diese gemeiniglich zusammen, und bilden einen einzigen Absceß; es entsteht eine Absorbtion der Theile zwischen dem Absceß und der Haut, wodurch das Eiter nach der äußern Oberfläche des Körpers geleitet, und hier am Ende ausgeleert wird.

Wenn die Anlage zur Verschwärung nach allen Seiten des Abscesses hin gleich stark wäre, so würde er sich in den Darm selbst ausleeren, welches zwar selten aber doch zuweilen geschieht, weil hier von der Natur keine solche Anstalten zur Beschützung der nach innen gelegenen Theile getroffen sind, wie in andern Theilen; z. B. in der Nase, wo bey einem Absceß im Thränensack eine Verdickung des Thränenkanals entsteht. In dem hier erwähnten Falle aber, werden die Bauchmuskeln, Fell und Haut leichter von der Absorbtion ergriffen, als die Häute des Darms. Beyspiele der Art habe ich selbst beobachtet.

Wäre in dem vorliegenden Falle der Verschwärung keine Adhäsion voran gegangen, so würde (sich) das Eiter in die ganze Bauchhöle ergossen haben; und hätte nicht auf ähnliche Art auch in den Bauchmuskeln eine adhäsive Entzündung statt gefunden, ehe noch die Verschwärung eintrat, so würde sich das Eiter ungehindert aus dem Absceß in das ganze Zellgewebe des Bauchs verbreitet haben, sobald die Verschwärung durch die gleich im Anfang entstandenen Adhäsionen gedrungen wäre, wie dieses oft der Fall ist, wenn eine rosenartige Entzündung in Eiterung übergeht.

Die nämliche Bewandniß hat es bey Abscessen zwischen den Lungen und dem Brustfell, in der Leber, der Gallenblase u. s. w. wenn sie sich nach außen erheben; desgleichen auch bey Lendenabscessen, wo man beym ersten Anblick vermuthen sollte, daß sie sich am leichtesten in der Bauchhöle, oder in die Gedärme ausleeren würden; die nach der Haut hin liegenden Theile verzehren sich, in den gedachten Fällen, und das Eiter fließt durch den so gebahnten Ausweg ab. Doch geschieht es zuweilen, wenn ein Absceß sehr tief sitzt, daß nicht blos die eine Seite für die Reizung empfänglich wird, sondern daß sich das Eiter nach verschiednen Richtungen verbreitet.

Abscesse in der Substanz der Lungen, unterscheiden sich zuweilen von den oben beschriebnen dadurch, daß sie sich in die Luftröhrenäste und Zellen ergießen, weil hier eine Vereinigung durch die adhäsive Entzündung schwerer hält, (wie ich oben im Kap. von der adhäsiven Entzündung gezeigt habe.) Auch ist es bey Abscessen in der Substanz der Lungen schwer zu bestimmen, wie eigentlich hier die Materie den Weg nach außen finden soll; daher auch wahrscheinlich die Luftzellen sich hier wie eine äußere Oberfläche verhalten, so daß die Ulceration auf der Seite des Abscesses anfängt, die den Luftzellen die nächste ist, und darum das Eiter sehr leicht in die Luftzellen dringt, und von da in die Luftröhre gelangt.

Die Bemerkung, daß in den Luftzellen kein adhäsiver Zustand statt finde, bestätigt sich augenscheinlich bey vielen Abscessen in den Lungen. Denn man findet meistens, daß die Luftzellen sowohl als die Luftröhrenäste blos da liegen, ohne daß die Seitenwände des Abscesses so fest und stark wären, als sie es in andern Theilen, wo eine adhäsive Entzündung vorhergegangen ist, zu seyn pflegen.

Die Erfahrung lehrt, daß bey großen Abscessen, selbst, nachdem sie schon geöfnet sind, etwas ähnliches geschieht, wenn ihre Lage und ihre übrigen Umstände von der Art sind, daß eine Stelle des Abscesses, die auf der Seite nach der Haut hin, und unmittelbar unter der leztern liegt, von einem tiefer liegenden Theil des Körpers gedruckt wird. Wenn sich z. B., welches ein sehr gewöhnliches Uebel ist, an der äußern Seite des Schenkels, oben gerade über dem großen Trochanter, ein Absceß von großen Umfange gebildet hat, und derselbe durch die Kunst oder durch die Natur, nicht gerade neben dem Trochanter selbst, sondern seitwärts oder unter diesen geöfnet worden ist; so veranlaßt oft der Druck des Knochens gegen die innere Oberfläche des Abscesses, nämlich gegen die Zell- und Fetthaut, und gegen die Haut über dem Trochanter, eine Ulceration in diesen Theilen. Diese geht nach und nach weiter fort, bis endlich gerade über dem Trochanter eine zweyte Oefnung entsteht.

Bewundernswerth ist es, daß durch jene Veranstaltungen der Natur gerade so viel und nicht mehr bewirkt wird, als der Absicht gemäß geschehen soll. Das junge Fleisch oder die neue Substanz, die sich etwan über dem Trochanter angesetzt hat, welches sehr oft geschieht, ehe noch diese Ulceration ihr Ende erreicht hat, wird nicht davon angegriffen, ob sie gleich einem eben so starken, und vielleicht einem noch stärkern Druck ausgesetzt ist, als die Theile, welche verzehrt werden.

Es beruht dieses auf dem allgemeinen Gesetze, daß ein Druck von außen im thierischen Körper andre Wirkungen hervorbringt, als ein Druck von innen. Auch die Thränenfistel ist ein auffallender Beweis, daß die Richtung der Ulceration allemal nur der äußern Oberfläche folgt, und daß dabey die tiefer liegenden Theile vor der Einwirkung derselben gesichert werden. Die nämliche Bewandniß hat es auch mit der Ulceration, welche die Folge einer Eiteransammlung in den Stirnhölen ist.

Bey Milchabscessen in den Brüsten beobachtet man eine ähnliche Eiterung. Die Eiterung fängt hier gemeiniglich an mehrern verschiednen Stellen der entzündeten Theile an, so daß nicht etwa ein einziger großer und begränzter Absceß gebildet wird, sondern mehrere besondre Hölungen entstehen, die jedoch meistens untereinander Gemeinschaft haben. Von diesen Hölungen erhebt sich gewöhnlich nur eine nach außen, und bildet eine spitzige Geschwulst, aus welcher, wenn man sie öfnet oder von selbst aufbrechen läßt, alles angesammelte Eiter abfließt. Nun geschieht es aber oft, daß das Eiter keinen so freyen Abfluß durch diese Oefnung findet, und daß sich sodann eine oder mehrere von den Hölungen eigne Oefnungen bilden; woraus man sieht, wie leicht der unbedeutende Druck, den eine solche geringe Menge eingeschloßner Materie bewirkt, eine Ulceration veranlassen kann. Die Ulceration ist mithin eine Veranstaltung der Natur, wodurch Theile, die einem stärkern Druck ausgesetzt sind, als sie ertragen können, entfernt werden. Sie fängt folglich auch allemal da an, wo der Druck am stärksten ist, wobey es jedoch auf die natürliche Beschaffenheit der Theile, und auf ihre mehrere oder geringere Entfernung von der Haut mit ankommt.

Es ist sonderbar, daß die Ulceration das Oberhäutchen nicht angreift, so daß das Eiter, wenn es sich bis dahin einen Weg gebahnt hat, nunmehr nicht weiter kann, und noch so lange eingeschloßen bleibt, bis das Oberhäutchen durch die Ausdehnung berstet. Zwar ist dasselbe gemeiniglich so dünn, daß es keinen sonderlichen Aufenthalt verursacht, indessen giebt es doch Stellen, wo es dicker ist, und die Veranlassung zu sehr beunruhigenden Erscheinungen werden kann.

Es ist dieses die Ursache, warum oft Abscesse in den flachen Händen, und auf den Fussohlen, ingleichen die Abscesse an den Fingerspitzen und unter den Nägeln, die man Nagelgeschwüre (whitlows) nennt, vorzüglich bey der arbeitenden Volksklasse, im Entzündungszeitraum so schmerzhaft sind, und so langsam aufbrechen, selbst nachdem schon das Eiter durch die Haut bis unter das Oberhäutchen gedrungen ist. Die Dicke des leztern, oder die festere Consistenz der Nägel, wirkt in solchen Fällen wie ein fester Verband, so daß die Theile sich nicht erheben, oder so nachgeben können, daß eine Ausleerung möglich wäre. Das Oberhäutchen hat in diesen Gegenden nicht die Eigenschaft, daß es, bey der Erhebung des Abscesses nach außen, schlaffer würde, und deswegen unter andern ist hier der Schmerz bey der Entzündung so heftig; sondern wenn der Absceß sich bis unter die dicke Oberhaut erhoben hat, so wirkt er nicht mehr als ein Reiz, sondern blos durch die mechanische Ausdehnung, die zuweilen so stark ist, daß rings um den Absceß in einem beträchtlichen Umfange des Oberhäutchen losgetrennt wird. Alle diese Umstände zusammengenommen machen, daß dergleichen Zufälle weit schmerzhafter sind, als wenn ein Absceß von gleicher Größe in einem andern weichen Theile sizt. Breyumschläge sind unter solchen Umständen nützlicher als in irgend einem andern Falle, weil sie hier mechanisch wirken können, indem das Oberhäutchen die Feuchtigkeit wie ein Schwamm ansaugt, und dadurch weicher nnd schlaffer wird, und etwas von seiner Zähigkeit verliehrt. Man sollte in dergleichen Fällen die Oefnung so bald als möglich machen, um den Schmerz, den die Ausdehnung verursacht, und die Absonderung des Oberhäutchens zu verhüten. *) So bald man

*) Der heftige Schmerz kann hier nicht von der Ausdehnung der Oberhaut, oder (beym Nagelgeschwür) der Nägel herrühren; denn diese Theile sind an sich selbst unempfindlich. Er ist vielmehr dem Druck und unge-

merkt, daß sich der Absceß an irgend einer Stelle in eine Spitze erhebt, indem sich das Oberhäutchen von der eigentlichen Haut lostrennt, so darf man dem Eiter, wenn es durch die Haut gedrungen ist, einen frühern Ausweg bahnen. Ein Umstand, auf den man bey der Oefnung eines solchen Abscesses aufmerksam seyn muß, ist der, daß die tiefer liegenden weichen Theile, durch die Oefnung in der Oberhaut, wie ein Schwamm hervordringen. Werden nun diese durch einen Zufall gereizt, so wird der, der Verschwärung eigenthümliche nagende Schmerz so heftig, als es vielleicht in keinem andern kranken Theile je geschieht. Die Ursache dieser Erscheinung liegt darin, daß die umliegende feste Oberhaut der darunter nachwachsenden neuen Substanz nicht nachgiebt, sondern sie gleichsam schnürt, so daß diese durch die kleine Oefnung, so wie etwa eine dicke Flüssigkeit aus einer Blase hervorgepreßt wird. Man nimmt die hervortretende Substanz gewöhnlich durch das

---

wohnten Reize zuzuschreiben, welchen die tiefer liegenden Theile unter der Einwirkung des über ihnen angesammelten Eiters erleiden. Zeitige Eröfnung solcher Abscesse ist nothwendig, nicht blos um die Ursache des Schmerzes zu entfernen, sondern auch hauptsächlich um die hier zu befürchtende Verbreitung des Eiters in selbstgebildeten, längst der Flechsen und Flechsenscheiden fortlaufenden Hohlgängen, (sinus) und die Entstehung mitleidenschaftlicher Abscesse in der Richtung der Lymphgefäße zu verhüten, so wie auch um den nachtheiligen Wirkungen einer krankhaften Ansaugung vorzubeugen, welche beym Nagelgeschwür oft dergestalt überhand nimmt, daß die Knochen der vordern Fingergelenke erweicht werden. H.

Aezmittel weg, als wenn sie ein widernatürlicher schwammiger Auswuchs wäre; Allein man verursacht dadurch blos unnöthige Schmerzen, denn die Zerstörung eines Theils, der blos durch einen Druck hervorgedrängt worden ist, kann auf die nach innen liegenden gar keinen Einfluß haben, und beym Gebrauch einfacher Breyumschläge, die man so lange fortsezt, bis die Entzündung und nachher auch die Geschwulst nachgelassen hat, ziehen sich die hervorgedrungenen Theile weit gewisser nach und nach wieder in ihre natürliche Lage zurück.

Ich habe bisher die Ulceration blos aus dem Gesichtspunkte betrachtet, daß sie das Produkt einer sichtbaren specifischen Reizung sey, in Verbindung mit einer Empfänglichkeit der Theile für dieselbe. Allein es treten außerdem noch oft Fälle ein, wo Verschwärung wegen einer besondern Anlage in den Theilen statt findet, und wo man vielleicht keinen andern Grund angeben kann, als Schwäche. Ich bemerkte im vorhergehenden, daß gewisse Theile empfänglicher für die Ulceration sind als andre, und sprach dann von dem Verhalten solcher Theile des Körpers, welche vom Anfang seiner Entstehung an vorhanden sind. Jezt füge ich noch die Bemerkung hinzu, daß neu gebildete Theile, z. B. Narben, neuerzeugte Fleischwärzchen ꝛc. weit empfänglicher für die Ulceration sind als jene. Alte Narben neigen sich oft zur Ulceration bey sehr unbedeutenden Veranlassungen, z. B. bey unordentlicher Lebensart, oder heftigen Leibesübungen, wie man das täglich in unsern Hospitälern sieht, wo es scheint, als ob die Theile das Vermögen sich selbst zu erhalten verlohren hätten. Merkwürdige Beyspiele davon finden sich auch in Ansons Reisen, wo die ganze körperliche Constitution der Schifsmannschaft so geschwächt war, daß alle Geschwüre von neuem ulcerirten und aufbrachen, und daß, wo sich ein Callus gebildet hatte, derselbe absorbirt und in die Masse der Säfte wiederum aufgenommen wurde. *) Solche später erzeugte Theile machen auch eher einen Brandschorf, wenn sie absterben, als ursprünglich vorhanden gewesene Theile.

Man sieht sehr leicht, daß in den Fällen, deren in Ansons Reisen Erwähnung geschieht, durch die Mühseeligkeiten, welchen das Schiffsvolk bey dieser Unternehmung ausgesetzt war, der ganze Habitus des Körpers geschwächt worden war, und daß junger oder neuerzeugte Substanz, wegen ihrer geringern Festigkeit und Consistenz stärker angegriffen werden mußte, als ursprünglich und von Anfang an vorhanden gewesene Theile. In Theilen, durch welche verlohren gegangne wieder ersetzt werden, ist die Kraft, mit der sich ihre Thätigkeit äußert, und die Reaction weniger stark, als bey den ursprünglichen, und es ist mithin kein Wunder, daß junges Fleisch, indem es an der allgemeinen Schwäche Antheil nimmt, das Vermögen verliert, seine organische Struktur zu erhalten. Vielleicht giebt hier selbst die Perception dieser Schwäche die Reizung oder die Ursache der Reizung ab, durch welche eine Ansaugung

---

*) Eine gewöhnliche Erscheinung bey den höhern Graden des Scorbuts. H.

der Theile bewirkt wird. *) Dem sey nun übrigens wie ihm wolle, so ist doch das eine durch die Erfahrung allgemein bestätigte Thatsache, daß Theile, die nicht Produkte der ersten Formation sind, unter Umständen, wo der ganze Körper verfällt, gemeiniglich früher angegriffen werden. Unter gleichen Bedingungen brechen alte, schon in der Heilung begriffne Geschwüre wieder auf, greifen um sich, und zerstören binnen 24 Stunden mehr als in eben so viel Wochen geheilt war.

Alle diese Beobachtungen sollen zum Beweise dienen, daß neu erzeugte Theile nicht geschickt sind, der Gewalt gewisser Krankheiten so zu widerstehen und so mancherley gewaltsame Veränderungen auszuhalten, als Theile der ersten Bildung. Es soll dieses noch mehr aus einandergesetzt werden, wenn von den kräftigen Wirkungen der Absorbtion die Rede seyn wird.

Ich habe die Bemerkung gemacht, daß, wenn gleich ein Theil sich durch die Ulceration verzehrt, dennoch die Eiterung ihren Gang fortgeht. Denn indem eine eiterabsondernde Oberfläche ulcerirt (es mag nun

---

*) Daß Gefühl der Schwäche die Stelle eines Reizes vertreten könne, ist meines Erachtens nicht gedenklich. Es scheint aber daß die Lebenskraft der Lymphgefäße, von welcher ihr Saugvermögen abhängt, zuweilen länger dauern könne, als die Lebenskraft in der organischen Masse, in welcher sie entspringen, und daß unter solchen Umständen diese von jenen absorbirt wird. Die Verzehrung abgestorbner Knochen scheint dieses zu beweisen. H.

dieselbe ein Theil der ersten Bildung seyn, wie bey manchen Abscessen, oder eine neu erzeugte Substanz, z. B. Granulationen) so fährt sie immer noch fort Eiter abzusondern.

In solchen Fällen macht die adhäsive Entzündung sehr schnelle Fortschritte, und scheint die Theile gleichsam so wie sie weiter fortschreitet, zu der Eiterung vorzubereiten, welche bey Entblößung derselben eintritt.

Siebentes Kapitel.

Ueber die Granulation.

Ich komme nunmehr auf die Beschreibung derjenigen Veranstaltungen der Natur, durch welche die Theile, deren Anlage, Thätigkeit oder Organisation, durch Zufall oder krankhafte Anlage, widernatürlich verändert worden war, so viel als möglich ihrem ursprünglichen und natürlichen Zustand wiederum genähert werden. Ich werde dabey annehmen, daß der ganze Körper sowohl als dessen einzelne Theile von Krankheit frey seyn. Denn alle Kraftäußerungen, welche dahin abzielen, den natürlichen Zustand der Theile wieder herzustellen, verdienen heilsam genennt zu werden, und hier sind alle thierische Kräfte lediglich darauf gerichtet, den Schaden und Verlust, der durch die Krankheitsursache und deren unmittelbare Folgen, die Entzündung, Eiterung und Verschwärung, veranlaßt worden ist, wieder zu ersetzen; und eben darum kann man dergleichen Vorkehrungen gewiß nicht als krankhaft ansehen.

Wenn die Natur mit den Veranstaltungen zur Wiederherstellung der Theile bis zur Eitererzeugung gekommen ist, so sucht sie nunmehr unmittelbar den Proceß einzuleiten, der in der Ordnung der nächste ist; ich meyne die Erzeugung neuer Substanz auf solchen Oberflächen, die an und für sich derselben fähig sind, d. i. wo eine Trennung des Zusammenhangs in festen Theilen statt gefunden hat. Die Erzeugung des jungen Fleisches folgt unmittelbar auf den Eintritt der Eiterung, und geht mit derselben gleichmäßig fort. Man nennt diese Erscheinung die Granulation oder Ausfüllung der Wunde, oder des Geschwürs; und die dabey gebildete Substanz wird mit dem Namen des jungen Fleisches, oder, weil sie sich meistens unter dieser Gestalt zeigt, der Fleischwärzchen, bezeichnet.

Man hat, wie es scheint, insgemein angenommen, daß die Erzeugung der körnigen Substanz jederzeit nur eine Folge oder Gefährtin der Eiterung sey. Allein es schränkt sich diese Erscheinung nicht blos auf solche Trennungen des Zusammenhanges in festen Theilen ein, wo eine Eiterung statt finden konnte, z. B. eiternde Wunden oder geöfnete Abscesse, sondern sie findet auch noch unter andern Umständen statt, wo auf dem ersten und zweyten Wege die Vereinigung nicht erfolgte, z. B. bey einfachen Knochenbrüchen, wie ich nachher zeigen werde.

Eiterung entsteht, wie ich oben bemerkt habe, als Folge einer den festen Theilen zugefügten Verletzung, wodurch sie auf einige Zeit gehindert werden, ihren natürlichen Bestimmungen Genüge zu leisten. Es ist ferner im vorhergehenden gezeigt worden, daß es keinen Unterschied macht, ob durch jene Verletzungen die Theile entblößt worden sind, wie bey zufälligen äußerlichen Beschädigungen, Wunden, u. dergl., oder ob, wie bey Abscessen, keine Entblößung erfolgt ist. Endlich bemerkte ich auch noch oben, daß zur Eitererzeugung nicht gerade allemal eine Trennung des Zusammenhangs in festen Theilen erfoderlich sey, sondern daß alle absondernde Oberflächen auch zur Absonderung des Eiters geschickt seyn. *) Mit der Granulation scheint es eine andre Bewandniß zu haben, denn ich zweifle, ob sie je als Folge der Eiterung in innern Kanälen bemerkt wird, es müßte denn seyn, daß die Oberfläche des Kanals eine Trennung ihres Zusammenhanges erlitten hätte. Dann aber wäre es auch nicht mehr die natürliche Oberfläche, wo die Granulation statt findet, sondern die Zellhaut ꝛc. und dann würde sich auch der Fall von einer gewöhnlichen Wunde in andern Theilen nicht unterscheiden.

Wunden, die man absichtlich offen erhält, erzeugen nicht eher neues Fleisch, bis die Entzündung vorüber, und die Eiterung eingetreten ist. Die suppurative

---

*) Gegen diese Behauptung habe ich an einem andern Orte schon einige Erinnerungen beygebracht. H.

Entzündung scheint als nothwendiges Vorbereitungsmittel, die Gefäße zur Granulation geschickt zu machen; denn sie tritt bey Wunden unter den vorerwähnten Umständen allemal ohne Ausnahme ein.

Geht man nun von der Voraussetzung aus, daß unter den gedachten Umständen die suppurative Entzündung jedesmal erfoderlich ist, um den Gefäßen die zur Erzeugung neuer Substanz erfoderliche Anlage mitzutheilen; so sieht man auf den ersten Blick, daß eben dieselbe Entzündung in allen Fällen auf die nämliche Art wirkt, sie mag nun von freyen Stücken in einer Wunde entstanden, oder durch Zerreißung, Absterben eines Theils, Quetschung, Aezmittel, mit einem Wort, durch irgend eine Kraft hervorgebracht seyn, durch welche die Hölungen in der Zellhaut, oder innre Oberflächen zerstört oder entblößt werden, so daß sie ihre natürlichen Verrichtungen nicht länger fortsetzen können.

Es geschieht selten oder niemals, daß sich auf der innern Oberfläche eines Abscesses Granulationen bilden, ehe er entweder von selbst aufgebrochen, oder nach den Regeln der Kunst geöfnet worden ist. Daher findet man in einem frisch geöfneten Abscesse, selbst wenn er schon alt ist, selten oder niemals Granulationen. Nach der Oefnung zeigt gewöhnlich die eine Seite mehr Anlage Granulationen zu erzeugen, als die übrigen, und zwar diejenige, die dem Mittelpunkt des Körpers am nächsten liegt. Die nach der Haut zu gelegene Oberfläche, besitzt wohl nie eine Anlage neue Substanz anzusetzen, sie äußert ihre Thätigkeit vor der Oefnung des

Abscesses

Abscesses durch die Ulceration, die ganz das Widerspiel der Eiterung und Reproduction ist, und nach der Oefnung hält die Erzeugung neuer Substanz nach diesen Seiten wenigstens immer sehr schwer. Die Entblösung ist zur Erzeugung der Granulation, selbst bey Oberflächen, die durch eine Trennung des Zusammenhangs in den Theilen entstehen, so nöthig, daß ein sehr tief liegender Absceß sich nicht eher gehörig ausfüllt, als bis seine Oberflächen völlig entblößt sind, welches oft die alleinige Ursache ist, warum tiefliegende Abscesse so schwer heilen, und so leicht fistulös werden.

Nach eben der allgemeinen Wahrnehmung, daß sich die Granulation leichter auf der dem Mittelpunkt zunächst gelegenen und von der äußern Oberfläche abgewendeten Seite bilden, hat man auch ihre Tendenz nach außen zu beurtheilen. Die neu erzeugte Substanz äußert jedesmal einen Trieb nach der Haut, und gleicht hierin dem Wachsthum der Pflanzen, welche sich aus der Tiefe nach der Oberfläche der Erde erheben. Da wo ich von der Erhebung der Abscesse nach außen handelte, habe ich dieses Gesetz bereits in Erwähnung gebracht.

I. Ueber die Erzeugung neuer Substanz, in sofern sie von der Eiterung unabhängig ist.

Die Bildung der Granulation ist, wie ich im vorhergehenden behauptet habe, nicht einzig und allein auf eine solche Trennung des Zusammenhangs in festen Theilen eingeschränkt, wo, durch äußere Gewaltthätigkeit, oder durch die Folgen der Eiterung und Ulceration, Theile, welche im natürlichen Zustand bedeckt sind, entblößt werden; sondern sie findet auch da statt, wo inwendig in der Substanz der Theile selbst eine Trennung veranlaßt worden ist, oder wo eigentlich schnelle Vereinigung hätte erfolgen sollen. Oft werden hier die Theile in dieser Operation gestört, und es kommt doch auch nicht bis zur Eiterung als dem gewöhnlichsten Wege zur Granulation. Der erste Fall, der mich auf diesen Gedanken brachte, war ein Mann, der im St. Georgenhospital starb.

Im Januar 1777 brach ein Mann von ohngefähr 50 Jahren durch einen Fall seinen Schenkelknochen fast quer durch, etwa 6 Zoll über dem Knie. Er wurde im St. Georgenhospital aufgenommen, der Bruch eingerichtet und das Bein geschient. Die Vereinigung der beyden Knochenenden schien nicht in der gewöhnlichen Zeit erfolgen zu wollen; der Kranke bekam Brustbeschwerden, welchen er schon zuvor unterworfen gewesen war, und starb zwischen der dritten und vierten Woche nach dem Fall.

Als man nach dem Tode die Theile untersuchte, fand sich in den die zerbrochenen Knochen umgebenden weichen Theilen, wenig oder gar nichts durch Entzündung verändert; ausgenommen dicht an den Knochen, wo die adhäsive Entzündung, obwohl nur in geringern Grade, eingetreten war.

Die Knochenenden hatten sich sehr beträchtlich, nämlich fast drey Zoll weit, über einander verschoben.

In der Hölung innerhalb der weichen Theile, die eine Folge der, durch das Uebereinanderschieben der Knochenenden bewirkten Zerreißung war, fand man die Seitenwände durch die adhäsive Entzündung verdickt und ganz fest, obgleich nicht so fest, als bey mehrerer Anlage zur Entzündung der Fall gewesen seyn würde, auch waren einige Stellen verknöchert. In der Hölung fand man fast gar kein extravasirtes Blut oder coagulable Lymphe, ausgenommen einige dünne fadenähnliche Streifen, die ganz locker verwachsen, und augenscheinlich ein Ueberbleibsel von extravasirtem Blute waren.

Aus den angeführten Umständen erhellet, daß dieser Hölung ihr erstes Vereinigungsmittel, nämlich das aus den zerrißenen Gefäßen ausgetretene Blut entzogen worden war, und daß das zweyte, nämlich die bey der adhäsiven Entzündung erfolgende Ausschwitzung gerinnbarer Lymphe, wahrscheinlich nie statt gefunden hatte. Demohngeachtet hatte sich, wie ich bereits bemerkt habe, in den umliegenden weichen Theilen ein Bestreben zur Vereinigung gezeigt, wie der Anfang der adhäsiven und knochenerzeugenden Entzündung bewies, dergestalt, daß sich daselbst mit der Zeit eine knöcherne Scheide gebildet und die Knochenenden vereiniget haben würden. *) Da aber die beyden ge-

*) Ich sollte meynen, man hätte eher aus den Erscheinungen schließen können, daß die Ausschwitzung koagulabler Lymphe allerdings, aber nur nicht da, wo sie eigentlich

wöhnlichen Arten der Vereinigung wegfielen, so veranstaltete die Natur eine dritte.

Auf den Bruchflächen der beiden Knochenenden, und an einigen Stellen der äußern Oberfläche derselben, so wie auch auf der nach innen dem Knochen zunächst gelegenen Oberfläche der weichen Theile, hatte sich junges Fleisch, Granulationen ähnlich, angesezt. Diese Substanz hatte die holen Knochenenden ausgefüllt, und sich nach außen über die natürliche Peripherie des Knochens hervorgedrängt, so daß sie an manchen Stellen, wo sie die umliegenden Theile berührte, mit denselben verwachsen war. Eine ähnliche Erscheinung wie hier hatte ich schon öfters in Gelenken, so wohl an den Enden der Knochen, als an der innern Seite des Kapselbandes beobachtet, aber nie gewußt, was es eigentlich damit für eine Bewandniß habe. Man sieht hieraus, daß auch ohne Entblößung Granulationen entstehen können, und wirklich entstehen. Ich vermuthete längst so etwas bey der Vereinigung der gebrochnen Kniescheibe, und gegenwärtiger Fall bestätigt mich in meiner Meinung. *)

Diese Beobachtung lehrt also; daß die Granulation oder die Erzeugung neuer Substanz und die dadurch

---

sollte, sondern an den, den Knochen umgebenden Flächen der weichen Theile erfolgt seyn müßte. H.

*) Die Bruchstücke der Kniescheibe, werden, wenn es nicht gelingt, sie mit einander in Berührung zu bringen, durch eine zwischen ihnen gebildete flechsige Substanz vereinigt.

bewirkte Vereinigung, von Extravasation und adhäsiver Entzündung unabhängig, und mithin in ihren Wirkungen ausgebreiteter ist, als man ehedem geglaubt hatte; daß dieselbe in allen Fällen *) erst dann statt findet, wenn die erste oder zweyte Art der Vereinigung wegfällt (welches in der That nur selten geschieht, wenn nicht eine Entblößung dabey ist,) und daß es mithin keinen Unterschied macht, ob das Bindungsmittel, das die erste oder zweyte Art der Vereinigung bewirken soll, durch eine Oefnung nach außen abfließt, wie bey complicirten Knochenbrüchen, oder ob es seine Lebenskraft verliert, wie in dem eben erzählten Falle, oder meiner Vermuthung zufolge, beym Kniescheibenbruch, wovon die Folge ist, daß die absorbirenden Gefäße das Bindungsmittel gleich einem fremdartigen Körper aufnehmen.

II. Ueber die Natur und Eigenschaften der Granulationen.

Diese neu erzeugte Substanz oder die Granulationen, bestehen in der Ansetzung einer thierischen Ma-

---

*) Der Ausdruck, in allen Fällen, widerspricht der Erfahrung und dem im Eingang dieses Absatzes abgelegten Geständniß des Verf., daß Eiterung der gewöhnlichste Weg zur Granulation sey. Ueberhaupt setzt doch jede Erzeugung neuer Substanz Extravasation, oder, wenn man lieber will, Ausschwitzung oder Secretion einer gerinnbaren und bildsamen Flüssigkeit voraus: nur die Bedingungen oder äußere Umstände dieser Secretion sind sich nicht überall gleich. H.

terie auf verwundeten oder entblößten Oberflächen. Sie werden durch die aus den Gefäßen ausschwitzende gerinnbare Lymphe gebildet, und es verlängern sich nicht nur die alten Gefäße und senken sich in diese neue Masse ein, sondern es werden auch ganz neue Gefäße in derselben erzeugt, so daß dergleichen Granulationen voller Gefäße sind, und wirklich keine andre thierische Substanz ihnen in diesem Stücke gleich kommt. Die Wahrheit dieser Beobachtung kann man alle Tage an Geschwüren bestätigt finden. Ich habe oft Gelegenheit gehabt, das Wachsthum dieser neuen Substanz und ihrer Gefäße zu verfolgen. Oft bemerkte ich auf der Oberfläche eines Geschwürs eine weiße Substanz, die der gerinnbaren Lymphe dem äußern Ansehen nach vollkommen ähnlich war; ich machte keinen Versuch sie abzuwischen, und den nächsten Tag beym Verbande war sie schon voller Gefäße, und blutete stark, wenn man daran wischte, oder sie mit einer Sonde berührte. Die nämliche Erscheinung habe ich auch auf der Oberfläche entblößter Knochen beobachtet. Ich beschabte einmal die äußere Oberfläche eines Knochens am Fuße, um zu sehen, ob sich Granulationen auf derselben bilden würden. Den Tag darauf war dieselbe mit einer weislichen etwas ins blaue fallenden Substanz bedeckt, und ich fühlte, wenn ich sie mit der Sonde berührte, nicht den entblößten Knochen selbst, sondern nur den Widerstand dieser Materie. Ich hielt dieselbe für gerinnbare Lymphe, und glaubte, daß die Entzündung zu der Ausschwitzung derselben Gelegenheit gegeben habe, und daß sie würde losgestoßen werden, sobald die Eiterung einträte. Allein den nächstfolgenden Tag fand ich sie vasculös, und ihr Ansehen so wie das von gesunden Granulationen.

Die Gefäße in den Granulationen erheben sich aus den ursprünglichen Theilen, welche Producte der ersten Formation sind, und fügen sich in die Basis der Granulationen ein, von wo aus sie ziemlich regelmäßig, einander parallel nach der äußern Oberfläche gehen, und sich daselbst zu endigen scheinen.

Die Oberfläche dieser neuen Substanz behält noch die Anlage Eiter abzusondern, welche die Theile hatten, aus welchen sie entsprungen ist. Man hat mithin Grund anzunehmen, daß, durch die Erzeugung der Granulationen selbst, die natürliche Beschaffenheit der Gefäße nicht verändert werde, sondern daß diese Veränderung jener neuen Bildung vorangehe, und die Ursache derselben werde.

Die Oberfläche der Granulationen ist sehr gewölbt, wovon bey der Ulceration das Gegentheil statt findet. Die neue Substanz besteht aus einer Menge kleiner Erhabenheiten oder Wärzchen, und hat daher ein unebnes Ansehen. Je kleiner diese Wärzchen sind, desto besser und vollkommner ist die Granulation.

Gesundes junges Fleisch hat eine hochrothe Farbe, und man könnte dadurch auf die Vermuthung kommen, daß diese Farbe von arteriösem Blute herrühre. *)

---

*) Ich muthmaßte ehedem, daß vielleicht die Luft auf das in den Gefäßen umlaufende Blut einigen Einfluß haben

Allein sie ist blos ein Beweis und Folge des schnellen Umlaufs, welcher dem Blute nicht Zeit läßt, sich dunkler zu färben.

Eine blaulichrothe Farbe der Granulationen, zeigt insgemein eine ungesunde Beschaffenheit und einen trägen Blutumlauf in denselben an. Oft liegt dieses bey Abscessen an den Extremitäten, an der Lage des Körpers, welches in nachstehendem Falle augenscheinlich so war.

Ein starker und gesunder junger Mann hatte eine beträchtliche Zerreißung am Schenkel erlitten, woraus ein großes Geschwür entstanden war. Während der Heilung fand ich die Oberfläche desselben bald einige Tage hellroth, bald wieder an andern Tage purpurroth. Als ich meine Verwunderung darüber bezeugte, und mich erkundigte, was wohl die Ursache dieser Erscheinung seyn möchte, erfuhr ich, daß, wenn er einige Minuten aufrecht stünde, jene Verdunklung der Farbe allemal bemerklich würde. Ich fand dieses wirklich so als ich ihn aufstehen lies. Es erhellet hieraus, daß die neuerzeugten Gefäße nicht stark genug sind, das vermehrte Gewicht der in dieser Stellung auf sie drükkenden Blutsäule zu ertragen, und mit der gehörigen Kraft auf dieselbe zu wirken. Eine Stockung des Blutes ist nothwendig die Folge davon, und diese ist

---

könnte. Allein da ich bemerkte, daß bey Schenkelgeschwüren die Granulationen ihre hochrothe Farbe verlieren, wenn der Patient aufgerichtet steht, so gab ich diese Vermuthung wieder auf.

hinreichend, die Veränderung der Farbe zu bewirken, welche aller Wahrscheinlichkeit nach sowohl in den Venen als in Arterien statt findet.

Dergleichen Geschwüre heilen nie so schnell als andre, wozu entweder die Stellung und Lage des Körpers, oder die natürliche Beschaffenheit des Geschwürs selbst Gelegenheit giebt; doch geschieht es noch häufiger in Fällen, wie der lezterwähnte war. Da die Stellung des Körpers eine solche Wirkung hervorbringen kann, so sieht man hieraus, warum Geschwüre an den Schenkeln in der Heilung rückwärts gehen, wenn man den Patienten erlaubt zu stehen oder herumzugehen.

Gutartige Granulationen, die sich auf einer entblößten und flachen Stelle bilden, erheben sich fast eben so hoch und zuweilen noch etwas höher als die umliegende Haut. So lange sie in diesem Zustande bleiben, haben sie allezeit eine hochrothe Farbe; wenn sie sich aber noch mehr erheben, und dabey eine Anlage zeigen, immer fort zu wachsen, so bekommen sie ein ungesundes Ansehen, und werden weich und schwammig, ohne sich mit einer Narbe zu überziehen. Die neuerzeugte Masse hat allemal dieselbe natürliche Beschaffenheit, und äußert eben die Art von Thätigkeit, als die Theile, auf welchen sie sich gebildet hatte. Waren die Theile krankhaft, so sind es auch die Granulationen, und war die Krankheit derselben von einer eigenthümlichen Art, so hat die neuerzeugte Substanz auch eine eigenthümliche Beschaffenheit, und giebt eigenthümlich geartetes Eiter, wie ich schon im vorigen erwähnt habe.

Die Granulationen haben, wenn sie gutartig sind, eine Neigung, sich mit einander zu vereinigen, wodurch der wichtige Zweck, die Vereinigung der getrennten Theile, erreicht werden soll. Es ist bey dieser Erscheinung etwas, das mit der schnellen Heilung, oder auch mit der adhäsiven Entzündung, einige Aehnlichkeit hat obgleich die Vereinigung hier vielleicht durch andre Mittel geschieht.

Die Granulationen fangen an sich zu vereinigen, sobald sie mit einander in Berührung kommen, ohne daß man irgend einen thierischen Stoff als Bindungsmittel zwischen ihnen annehmen könnte. Vielleicht geschieht dieses auf folgende Art: Wenn zwey solche Fleischwärzchen von gesunder und gutartiger Beschaffenheit sich einander nähern, dergestalt, daß die absondernden Gefäße des einen mit ihren Mündungen die Mündungen der absondernden Gefäße des andern berühren, so wird durch diesen gegenseitigen Reiz ihre Thätigkeit erregt; es findet eine mitleidenschaftliche Anziehung zwischen ihnen statt, und da es feste Theile sind, so wird durch diese Anziehung eine Cohäsion bewirkt, für welche man die Benennung Inosculation oder Anastomosis gewählt hat. Anstatt der vorherigen Absonderung findet nun in den so vereinigten Gefäßen ein Umlauf der Säfte statt. Diese Vereinigung kann vielleicht auch so geschehen, daß die zum Umlauf der Säfte bestimmten Gefäße, sich auf der Oberfläche der neuerzeugten Fleischwärzchen öfnen, und sich daselbst mit einander vereinigen, so daß aus zwey einander mit ihren Mündungen berührenden Gefäßen ein einziges wird. Vielleicht schwitzen auch die Gefäße gerinnbare Lymphe aus, wenn sie mit einander in Berührung kommen, und erhalten eine Anlage sich zu vereinigen; oder es bilden sich in der ausgeschwitzten Lymphe neue Gefäße, mit welchen sich die Gefäße der Granulationen vereinigen, so wie dieses bey der schnellen Vereinigung und bey der adhäsiven Entzündung zu geschehen pflegt.

Ich habe gesehen, daß nach der Trepanation die neue Substanz, welche aus der Hirnhaut kam, sich mit der, welche sich zwischen den getrennten äußern Bedekkungen gebildet hatte, binnen 24 Stunden so fest vereinigte, daß beyde nur mit einiger Gewalt von einander, und von den Knochen getrennt werden konnten, und bey der Trennung bluteten.

Auf der innern Fläche der über einem Absceß oder an einem Geschwür liegenden äußern Haut hält nicht allein, wie ich bereits erinnert habe, die Bildung der neuen Substanz schwerer, sondern sie vereinigt sich auch nicht so leicht mit dem von unten heraus nachwachsenden jungen Fleische. Beydes scheint sich am Ende darauf zu beziehen, daß, nach einem natürlichen Gesetze, welches im krankhaften Zustand eintritt, die Oefnung eines Geschwürs, welche selten von einer so widernatürlichen Beschaffenheit ist, als die tiefer gelegenen Theile, die nämliche krankhafte Veränderung als diese anzunehmen sucht. Wenn man daher die Haut über einem Abscesse so dünn als möglich werden läßt, ehe man ihn öfnet, so hält die natürliche Veränderung, in der gesunden Haut und in den kranken Theilen selbst, einen gleichern Schritt, und es entstehen nicht so leicht fistulöse Gänge.

Wenn die Theile, und mithin auch die auf ihnen erzeugten Granulationen, von ungesunder Beschaffenheit sind, so fehlt diesen auch die Anlage zur Vereinigung. Die Oberfläche ist glatt, und hat etwas ähnliches mit gewissen natürlichen Oberflächen in innern Theilen des Körpers, welche nie Granulationen bilden. Es wird immerfort eine Flüssigkeit abgesondert, die der Art des Geschwürs, in welchem sie sich findet, angemessen ist, dasselbe schlüpfrig erhält, und auch mit dazu beyträgt, die Vereinigung der Granulationen zu hindern. So glaube ich, daß z. B. die innre Oberfläche eines Hohlgeschwürs der innern Fläche der Harnröhre im sogenannten Nachtripper ähnlich ist. In dergleichen Geschwüren haben die Granulationen gar keine Anlage zur Vereinigung, welche hier durch kein anderes Mittel bewirkt werden kann, als wenn eine beträchtliche Entzündung, oder auch selbst Ulceration erregt wird, so daß sich neue Granulationen erzeugen, und hierdurch eine gänzliche Umänderung der Anlage, ein Uebergang in den gesunden Zustand bewirkt wird.

Die Granulationen haben weniger selbstständige Kraft als Theile, die Produkte der ersten Bildung sind. Sie gleichen in diesem Stücke allen neu erzeugten Theilen, und erleiden aus dem Grunde so leicht ein Verderbniß. Sie gehen leichter in Ulceration und Brand über, und die Leichtigkeit, mit der sie die erstere erleiden, macht, daß sich ein brandiger Schorf leichter von ihnen losreißt.

Aus der Beschaffenheit der Granulationen läßt sich nicht blos der Zustand des Theils, in dem sie sich erzeugen, oder ihr eigner Zustand erkennen, sondern man sieht daraus auch, ob irgend ein allgemeiner krankhafter Zustand im Körper herrscht. Trägheit und übermäßige Reizbarkeit der Faser sind diejenigen Fehler des allgemeinen Gesundheitszustandes, welche hauptsächlich Einfluß auf die Bildung der Granulationen haben. Insbesondre gilt dies auch von den Fiebern, durch welche eine allgemeine Reizung im ganzen Körper hervorgebracht wird.

Das ungesunde Ansehen der Granulationen zeigt den jedesmaligen Grad der thierischen Kräfte an, welchen man an den ursprünglichen Theilen nicht so deutlich sieht. Man erkennt hieraus, daß das Maas der natürlichen Kräfte in jenen geringer als in diesen ist.

III. Ueber die Fortdauer der Granulationen.

Die Granulationen vollbringen nicht nnr die natürlichen oder gewöhnlichen Verrichtungen des Theils, dem sie angehören, mit geringern Nachdruck, sondern ihre Fortdauer als lebendige Bestandtheile des Körpers, scheint auch oft nur auf gewisse Periodeu eingeschränkt zu seyn, die weit kürzer sind, als das Leben des Theils, in dem sie sich erzeugt hatten. Vorzüglich ist dieses an den Extremitäten bemerklich. Indessen scheint es, daß, wenn nur die neu erzeugte Substanz den ganzen zu ihrer Bildung nöthigen Proceß ungehindert hat beendigen, und eine feste Narbe bilden können, ihre Fortdauer sodann weniger eingeschränkt sey, und daß sie wahrscheinlich in diesem Falle von Zeit zu Zeit mehr neues Leben und Beständigkeit bekommt. Während der Granulation selbst aber erfolgt oft ohne sichtbare Ursache ein Absterben der erst gebildeten Theile. Eine Person hat z. B. ein Geschwür am Schenkel; es füllt sich dasselbe ganz leicht aus, die junge Masse hat ein gesundes Ansehen, die Haut bildet rings umher einen Rand, und alles verspricht mit einem Worte einen günstigen Ausgang. Auf einmal werden die Granulationen misfärbig, sterben ab, und bilden sogleich einen brandigen Schorf. Zuweilen kommt noch eine Ulceration dazu, und beyde zusammen, diese und der Brand, zerstören nun die Granulationen. Wenn eine vollständige Ulceration eintritt, so hat dieses wahrscheinlich die nämliche Veranlassung. Es bilden sich unmittelbar darauf neue Granulationen, die wiederum dasselbe Schicksal haben. Dies geschieht oft drey oder viermal hintereinander bey einer und derselben Person, und würde wahrscheinlich kein Ende nehmen, wenn nicht in der natürlichen Beschaffenheit der Theile eine Veränderung vorgienge. Die verschiedne Dauer der Granulationen bey verschiednen Subjekten, hat etwas ähnliches mit der verschiednen Lebensdauer bey den Thieren.

Bey Granulationen von so geringer Beständigkeit, habe ich verschiedne, sowohl örtliche als allgemeine Heilmethoden versucht, um ihnen eine längere Fortdauer zu verschaffen; aber umsonst.

Nach dem, was ich von der Eiterung und Granulation gesagt habe, möchte es scheinen, als ob beyde, in Wunden, welche nicht durch die schnelle Vereinigung haben heilen können, nothwendig allemal eintreten müßten, ehe eine Vereinigung und Vernarbung möglich ist. Ob dieses nun gleich meistens der Fall ist, so findet doch bey kleinen Wunden, z. B. wenn die Haut stark gereizt, oder ein Stück derselben losgestoßen ist, eine Ausnahme statt; das Blut bildet, wenn man es auf der Wunde gerinnen läßt, einen Grind; wenn dieser liegen bleibt, so vereinigt sich die Wunde durch die adhäsive Entzündung, und es erzeugt sich neue Haut, ohne daß Eiterung eintritt. Bey der Anwendung eines gelinden Aezmittels erfolgt das nämliche, wenn man den Schorf trocken werden läßt. Ist dieses geschehen, so fällt der Grind ab, und die Theile sind mit neuer Haut überzogen; wenn man aber das Blut nicht gerinnen und troknen läßt, oder den Schorf feucht erhält, so eitert die Wunde und bildet Granulationen.

Selbst bey kleinen, vollkommen gutartigen, und gehörig eiternden Geschwüren bemerkt man, wenn das Eiter auf ihnen eintrocknet, daß die Eiterung still steht, und daß sich unter dem Grind neue Haut erzeugt. Ein sehr auffallender Beweis hievon sind die Pocken, wie ich an einem andern Orte ausführlich bemerkt habe.

Wenn man bey einer durch spanische Fliegen gezognen Blase das Häutchen derselben nicht wegnimmt, so läßt dieses, eben so wie ein Grind, keine Eiterung zu Stande kommen; wird bey einer solchen Trennung der Haut vom Oberhäutchen lezteres nicht weggenommen, so sammelt sich nichts an, sondern es bildet sich ein neues Oberhäutchen. Nimmt man aber die Oberhaut weg, so tritt ein höherer Grad der Entzündung ein, und die Eiterung erfolgt unausbleiblich.

IV. Ueber die Zusammenziehung der Granulationen.

Gleich nach dem sich die Granulationen gebildet haben, fängt nach einer Trennung ihres Zusammenhangs auch die Vernarbung an sichtbar zu werden. Die Theile, die vermöge ihrer natürlichen Elasticität und vermuthlich auch vermöge der Zusammenziehung der Muskeln, von einander gewichen waren, fangen nunmehr an, sich durch diese neu erzeugte Masse wieder zu vereinigen, und, wenn diese die erforderlichen Eigenschaften hat, sich auch bald zusammenzuziehen, welches ein Zeichen der nahe bevorstehenden Vernarbung ist. Diese Zusammenziehung findet zwar in allen Punkten der Wunde, vorzüglich aber doch an den Rändern derselben statt, dergestalt daß die leztern sich dem Mittelpunkt immer mehr nähern, und daß die Wunde selbst immer kleiner wird, ob sich gleich wenig oder gar keine neue Haut bildet.

Dieses Contractionsvermögen steht in gewissem Verhältniß mit der Anlage zur Heilung, die überhaupt bey der Verletzung statt findet, so wie auch mit dem Grade der Spannung in dem Theile, wo sich die Granulationen gebildet haben. Denn wenn sich keine neue Haut erzeugen will, so ziehen sich auch die Granulationen nicht so leicht zusammen, und daher sind wahrscheinlich beyde, die Zusammenziehung und die Erzeugung der Haut, Wirkungen einer und derselben Ursache.

Wenn

Wenn ferner die Oberfläche, wo sich die Granulationen gebildet haben, sehr fest ist, welches die Folge einer Entzündung zu seyn pflegt, so wird auch hiedurch die Zusammenziehung verzögert. Es hängt jedoch dieses nicht von einem mechanischen Gesetz ab, wie man beym ersten Anblick vermuthen sollte. Denn es wird zwar durch den gedachten Zustand die Anlage der Theile zur Zusammenziehung in etwas gemindert, jener Zustand selbst aber ändert sich mit jedem Tage in eben dem Verhältniß in welchem die Geschwulst sich sezt. *) Auch mechanische Ursachen können die Zusammenziehung der Granulationen verzögern, wenn sie sich an Theilen erzeugen, die von Natur fest, und zum Nachgeben nicht geschickt sind, z. B. auf den Knochen der Hirnschaale, dem Schienbein u. s. w. **)

Wenn durch einen beträchtlichen Substanzverlust eine tief ausgehöhlte Wunde veranlaßt worden ist, und nunmehr die Ränder derselben sich stark zusammenzuziehen anfangen, so senken sich die Hautränder, ehe sich noch

*) Ich muß gestehen, daß ich den Zusammenhang dieses Beweisgrundes mit dem was bewiesen werden soll, nicht einsehe; wohl aber begreife, daß der Zustand unverhältnißmäßiger Reizung, in welchem sich die umliegenden entzündeten Theile befinden, dem ruhigen Fortgang der Granulation und der Vernarbung hinderlich seyn muß. H.

**) Diese Beobachtung begründet die Regel, bey Operationen an solchen Theilen so viel Haut zu sparen als nur immer möglich ist.

die Granulationen bis zu einerley Höhe mit der Haut erheben können, in die Hölung des Geschwürs ein, und legen sich an die Seitentheile desselben an.

Hat die Hölung oder der Abscess in welchem sich neue Masse erzeugt, nur einen kleinen Ausweg, z. B. wenn die Oefnung nicht groß genug gemacht worden ist, so zieht sich die ganze innre Oberfläche desselben, wie die Urinblase zusammen, bis nur wenig oder gar kein leerer Raum mehr übrig ist, und das, was noch unausgefüllt bleibt wenn sich die Hölung nicht weiter zusammenziehen kann, vereinigt sich durch die einander gegenseitig berührenden Granulationen auf die eben beschriebne Weise.

Diese Zusammenziehung der Granulationen dauert fort, bis alles verheilt und mit Haut überzogen ist; doch ist sie anfangs am stärksten, oder äußert sich wenigstens da am merklichsten. Eine Ursache davon mag wohl die seyn, daß im Anfange der Zusammenziehung die umliegenden Theile noch den wenigsten Widerstand leisten.

Man kann das Contractionsvermögen durch die Kunst unterstützen, und es ist dieses ein abermaliger Beweis, daß ein Widerstand dabey zu überwinden ist. Gewöhnlich sucht man es durch Bandagen zu bewirken, vermittelst deren man die Haut nach dem in der Heilung stehenden Geschwür hin zusammenzieht, drückt und fest erhält. Allein man hat diese Nachhülfe gar nicht, oder wenigstens nicht eher nöthig, als bis sich schon Granulationen gebildet haben, und die zusammenziehende Kraft wirksam geworden ist. Indessen ist es keinesweges schädlich es vom ersten Anfang an zu thun, vielmehr werden dadurch die Theile ihrer natürlichen Lage näher gebracht, und können dann leichter durch die adhäsive Entzündung in derselben erhalten werden, so daß sie nachher nicht wieder zurückweichen, und es des Contractionsvermögens der Granulationen weniger bedarf.

Außer dem Vermögen sich zusammenzuziehen, welches den Granulationen eigen ist, findet noch in dem Umkreise der vernarbenden Haut ein ähnliches Bestreben statt, welches jene Zusammenziehung unterstützt, und gemeiniglich noch stärker ist als sie, indem sich dadurch die Oefnung der Wunde wie ein Beutel zusammenschnürt, dergestalt daß das junge Fleisch, wenn es sich über die Oberfläche erhebt, oft durch die zusammengezogne Haut eingeklemmt wird. Man sieht dieses sehr deutlich, wenn der Stumpf eines abgenommenen Gliedes spitzig wird, so daß sich die Haut oberhalb des hervorspringenden Theils des Stumpfes zusammenzieht.

Dieses Contractionsvermögen der Haut schränkt sich vorzüglich auf den schon vernarbenden Rand der getrennten Theile, oder auf die bereits vernarbten Granulationen ein. Die jenen Rand umgebende alte Haut zieht sich gar nicht, oder wenigstens nicht ganz so stark zusammen, wie die Falten und Runzeln derselben beweisen; da im Gegentheil die junge Haut glatt und glänzend ist. Aus dem Grunde brauchen auch runde Wunden längere Zeit zu ihrer Heilung als lange, weil die Wände einer länglichen Vertiefung, durch die Granulationen und die sich zusammenziehenden Hautränder, leichter mit einander in Berührung gebracht werden können, als der Umkreis einer zirkelförmigen Verletzung, der nicht bis auf einen einzigen Punkt zusammengezogen werden kann.

Ob diese Zusammenziehung der Granulationen von einer gegenseitigen Annäherung aller Theile durch ihre Muskelkraft abhänge, so wie z. B. ein Wurm kleiner wird wenn er sich zusammenzieht; oder ob vielmehr, ohne Mitwirkung eines Muskelvermögens, Theilchen absorbirt werden, und dadurch leere Zwischenräume entstehen, deren Seitenwände nachher zusammenfallen; ist noch nicht ausgemacht: vielleicht kann beides geschehen.

Der Nutzen dieser Zusammenziehung der neuerzeugten Theile ist mannichfaltig. Es wird dadurch die Heilung der Wunde erleichtert, und ein andrer wichtiger Proceß, die Erzeugung frischer Haut, tritt mit derselben zugleicher Zeit ein. Jene Zusammenziehung macht, daß sich weniger neue Haut zu erzeugen braucht, welches man bey allen heilenden Verletzungen sieht, vorzüglich, wenn die Theile übrigens gesund sind.

Bey der Amputation des Schenkels, (der gewöhnlich sieben, acht oder mehr Zoll im Durchmesser hat,) ist die Wunde gleich nach der Operation von dem nämlichen Umfang, weil hier die Oberfläche derselben nicht, wie es bey Wunden in einer Ebne der Fall ist, durch die sich zurückziehende Haut vergrößert wird. Demohngeachtet hat die zulezt übrig bleibende Narbe nur die Größe eines Guldens. Dieses ist der zusammenziehenden Kraft der Granulationen zuzuschreiben, wodurch die Haut ihre ehemalige Ausdehnung wieder erhält. *) Der Nutzen hievon fällt sehr leicht in die Augen: es verhält sich mit der Haut wie mit allen übrigen Theilen des Körpers, das ist, die alten, vom Anfang her dagewesenen Theile sind zu den Entzwecken des Lebens tauglicher als die neuerzeugten, und werden nicht so leicht von der Ulceration ergriffen.

Wenn sich nun alles mit Haut überzogen hat, so bemerkt man, daß die Masse, die von den Granulationen, aus welchen die junge Haut entstand, noch übrig ist, sich noch fernerhin zusammenzieht, so lange bis fast nichts mehr davon übrig bleibt, als das was die junge Haut bedeckt. Es ist dieses nur ein sehr kleiner Theil in Vergleichung mit der Masse der Granulationen, die sich im Anfange gebildet hatten, auch verliert derselbe mit der Zeit viele von seinen sichtbaren Gefäßen, wird weis und bekommt eine ligamentöse Consistenz. Auch bemerkt man, daß die Narben aller frisch geheilten Wunden eine röthere Farbe haben als die übrige Haut, daß sie aber nach und nach um vieles weißer werden.

Indem sich die Granulationen zusammenziehen, dehnt sich die umliegende alte Haut aus, um den von Haut entblößten Theil zu bedecken. In Anfang beträgt diese Ausdehnung wenig mehr, als daß dadurch die Haut wieder in ihre vorige Lage zurückgebracht wird,

*) Der Verf. vergißt hier, daß die Narbe nicht so klein werden würde, und könnte, wenn man nicht durch Heftpflaster u. s. w. die Ränder der gesparten Haut zusammenzöge. H.

aus der sie gleich nach der Verletzung gewichen war; Späterhin aber wird sie beträchtlicher, so daß die alte Haut sich wirklich strecken und verlängern muß. Man kann daher folgende Frage aufwerfen:

Geschieht die Verlängerung der umliegenden Haut bey heilenden Wunden durch wirkliches Wachsthum, oder blos durch Ausdehnung? Ich halte das erste für das wahrscheinlichste, und verhält es sich wirklich so, so könnte man dieses Wachsthum ein Wachsthum durch vermehrte Ausfüllung der Zwischenräume nennen, und es würde damit ohngefähr die Bewandniß haben, wie mit dem stärkern Wachsthum der Ohren bey einigen Nationen. Diese Benennung ist um so passender, da diese Erscheinung gerade das Gegentheil der Ansaugung aus dem Zwischenräumen ist.

Die Verheilung und Ausfüllung der Wunden und Geschwüre, ist unstreitig der nächste Zweck und die nächste Wirkung der Granulationen. Diese scheint jedoch noch andre Wirkungen und Bestimmungen zu haben. Das junge Fleisch hat einen gewissen Einfluß auf den ganzen Körper, ja selbst auf fremdartige Stoffe. So findet man daß ein Hohlgeschwür, oder eine tiefe Wunde, z. B. eine Schußwunde, mit der es bis zur Eiterung und Granulation gekommen ist, einem Auswurfskanal gewissermaßen ähnlich wird, und im stande ist eine wurmförmige Bewegung von innen nach außen zu äußern. So bemerkt man ferner, daß ein fremder Körper der im Grunde eines Geschwürs liegt, stufenweise der Haut näher gebracht, und am Ende ausgestoßen wird, obgleich der Grund des Abscesses oder des

Hohlgeschwürs gleiche Tiefe behält. Dies geschieht nicht durch die sich auf dem Grunde des Abscesses bildenden Granulationen, so daß durch ihr allmäliges Wachsthum der fremde Körper nach und nach in die Höhe gehoben würde, (wie dieses bey der Exfoliation und dem Losstoßen des brandigen gewöhnlich der Fall ist) sondern man findet, daß der fremde Körper auf der Haut zum Vorschein kommt, ohne daß sich auf dem Boden der Wunde Granulationen erzeugt haben. *)

Achtes Kapitel.

Von der Bildung junger Haut auf vernarbenden Wunden und Geschwüren.

Wenn eine Wunde anfängt zu heilen, so wird die umliegende alte Haut, dicht an den Granulationen, (die sich bisher in einem entzündungsartigen Zustande befand, und eine rothe glänzende Oberfläche hatte, so daß es schien als ob sie abgeschält oder roh wäre, nunmehr glatt, und bekommt eine weißliche Schattirung

---

*) Diese letzte Bemerkung hebt offenbar dasjenige wieder auf, was der Verf. gleich vorher behauptet hatte, daß die Granulation etwas zur Entfernuag fremder Körper aus tiefen Wunden und Geschwür beytrage, welches auch in der That gar nicht wahrscheinlich ist. H.

oder einen weißlichen Ueberzug, der nach dem vernarbenden Rande hin immer weißer wird. Ich halte diesen Ueberzug für den Anfang des sich bildenden Oberhäutchens, und für ein eben so frühzeitiges und zuverläßiges Merkmal der nun bald erfolgenden Heilung, als irgend ein andres; dergestalt, daß die Tendenz zur Heilung, die in den Granulationen statt findet, sich auch in der umliegenden Haut offenbart, und daß man mit Sicherheit schließen kann, daß bey einer Wunde, so lange sie noch rings herum einen rothen, einen Viertel- oder halben Zoll breiten Rand hat, noch keine Heilung zu erwarten sey, sondern daß sie sich noch in einem gereizten Zustand befinde.

Die neue Haut ist in Rücksicht ihres Gewebes eine von den Granulationen, auf welchen sie sich bildet sehr verschiedne Substanz; allein es läßt sich nicht so leicht bestimmen, ob sie wirklich neue, über den Granulationen und durch dieselben erzeugte Masse und ein wirklicher Zuwachs sey, oder ob sie blos durch eine Veränderung auf der Oberfläche der Granulationen entstehe. In dem einen wie in dem andern Falle muß jedoch in dem Zustand der Gefäße eine Veränderung vorgehen, wenn in dem einen die Organisation der Granulationen verändert, in dem andern aber neue Theile gebildet werden sollen.

Diese leztere Entstehungsart der neuen Haut, scheint auf den ersten Anblick die mehrste Wahrscheinlichkeit für sich zu haben, weil wir uns die Erzeugung neuer Substanz leichter vorstellen können, als eine solche Umwandlung der alten. Die neue Haut läuft gewöhnlich mit der umliegenden alten in einem Stück fort, und scheint eine Verlängerung derselben zu seyn, doch ist dieses nicht immer der Fall. Bey sehr großen und besonders bey alten Geschwüren, wo die Ränder der umliegenden Haut nur wenig Hang sich zusammenzuziehen haben, wo die darunter liegende Zellhaut nicht so leicht nachgiebt, und die alte Haut selbst zur Ansetzung der neuen nicht sehr geschickt ist; da können auch diese Theile die Anlage zur Vernarbung den zunächst gelegenen Granulationen, durch Mitleidenschaft des Zusammenhangs nicht mittheilen. In solchen Fällen bildet sich die neue Haut an verschiednen Stellen des Geschwürs, und hat das Ansehen kleiner auf der Oberfläche der Granulationen zerstreuter Inseln. In der ersten Zeit wo die Wunde noch roh ist und in solchen Theilen, wo der Trieb der Hauterzeugung sehr stark ist, findet, meines Erachtens, diese Erscheinung nie statt.

Das Nachwachsen der jungen Haut scheint etwas ähnliches mit der Crystallisation zu haben. So wie diese bedarf es eine Oberfläche, an welche sich die neue Haut anlegen kann, und diese Oberfläche scheinen die Ränder der umliegenden Haut darzubieten.

Die Veränderung, welche die Granulationen erleiden wenn sie sich mit Haut überziehen sollen, mag übrigens seyn welche sie will, so kann man doch im allgemeinen so viel mit Bestimmtheit sagen, daß diese Anlage der Oberfläche der angränzenden Granulationen von der umliegenden Haut mitgetheilt wird, gerade so wie die angränzenden Knochentheile den Granulationen, die sich auf ihnen gebildet haben, die Anlage sich zu verknöchern mittheilen. Mitleidenschaft liegt hier wahrscheinlich zum Grunde, und wäre dieses, so würde ich sie die Mitleidenschaft der Angränzung oder des Zusammenhangs (continued sympathy) nennen. Ist aber die alte Haut ungesund und unfähig diese Anlage mitzutheilen, so nehmen die Granulationen sie zuweilen von selbst an. Es scheint, als ob der Umkreis eines Geschwürs durchgängig die mehrste Anlage hiezu habe, selbst da, wo die umliegende Haut diese Anlage nicht unterstützt. Denn in alten Geschwüren schließt sich zuweilen die neue Haut nicht an die alte an, und bildet kein fortlaufendes Ganze mit derselben, und dennoch entsteht innerhalb des Umkreises der alten Haut ein Kreis von neuer, der von jenem ganz getrennt ist.

Das Nachwachsen der jungen Haut ist ein Proceß, bey welchem die Natur jederzeit ohne Ausnahme sehr haushälterisch zu Werke geht. Die Ursache davon mag wohl die seyn, daß die Granulationen immer von eben der natürlichen Beschaffenheit sind als die Theile, auf welchen sie sich erzeugen, und daß die Theile auf welchen sie sich gewöhnlich anzusetzen pflegen, selten auch nur einigermaßen der natürlichen Beschaffenheit der Haut nahe kommen, und mithin auch keine besonders starke Anlage diese Organisation hervorzubringen haben. Diese Bemerkung wird noch wahrscheinlicher dadurch, daß, wenn die Haut nur zum Theil, z. B. durch eine Quetschung oder ein Aezmittel, zerstört ist und die Verletzung nicht ganz bis auf das darunterliegende Zellgewebe gedrungen ist, sich auf den Granulationen sogleich neue Haut ansetzt, welches zuweilen sogleich geschieht, wenn sich der Schorf absondert. Die Ursache davon ist, daß kein Theil ein stärkeres Bestreben hat, neue Haut zu erzeugen als die Haut selbst. In manchen Fällen dieser Art scheint es, als ob diese Erzeugung in allen Punkten der verletzten Stelle zugleich vor sich ginge.

Die junge Haut ist nie von so großen Flächenumfange als die Wunde oder das Geschwür, welches durch sie geschloßen wird. Dies rührt, wie ich bereits bemerkt habe, von dem Contractionsvermögen der Granulationen her, welches um so stärker ist, je mehr von der alten Haut noch übrig ist, und je weniger Widerstand in derselben statt findet.

Betrift die Verletzung einen Theil, dessen Haut faltig ist und mit den darunter liegenden Theilen nicht genau zusammen hängt, z. B. den Hodensack, so wird das Contractionsvermögen der Granulationen durch gar nichts gehindert, und kann sich daher auch vollkommen äußern, so daß nur sehr wenig neue Haut erzeugt wird. Betrift aber die Verletzung einen andern Theil, wo die Haut mehr angespannt ist, z. B. die Kopfbedeckungen oder die Haut über dem Schienbein, ꝛc. so hat die neu erzeugte Haut einen fast eben so großen Flächenumfang als die Verletzung.

Dieses ist nun auch da der Fall, wo die Haut durch eine darunterliegende Geschwulst gespannt ist, z. B. der Hodensack wenn er durch einen Wasserbruch ausgedehnt wird, und das Aezmittel ohne Erfolg angewendet worden ist. Die neu erzeugte Haut nimmt unter diesen Umständen eine eben so große Fläche ein als in andern Theilen. Das nämliche bemerkt man bey der weißen Kniegeschwulst; ist hier, wie durch Anwendung des Aezmittels oft geschieht, ein Geschwür erregt worden, und dieses vernarbt, so hat die neu erzeugte Haut fast eben den Umfang als das Geschwür hatte. Die allgemeine Richtigkeit dieser Bemerkung bestätigt sich auch endlich durch das was man nach der Amputation beobachtet. Je mehr alte Haut hier gespart worden ist, desto kleiner ist die Narbe, und im Gegentheil, jeweniger man diese Sorgfalt beobachtet hat, desto verhältnißmäßig größer ist sie.

Die neue Haut liegt im Anfange insgemein in einerley Ebene mit der alten; und wenn der Substanzverlust nicht beträchtlich war, oder der Sitz des Uebels nicht allzutief lag, so bleibt es auch so. Nur bey Verbrennungen scheint es eine andre Bewandniß zu haben, denn diese bilden bey ihrer Heilung sehr oft eine Narbe die höher ist, als die umliegende Haut, wenn gleich die Granulationen vorher sogar tiefer als sie zu liegen, und von ihr eingeschränkt zu werden schienen. Vielleicht ereignet sich in solchen Fällen nach der Vernarbung ein Anschwellen der neu geformten Substanz.

Zuweilen vernarben auch die Granulationen, die sich über die Oberfläche der Haut erhoben haben, aber dann müssen sie etwas längere Zeit über der Haut stehen, wie es z. B. bey Fontanellen zuweilen der Fall ist. So habe ich einmal beobachtet, wie die Granulationen sich rings um eine Erbse beträchtlich über die Haut erhoben, fast den Umfang eines Achtgroschenstücks einnahmen, und sich über und über mit Haut überzogen, blos die Hölung in welcher die Erbse lag, ausgenommen, dergestalt, daß das ganze das Ansehen einer Geschwulst bekam.

I. Ueber die Beschaffenheit der neuen Haut.

Die junge Haut ist weder so nachgebend noch so elastisch als die alte, und läßt sich nicht so leicht über den Theilen auf welchen sie festsitzt, oder auf welchen sie sich gebildet hat, hin und her schieben. Dieser leztere Umstand rührt daher, daß die junge Haut die Granulationen zu ihrer Grundlage hat, und daß diese durch die adhäsive Entzündung mit den übrigen Theilen mehr oder weniger fest verwachsen sind. Bilden sich die Granulationen auf einem Theile von festerer Consistenz, z. B. auf einen Knochen, so ist auch die neue Haut die sie überzieht noch Verhältniß weniger beweglich.

Indessen wird in der Folge, durch die mechanische Bewegung der Theile, die junge Haut immer nachgebender und ihr Zusammenhang mit den darunter liegenden Theilen immer lockerer. Je mehr dieses geschieht, desto besser ist es, weil Biegsamkeit und Nachgiebigkeit der Theile sie vor mancherley Zufällen schützt. Theile, in welchen durch Entzündung eine Verdickung veranlaßt worden ist, wie z. B. die an die junge Haut angränzenden Stellen der alten, besitzen allemal weniger Vermögen zu eigener Kraftäußerung, als Theile, die nie eine Entzündung erlitten haben. Die Ursache hievon liegt in dem Zuwachs, den die Substanz der Theile im Zeitraum der Entzündung durch die Ausschwitzung erhalten hat. Dieser hindert die freye Thätigkeit der alten Theile, und da die neu hinzugekommene Masse nicht eben so viel thätige Kraft hat als die alte, so muß nothwendig hiedurch der leidende Theil im ganzen genommen um ein beträchtliches geschwächt werden.

Mechanische und passive Bewegung der so beschafnen Theile, wird ein Reiz für sie, durch welchen sie veranlaßt werden, eine, für diese Bewegung passende Struktur anzunehmen. Die ansaugenden Gefäße treten ins Mittel; sie nehmen den Reiz auf, der diese Veränderung nach sich zieht, und saugen alle überflüssige Substanz an, wodurch denn die Theile, so weit es geschehen kann, ihrer ursprünglichen Textur wieder genähert werden.

Heilmittel haben in mehrern Fällen dieser Art nicht den gewünschten Erfolg; indessen scheint das Quecksilber die Kraft zu besitzen, einen ähnlichen Reiz hervorzubringen als die Bewegung, so daß man sich seiner da bedienen kann, wo ein mechanischer Reiz nicht anwendbar ist. Durch den Zusatz von Kampfer werden wie ich glaube seine, die Absorbtion vermehrenden Kräfte noch verstärkt, und kann man den Gebrauch der medicinischen und mechanischen Mittel mit einander verbinden, so darf man sich desto mehr Vortheil davon versprechen.

Ist alles übrige vergeblich, so kann man noch die Electricität versuchen. Durch sie hat man oft bey Geschwülsten eine Absorbtion bewirkt, hat Gelenkgeschwülste, die eine Folge von Verrenkungen waren, zum Weichen gebracht, und so die freye Bewegung wiederhergestellt.

Die junge Haut ist anfangs sehr dünn und außerordentlich zart, wird aber in der Folge dicker und fester: sie ist eine Fortsetzung der alten Haut aber glatt, und wie diese mit jenen zarten Furchen versehen, durch welche letztere einiger Ausdehnung fähig wird, wenn in der darunter liegenden Zellhaut eine Veranlassung dazu vorhanden ist, wie man dieses in der Wassersucht und bey der weißen Gelenkgeschwulst sieht. Man kann sich hievon überzeugen, wenn man ein Stück Haut von einem todten Körper, daß eine Narbe in sich schließt, ins Wasser legt, so das sich das Oberhäutchen von der Haut trennt. Das neu erzeugte Stückchen von der Oberhaut nimmt bey diesem Verfahren in seinen Flächenumfange fast um gar nichts zu, so daß man deutlich sieht, daß die neuerzeugte Haut, auf der sich das Oberhäutchen gebildet hat, eine ganz glatte und eben fortlaufende Oberfläche haben muß, die nicht das weiche und unebne der alten Haut hat.

Diese neue Haut, so wie die ganze Substanz die aus den Granulationen entstanden ist, hat nicht ganz die Festigkeit, die Dauer und selbständige Thätigkeit der alten Theile, deren Verlust sie ersetzt. Selbst die Lebenskraft ist hier nicht ganz so wirksam; denn wenn ein altes Geschwür einmal wieder aufbricht, so geht die Zerstörung so lange fort, bis die ganze ehemals neu erzeugte Substanz absorbirt oder abgestorben ist, wie ich dieses oben bereits erklärt habe.

Die junge Haut ist mit zahllosen Gefäßen durchwebt, die in der Folge gröstentheils entweder ganz unzugänglich werden, oder wenigstens kein rothes Blut mehr führen, oder auch durch Ansaugung wieder zerstört werden, so daß die Haut und die darunter liegende neue Substanz am Ende ganz weis werden, und gar keine sichtbaren Gefäße mehr zeigen.

Die umliegende alte Haut, welche durch das Contractionsvermögen der Granulationen nach dem Mittelpunkt der Narbe hin zusammengezogen wird, legt sich, damit so wenig als möglich neue Haut erzeugt zu werden braucht, in Falten, dahingegen die neue Haut ein gedehntes und gestrecktes Ansehen hat, und einem Stück Fell gleicht, das über ein Loch von weit größern Umfang als es selbst ist, genäht worden ist. Aus eben dem Grunde mußte die umliegende alte Haut Falten bilden, und zusammengezogen werden damit sie mit der neuen in Berührung kommen konnte. Die neue Haut bekommt, wie ich glaube, nie eine muskulöse Struktur, und nimmt nie einen größern Umfang ein, als die Verletzung die sie bedeckt, so daß sie nie wie die alte Haut sich runzelt, sondern immer ihr glänzendes Ansehen behält.

II. Das neue Oberhäutchen.

Die Bildung des neuen Oberhäutchens scheint für die Haut kein so schweres Geschäft zu seyn, als es die Bildung der Haut für die Granulationen ist. Denn wo sich neue Haut bildet, da überzieht sich dieselbe mit dem Oberhäutchen, und wenn durch Blasenpflaster oder auf eine andre Art die Haut von ihrem Oberhäutchen entblößt worden ist, da wird das leztere sehr bald wieder ersezt. Indessen bemerkt man, daß es in solchen Fällen die unverlezte alte Haut ist, die für sich allein das Vermögen besizt ihr Oberhäutchen zu bilden, und daß dieses Vermögen in allen Punkten der entblößten Oberfläche gleich stark ist, so daß sich die Oberhaut überall zugleicher Zeit und auf einmal ansezt, da im Gegentheil die Erzeugung der eigentlichen Haut, vorzüglich von den umliegenden Rändern der alten Haut ausging.

Die neue Oberhaut ist im Anfange sehr dünn, und hat eine mehr breyartige als hornähnliche Beschaffenheit. So wie sie nach und nach eine festere Consistenz erhält, wird sie glatt und glänzend, und durchsichtiger als die alte Oberhaut, welche mehr von der Farbe des Malpighischen Schleims hat. So verhält es sich bey gesunden Theilen, die alle Perioden der Heilung regelmäßig durchlaufen haben; wo aber die Heilung verzögert worden ist, da geht es in einigen Fällen der Erzeugung der neuen Oberhaut rückwärts, in andern wird sie im Gegentheil zu dick, so daß man sich genöthigt sieht sie wegzunehmen, weil sie die Haut gleichsam überkleistert, und den Fortgang ihrer Erzeugung hindert.

III. Das Malpighische Schleimnetz

erzeugt sich später als die Oberhaut, und wird in manchen Fällen gar nicht wieder ersezt. Man sieht dies sehr deutlich bey Negern wenn sie verwundet worden sind, oder Blasenpflaster auf der Haut gehabt haben. Es dauert ziemlich lange ehe bey ihnen die Narbe schwarz wird, und bey einem alten Neger, den ich zu beobachten Gelegenheit hatte, war die Narbe eines Geschwürs, das er in seiner Jugend am Schenkel gehabt hatte, noch immer weis. Vorzüglich bleiben die Stellen wo Blasen auf der Haut gezogen worden, lange Zeit weis bis sich die Oberhaut völlig wieder ersezt hat. Doch sind auch zuweilen die Narben bey Negern schwärzer als die übrige Haut.

Neuntes Kapitel.

Ueber die Folgen der Entzündung und ihren Einfluß auf den allgemeinen Gesundheitszustand.

Die Veränderungen, welche durch Entzündung in Rücksicht auf den allgemeinen Gesundheitszustand hervorgebracht werden, sind entweder unmittelbare oder entfernte Folgen derselben.

Von den unmittelbaren, d. i. von dem mitleidenschaftlichen und dem nervösen Fieber habe ich schon gehandelt; ich komme daher nun auf die entfernten, nämlich auf das hectische Fieber und auf die Zerstörung der Organisation, welche von dem Zustande des leidenden Theils zu derselben Zeit abhängen, wenn er von der Art ist, daß er den obenbeschriebnen regelmäßigen Ablauf der Entzündung hindert. Indessen giebt es doch auch gewisse widernatürliche Ereignisse, die jene heilsamen Prozesse selbst dann zuweilen begleiten, wenn sie vollkommen in ihrer Ordnung erfolgen. Man sollte freylich aus dem, was ich im vorhergehenden von ihrer Geschichte gesagt habe, schliessen, daß die suppurative Entzündung und Eiterung, an und für sich selbst, in Rücksicht auf den allgemeinen Gesundheitszustand keine Veränderungen hervorzubringen im Stande wäre, als solche, die von der Entzündung selbst abhängen, und vielleicht gewissermaßen für nothwendig bey derselben anzusehen sind; man sollte glauben, daß, wenn die Entzündung sich gelegt hat und eine mäßige Eiterung eingetreten ist, der übrige Körper im gesunden Zustand bleiben müsse, weil nunmehr alle noch bevorstehenden Prozesse der Heilung eingeleitet zu seyn scheinen, und weil bey einer körperlichen Beschaffenheit wo dieses bewirkt werden kann, auch die Fähigkeit vorauszusetzen ist, alle in der Ordnung noch nachfolgenden Verrichtungen, die blos auf Wiederherstellung abzwecken, zu vollbringen. Gleichwohl aber findet doch zuweilen das Gegentheil statt, und der Zustand, in welchem der Körper entweder bleibt oder in welchen er in der Folge geräth, ist oft weit nachtheiliger als die Entzündung selbst.

In manchen Fällen scheint die Entzündung, das sie begleitende Fieber, das Nachlassen desselben und der Anfang und Fortgang der Eiterung, eine Umstimmung des ganzen Systems und eine Anlage zu sogenannten Nervenzufällen zu veranlassen. Kinnbackenzwang, hysterische Zufälle, Krämpfe in den

Muskeln der Respirationswerkzeuge und große Unruhe sind oft die Folgen dieses Zustands, und werden nicht selten dem Kranken gefährlich; so äußern sich oft auch Zeichen von großer allgemeiner Schwäche und gänzliche Niedergeschlagenheit der Kräfte, die durch weitere Fortdauer der Eiterung noch mehr vermehrt wird. Alle diese einzelnen Zufälle haben einen sehr bestimmten Charakter, und der Kinnbackenzwang, die hysterischen Zufälle, die Krämpfe und große Unruhe sind insgesammt nervöser Art, scheinen aber ihren Grund nicht zu haben in dem Unvermögen des Körpers, die Ursache des örtlichen Uebels selbst zu beseitigen. Denn sobald nur diejenige Ursache aus dem Wege geräumt ist welche jene Zufälle erregte, nehmen alle thätige Aeußerungen sogleich wiederum einen auf die Heilung abzweckenden Gang; und wenn der Patient an einem dieser Zufälle stirbt, so liegt die Ursache seines Todes nicht in dem was zu dem örtlichen Uebel Veranlassung gab, so wenig als in der unmittelbaren Folge dieser Veranlassung, oder in dem örtlichen Uebel selbst, sondern in dem Einfluß, welchen die vorangegangenen Processe, verbunden mit dem Heilungsproceß selbst, auf gewisse Arten körperlicher Beschaffenheit haben. Diese im vorhergehenden beschriebenen Processe sind die gemeinschaftliche Quelle aller jener Zufälle; es würde mich indessen für meinen jetzigen Zweck zu weit führen, wenn ich mich bey jedem derselben einzeln aufhalten wollte.

I. Vom hektischen Fieber.

Ich habe die Beschädigungen, die eine Entzündung zur Folge haben können beschrieben; ich habe ihren Verlauf in verschiednen Theilen, ihren Einfluß auf den allgemeinen Gesundheitszustand, sowohl als die in beyderley Rücksicht nöthige Behandlungsart geschildert, und sie durch ihre verschiednen Zeiträume bis zur vollkommnen Wiederherstellung verfolgt. Ich habe auch bereits auf die allgemeinen Folgen aufmerksam gemacht, die der Proceß der Absorbtion bey gewissen Modificationen körperlicher Anlage, hervorbringt. Es ist aber nun noch übrig zu bemerken, daß die Natur nicht unter allen Umständen stark genug für jene heilsamen Kraftäußerungen ist, und daß der allgemeine Gesundheitszustand zuweilen auf eine ganz eigne Art afficirt wird, woraus Zufälle erwachsen, die von den oben beschriebenen ganz verschieden sind, und die man unter dem Nahmen des hectischen Zustandes begreift.

Dieser Zustand ist eine von den uns bekannten allgemeinen Krankheiten, die aus einer entfernten mitleidenschaftlichen Ursache entstehen, aber ihrem Ursprung nach sich von den oben beschriebnen mitleidenschaftlichen Wirkungen sehr unterscheiden. Ist ein örtliches Leiden die Ursache davon, so sind meistentheils die ersten Veränderungen welche jenes mit sich führen mußte, nämlich Entzündung und Eiterung, bereits vorangegangen, ohne daß durch sie Granulation und Vernarbung bewirkt, und die Heilung vollendet werden konnte. Man kann annehmen, daß in solchen Fällen ein örtliches

Leiden oder ein örtlicher Reiz nachtheiligen Einfluß auf den allgemeinen Gesundheitszustand habe, daß aber die körperlichen Kräfte nicht im Stande sind den lästigen Reiz zu entfernen, und eine Heilung zu bewirken. So lange die Entzündung dauert, welche die unmittelbare Wirkung der meisten Gewaltthätigkeiten ist, und dabey, von den leidenden Theilen aus, die Kraftäußerungen des ganzen Körpers wirklich erhöht werden, so lange kann kein hectischer Zustand entstehen. *)

Man muß sorgfältig unterstheiden zwischen einem hectischen Zustand, der blos von einem örtlichen Leiden abhängt, und bey welchem der allgemeine Gesundheitszustand an und für sich vorhin gut war, aber blos durch einen zu heftigen Grad der Reizung in Unordnung gebracht ist; und zwischen einem solchen der hauptsächlich in einer fehlerhaften Anlage des ganzen Körpers gegründet ist, welche in den Theilen die zur Heilung nöthige Stimmung nicht zu Stande kommen läßt. Im ersten Falle nämlich ist es nöthig den krankhaften Theil, wenn es die Umstände erlauben, wegzunehmen, worauf sodann alles eine günstige Wendung nehmen wird. Im zweyten Fall hingegen wird hiedurch nichts gewonnen; es müßte denn seyn, daß die nach der Operation zurück-

*) Wenn ich diese Stelle richtig verstehe, so scheint der Verf. sagen zu wollen, daß nur bey geschwächter nicht bey unverminderter Energie des ganzen Körpers durch widrige Reizungen ein hektisches Fieber statt finden könne, welches freilich eine bekannte und unleugbare Wahrheit ist. — H.

bleibende Wunde um vieles kleiner ausfiele, und eine örtliche Behandlung weit leichter zuließe als die vorige Beschädigung; so daß man Ursache zu hoffen hätte, daß die fehlerhafte Constitution des Körpers sodann weniger leiden würde, als unter den gegenwärtigen Umständen, wobey man jedoch auch die Operation selbst mit in Anschlag zu bringen hätte. Alles kommt hier auf Scharfsinn und genaue Erwägung der Umstände an.

Der hectische Zustand folgt bald früher bald später auf die Entzündung und den Eintritt der Eiterung, je nachdem die Umstände verschieden sind. Bey einigen Constitutionen, wo die Kraft zum Widerstande geringer ist, tritt ein solcher Zustand leichter ein als bey andern. Wenn ein unheilbares Uebel einen hectischen Zustand hervorbringen soll, so muß es ferner von einer solchen Stärke und von einem solchen Umfang seyn, daß es auf die ganze Maschine Einfluß haben kann. Da nun die Stärke dieses Einflusses nach Maaßgabe der leidenden Theile und ihrer Lage verschieden ist, gleichwohl aber von der stärkern oder geringern Theilnahme des ganzen Körpers, die Erscheinung jenes Zustandes abhängt; so muß auch hiernach die Zeit des Eintritts verschieden seyn. Bey manchen örtlichen Uebeln, z. B. bey Lendenabscessen scheint die Art ihres Verlaufs zu beweisen, daß sie sich selbst überlassen, den Eintritt des hectischen Zustandes verzögern. Versetzt man aber solche Abscesse unter Umstände, wo die Natur ihre Kräfte zur Heilung derselben äußern muß, ohne daß diese Kräfte zu jenem Zweck hinreichend sind; dann nimmt der hectische Zustand seinen Anfang.

Die Ursachen, von welchen er abhängt, können von sehr verschiedner Art seyn: ich werde sie unter zwey Gattungen bringen, je nachdem die leidenden Theile zum Leben unentbehrliche Organe sind oder nicht. Der einzige Unterschied, der in dieser Rücksicht statt findet, besteht in der Zeit des Eintritts und in der Geschwindigkeit des Verlaufs. Unheilbare Uebel von großem Umfange haben viel ähnliches mit Krankheiten der Lebensorgane.

Die Krankheiten der Lebensorgane, die zu einem hectischen Zustande Gelegenheit geben können, sind mancherley, aber gröstentheils von der Art, daß sie diese Wirkung nicht haben würden, wenn sie in irgend einem andern Theile des Körpers ihren Sitz hätten. Von der Art sind z. B. Geschwülste die in den Lebensorganen selbst, oder in Theilen, deren Verrichtungen unmittelbar mit dem Leben zusammenhängen, oder so nahe bey denselben entstehen, daß sie auf dieselben drücken. So würden z. B. Verhärtungen des Magens oder der Gekrösdrüsen in andern Theilen, von welcher Art sie auch seyn möchten, keinen hectischen Zustand hervorbringen. So bewirken Fehler in den Lungen oder in der Leber weit früher eine solche Veränderung, als wenn Theile litten, die zum Leben nicht so unentbehrlich sind. In manchen Fällen, wo die Ursachen des hectischen Zustandes sehr schleunig eintreten, folgt derselbe oft so schnell auf das mitleidenschaftliche Fieber, daß eins in das andre über zugehen scheint, wie ich dieses oft bey Lendenabscessen beobachtet habe. Die Zufälle, die dadurch erregt werden, richten sich nach der natürlichen

Beschaffenheit und Bestimmung der leidenden Theile; so entsteht Husten, wenn das Uebel in den Lungen, Uebelkeit und Erbrechen, wenn es im Magen seinen Sitz hat; und so erfolgen wahrscheinlich nach ähnlichen Gesetzen noch andre Zufälle, z. B. Wassersucht, Gelbsucht u. s. w. die jedoch nichts wesentliches bey dem hectischen Zustand sind.

Entsteht der hectische Zustand aus der widernatürlichen Beschaffenheit eines Theils, der nicht zu den Lebensorganen gehört, so erfolgt der Eintritt desselben früher oder später, je nachdem die Theile mehr Anlage zur Heilung oder zur weitern Verbreitung des Uebels haben.

Bey gleichen Graden des Uebels tritt der gedachte Zustand früher ein, wenn der Sitz des Uebels weiter vom Mittelpunkte des Blutumlaufs entfernt ist. Liegt die Veranlassung dazu in Theilen, die zum Leben nicht unentbehrlich sind, so sind es gemeiniglich solche, wo das Uebel sich so stark ausbreiten kann, daß der ganze Körper dabey mitleidet, ohne daß dabey zugleich das Vermögen statt findet, den Umfang desselben einzuschränken, (wie dieses der Fall bey den meisten Krankheiten der Gelenke ist; *) oder solche, die an und für sich wenig Anlage zur Heilung haben. Man muß ferner hieher auch noch solche Theile rechnen, die zu

---

*) Die Höle eines Gelenks kann sich, wenn sie verlezt worden, nicht so leicht zusammenziehen, als es bey Wunden in den weichen Theilen zu geschehen pflegt.

gewissen specifischen Krankheiten besonders geeignet sind, deren Heilung allemal schwer hält, ihr Sitz mag seyn an welchem Orte er will. Dergleichen Theile sind vorzüglich die größern Gelenke, sowohl am Rumpf als an den Extremitäten. Bey kleinen Gelenken aber, z. B. an den Fingern oder Zehen, haben die nämlichen krankhaftan Ereignisse keinen so merklichen Einfluß aufs ganze, und ein scrophulöses Glied an einem Finger oder Zehe kann Jahre lang in diesen Zustand bleiben, ohne daß allgemeine Folgen daraus entstehen.

Bey den Gelenken des Knöchels, der Hand, des Ellenbogens und selbst der Schulter dauert es viel länger, ehe der Mangel an hinreichenden Kräften zur Heilung einen mitleidenschaftlichen Einfluß auf den ganzen Körper hat, als beym Knie und Hüftgelenk oder bey den Lendenwirbeln.

Obgleich der hectische Zustand in den meisten Fällen ein unheilbares Uebel eines Lebensorgans, oder ein Uebel von beträchtlichen Umfang in irgend einem andern minder wichtigen Theile zum Grunde hat; so kann er doch auch, eine ursprünglich allgemeine Krankheit seyn, ohne daß irgend eine örtliche Veranlassung dabey im Spiele wäre, oder wenigstens ohne daß nur eine solche Veranlassung bemerklich würde.

Man kann den hectischen Zustand ansehen als eine Art von langsamer Zerstörung. Die allgemeinen Erscheinungen dabey sind die Zufälle des schleichenden Nervenfiebers, mit Schwäche vergesellschaftet, die jedoch mehr eine Unterdrückung der Kräfte, als wirkliche Schwäche ist. Denn sobald die Ursachen jenes Zustandes entfernt sind, äußert sich sogleich wieder eine stärkere Reaction und alle natürlichen Verrichtungen gehen wieder ihren gehörigen Gang, so sehr auch vorher die Kräfte niedergeschlagen waren. Die besondern Erscheinungen sind Schwäche, ein kleiner, schneller und gespannter (sharp) Puls, Bläße der Haut, Mangel an Appetit, die Speisen werden oft wieder weggebrochen, der Körper zehrt aus und ist sehr geneigt zum Schwizen, der Schweis bricht ohne weitere Veranlassung aus wenn der Kranke zu Bette liegt, oft stellt sich dabey ein Durchfall ein, der von allgemeiner Schwäche herrührt, der Urin ist hell.

Man hat die Ursache dieser Erscheinungen sowohl sonst als auch jezt noch gemeiniglich in der Absorbtion des Eiters aus einem Geschwür, und dessen Aufnahme in die Masse der Säfte gesucht. Allein ich habe längst gemuthmaßt, daß man bey Erklärung der mancherley schlimmen Zufälle, die so oft bey Kranken, die an Geschwüren leiden, eintreten, zu viel auf die Absorbtion des Eiters gerechnet hat.

Fürs erste, treten diese Zufälle allemal ein, wenn in gewissen Theilen, z. B. in Lebensorganen eine Eiterung statt findet, nicht minder auch bey gewissen Entzündungen ehe noch eine wirkliche Eiterung vorhanden ist, z. B. bey Entzündungen der größern Gelenke oder den sogenannten Gliedschwämmen; da doch die nämliche Art und der nämliche Grad von Entzündung und Eiterung in fleischigten Theilen, auch in solchen die dem Mittelpunkt des Blutumlaufs nahe liegen, gemeiniglich jenen Erfolg nicht haben. Mithin muß in dergleichen

Fällen das örtliche Uebel, das einen solchen Einfluß auf den ganzen Körper äußert, von ganz besondrer Art seyn; dieses soll jezo der Gegenstand meiner Untersuchung seyn.

Ich habe schon im vorhergehenden erinnert, daß Krankheiten der Lebensorgane leichter Einfluß auf das ganze Körpersystem haben, als Krankheiten der übrigen Theile, desgleichen daß jene in ganzen genommen schwerer zu heben sind als diese. Ich habe ferner bemerkt, daß alle Krankheiten der Knochen Bänder und Sehnen eher allgemeine Folgen haben als Krankheiten der Muskeln, der Haut und Zellhaut, u. s. w. Die nämlichen Gesetze befolgt die Natur auch auch bey den entfernten Wirkungen, welche die örtlichen Krankheiten solcher Theile durch Mitleidenschaft auf den ganzen Körper haben.

Wenn eine widernatürliche Veränderung in Lebensorganen ihren Siz hat, und von der Art ist, daß sie nicht durch ihre erste Einwirkung aufs Ganze den Tod bringt; so verfällt der Körper in einen Zustand, wo sich die zur Gesundheit unentbehrlichen Verrichtungen in Unordnung befinden, weil von den leidenden Theilen selbst die Fortdauer des Lebens abhängt, und wo das ganze Körpersystem allgemeinen mitleidenschaftlichen Antheil an einem Uebel nimmt, das wegen der Reizung, die es erregt, unheilbar ist.

Betrifft eine widernatürliche Veränderung größere Gelenke, wo die Theile nicht Kraft genug, oder, wie es noch wahrscheinlicher ist, keine Anlage zu einer gutartigen Entzündung und Eiterung haben; so wird hiedurch das Körpersystem in einen anhaltenden, die Kräfte aufreibenden, Zustand versetzt, und so zu einem allgemeinen unheilbaren Uebel der Grund gelegt.

Dies wäre im allgemeinen das was sich von den Ursachen des hectischen Zustandes sagen läßt, und sogleich ausführlicher erörtert werden soll, sobald ich werde untersucht haben, in wiefern die Vorstellung von der Absorbtion des Eiters als einer Ursache dieser Erscheinungen, Grund habe oder nicht.

Hätte die Absorbtion des Eiters allemal solche Erscheinungen zur Folge, so begreife ich nicht, wie es möglich wäre, daß irgend ein Kranker, der ein großes Geschwür hat, vom hectischen Fieber verschont bleiben könnte, weil wir gar keinen Grund haben anzunehmen, daß ein Geschwür mehr Fähigkeit Eiter zu absorbiren habe, als ein andres.

Wenn beym hectischen Zustande die Absorption des Eiters wirklich stärker ist, als bey einem natürlichen Habitus des Körpers, so ist es wohl schwer zu bestimmen, ob hier die vermehrte Absorbtion die Ursache oder die Folge des hectischen Zustandes sey.

Wäre das erstere, so müßte man annehmen, daß in dem Geschwür eine besondre Anlage statt fände, zu einer bestimmten Zeit mehr zu absorbiren, als gewöhnlich, und zwar so, daß dieser Zeitpunkt noch während des gesunden Zustandes einträte; denn das Geschwür müßte doch anfänglich eine natürliche und gutartige Beschaffenheit haben, dann aber erst anfangen zu absorbiren und hiedurch nachtheilige Wirkungen aufs Ganze hervorzubringen; Ueberdies muß hinwiederum auch das Geschwür, insofern es ein Theil des Ganzen ist, an den allgemeinen Veränderungen Antheil nehmen, und es läßt sich gar kein Grund absehen, warum ein gutartiges Geschwür bey vollkommener Gesundheit des ganzen Körpers zu einer bestimmten Zeit anfangen sollte, mehr zu absorbiren, als zu einer andern. Kann nun die vermehrte Absorbtion nicht von der natürlichen Beschaffenheit des Geschwürs selbst abhängen, so muß sie nothwendig in dem allgemeinen Gesundheitszustand ihren Grund haben; und ist dieses der Fall, so muß eine besondere Veränderung im Körper dabey statt finden, so daß die Erscheinungen zusammengenommen nicht von der Ansaugung des Eiters allein, sondern von dem Zusammentreffen jener eigenthümlichen Veränderung des ganzen Körpersystems und der Absorbtion abhängen.

Hätte die Absorbtion des Eiters so gewaltsame Folgen, als man ihr gewöhnlich zuschreibt, (ob sie gleich, die Wahrheit zu gestehen, nie entzündlicher, sondern blos hectischer Art sind,) so müßte ja wohl die Absorbtion des venerischen Eiters die nämlichen Wirkungen hervorbringen? Die Erfahrung lehrt, daß in den Verlauf der venerischen Bubonen oft eine Ansaugung statt findet, und ich selbst habe einen Fall beobachtet, wo ein großer Bubo, der eben zum Aufbrechen reif war, während einer nur wenig Tage anhaltenden Seekrankheit, worauf der Kranke noch 24 Tage zur See blieb, absorbirt wurde. Allein in allen solchen Fällen findet man, daß die absorbirte Materie nicht eher Veränderungen im Körper hervorbringt, bis das Gift seine specifischen Wirkungen äussert, welche mit den sogenannten hectischen Zufällen gar nichts ähnliches haben. Auch sollte man glauben, daß venerisches Eiter weit gewaltsamere Wirkungen hervorbringen müßte, als gemeines, wie es in gutartigen Geschwüren abgesondert wird. Bey der Entzündung der Venen erzeugt sich oft auf ihrer innern Oberfläche Eiter *), und wird ganz unfehlbar in die Masse des Bluts aufgenommen; gleichwohl erfolgt in solchen Fällen nie ein hectischer sondern mehr ein entzündlicher Zustand, und zuweilen der Tod. So sehen wir öfters, daß große Eitersammlungen, die ohne einen bemerkbaren Grad der Entzündung, dergleichen z. B. gewisse Arten der scorphulösen Entzündung zu seyn pflegen, hervorgebracht worden sind, völlig und selbst innerhalb einer kurzen Zeit absorbirt werden, ohne daß nachtheilige Zufälle daraus entstehen **).

Man kann hieraus den Schluß ziehen, daß die Absorbtion des Eiters aus einem Geschwür und die Aufnahme desselben in die Masse der Säfte, nicht soviel nachtheilige Folgen haben kann, als man insgemein angenommen hat. Denn wäre die Verbreitung des Eiters im ganzen Körper die Ursache diese Zufälle, so ließe sich

---

*) s. Hunters Abhandlung über diesen Gegenstand in den transactions of a Society for the improvement of medical aud chirurgical knowledge. Lond. 1793. p. 18. sqq.

**) Man könnte zwar hiegegen einwenden, daß dieses kein wahres Eiter sey. Allein man braucht zur Widerlegung dieses Einwurfs nur darzuthun, daß Materie von der erwähnten Art noch heftiger wirken müßte, als gewöhnliches Eiter.

nicht begreifen, wie es möglich wäre, daß sie je nachlassen könnten, ehe und bevor die Eiterung selbst aufgehört hat, welches in solchen Körpern, wo die Geschwüre sehr langsam heilen, nicht sobald geschieht. Nichts desto weniger finden wir, daß die Patienten oft, selbst ohne medicinische Hülfe, von dem hectischen Fieber befreyt werden, ehe noch die Eiterung aufgehört hat; so hat man unter andern bey der Venenentzündung genugsamen Grund anzunehmen, daß die Eiterung immer noch so, wie in einem Geschwür, fortdauert, wenn sich schon alle gefährliche Zufälle gelegt haben. Das Eiter kann sich hier also immer noch durch die Venen im ganzen Körper verbreiten, ohne daß gleichwohl ein hectischer Zustand daraus erfolgt, welches doch gewiß geschehen würde, wenn die schliminen Zufälle, die das Wesen desselben ausmachen, aus der Vermischung des Eiters mit der Masse der Säfte entstünden.

Ich zweifle übrigens auch gar sehr, daß die Ansaugung in dem einen Geschwüre stärker ist als in dem andern, und wenn es ja je zuweilen der Fall ist, so hat es, wie ich glaube, keine Folgen. Ich bin daher weit mehr geneigt, anzunehmen, daß die Anlage zum hectischen Zustand von demjenigen Einfluß auf den allgemeinen Gesundheitszustand abhängt, welchen eine Reizung der Lebensorgane und gewisser andrer Theile, z. B. der Gelenke, bewirken kann, deren Verletzungen entweder an und für sich, oder nur bey der gegenwärtigen Beschaffenheit des Körpers unheilbar sind.

Man bemerkt, daß bey großen Abscessen, welchen keine Entzündung vorangegangen ist, der hectische Zustand

stand fast allemal erst, nachdem sie geöffnet worden sind, eintritt, wenn sie gleich schon mehrere Monate vorher Materie abgesondert haben. Ist nun die Oefnung gemacht worden, so findet sich jener Zustand bald nachher, im Gegentheil aber erst sehr spät ein. Ehe sich in den Theilen ein Bestreben äußert, das Verlohrne wieder zu ersetzen, können dergleichen Erscheinungen nicht statt finden, und ist die Anlage zur Heilung vollkommen so, wie sie seyn muß, so entsteht wieder ein hectischer Zustand, und noch andre allgemeine Zufälle. Bey Krankheiten der Gelenke, die mit Entzündung vergesellschaftet sind, zeigt sich ebenfalls nur das erste mitleidenschaftliche Fieber, wenn anders die Theile im Stande sind, eine heilsame Entzündung hervorzubringen. Da dieses aber nur selten der Fall ist, so tritt ein siecher Zustand des ganzen Körpers ein, bey welchem die zur Heilung unmittelbar nothwendigen Processe nicht vor sich gehen können. So erfolgt auch beym venerischen Uebel, wenn das Ansteckungsgift schon in die Masse der Säfte aufgenommen ist und bereits seine specifischen Wirkungen äussert, nicht eher ein hectisches Fieber, als bis das ganze Körpersystem einem unheilbaren Uebel unterliegt. Dieses neue Uebel aber tritt erst lange nachher ein, nachdem schon lange alles verheilt ist, und keine Materie mehr erzeugt wird, die absorbirt werden könnte. Daß in Geschwüren eine Absorbtion statt findet, kann man aus vernünftigen Gründen annehmen, und man hat, in Rücksicht auf diese Erfahrung, eine eigne Art des Verbands für Geschwüre angegeben. Ein merkwürdiges Beyspiel dieser Art ist folgender Fall: Ein junger Mensch hatte einen

Schanker und drey Bubonen, wovon der eine erschien, als die andern beyden schon fast geheilt waren. Dieser letzte Bubo war sehr groß, und befand sich am untersten Theile des Bauches. Nachdem er geeitert hatte, und dem Aufbrechen schon ganz nahe war, nahm er auf einmal sehr schnell ab, und verschwand innerhalb zwey oder drey Tagen gänzlich. Während des Verschwindens bemerkte der Kranke, daß sein Urin weißlich und dick war, mit dem gänzlichen Verschwinden des Bubo aber hörte auch diese Erscheinung auf. Ehe der Bubo anfieng kleiner zu werden, besserte es sich mit der Gesundheit des Patienten, und diese Besserung dauerte auch nachher noch fort, ohne daß die Abnahme des Bubo einen nachtheiligen Einfluß auf den Zustand seiner Gesundheit gehabt hätte.

Aus dem bisher gesagten scheint zu folgen, daß der hectische Zustand gewissermaßen von einem Reiz abhängt, durch welchen die Theile zu Reactionen veranlaßt werden, die das Maaß ihrer Kräfte übersteigen; daß dieser Reiz nach Verschiedenheit der Umstände bald früher bald später eintritt, und daß seine Wirkungen sich auf das ganze Körpersystem erstrecken. Krankheiten der Lungen, Lendenabscesse, weiße Gelenkgeschwülste, scrophulöse Gelenke u. s. w. können zum hectischen Zustand Gelegenheit geben.

II. Behandlung des hectischen Zustandes.

Es giebt, wie ich fürchte, keine besondre Heilmethode für irgend einen der eben geschilderten Zufälle; die

Heilung derselben beruht vielmehr auf der Entfernung der Ursache oder des örtlichen Uebels, die Folgen dieser Ursache aber fürchte ich, können für sich allein nicht gehoben werden. Man hat zu dieser Absicht stärkende und fäulnißwidrige Mittel empfohlen; die erstern wegen der überhand genommenen Schwäche; die letztern, weil man sich die Vorstellung machte, daß das Eiter, wenn es absorbirt würde, dem Blute einen Hang zur Fäulniß mittheilte. Die Mittel, die zur Erreichung sowohl dieser als jener Absicht dienen sollen, sind Fieberrinde und Wein.

Die Fieberrinde wird in den meisten Fällen blos dazu beytragen, die Kräfte aufrecht zu erhalten. Ich halte es für unmöglich, ein Uebel, das den ganzen Körper angreift, zu heilen, ehe man die Ursache desselben entfernt hat. Indessen kann man annehmen, daß diese Mittel die Empfänglichkeit des Körpers für die Einwirkung der Krankheitsursache mindern, und, insofern sie bey örtlichen Uebeln die Anlage zur Heilung befördern, auch zur Verminderung der Krankheitsursache selbst etwas beytragen. Liegt aber dem hectischen Zustand ein specifisches Uebel, z. B. venerischer Art, zum Grunde, so dient die China wenigstens dazu, daß sie dem Körper die Fähigkeit mittheilt, dem Uebel kräftigern Widerstand zu leisten; es gänzlich zu entfernen, vermag sie nie.

Der Wein hingegen schadet, wie ich fürchte, eher, als daß er helfen sollte, indem er die Thätigkeit der Maschine erhält, ohne die Kräfte zu vermehren, welches man immer sorgfältig zu vermeiden hat. Indessen ist meine Ueberzeugung, in Rücksicht des Weins, noch nicht zu vollkommner Festigkeit gereist.

Hat das örtliche Uebel, das den hectischen Zustand veranlaßt, seinen Sitz in Theilen, deren Verlust der Körper ertragen kann, so müssen solche krankhafte Theile weggenommen werden. So lehrt z. B. die Erfahrung, daß, wenn bey einem unheilbaren Uebel an den Extremitäten alle eben beschriebene Zufälle bereits eingetreten sind, nach der Amputation des Schenkels alle jene Zufälle sogleich verschwinden. Einen hectischen Puls, der hundert und zwanzig Schläge hatte, sahe ich, nach der Entfernung der hectischen Ursache, in wenig Stunden auf neunzig herabsinken. Ich habe Personen gekannt, die in der ersten Nacht noch einer solchen Operation ohne Opiat ruhig schliefen, und die wochenlang vorher nie erträglich geschlafen hatten. Ich habe gesehen, wie kalte sowohl als colliquative warme Schweiße sogleich nachließen; wie ein Durchfall, nach Entfernung der hectischen Ursache, augenblicklich aufhörte, und der Urin seinen Bodensatz verlor. Möglich ist es, daß der Schmerz bey der Operation und die mitleidenschaftlichen Einwirkungen auf das ganze System, die heilsamen Wirkungen, die man hier zu erwarten hat, unterstützen. Die Kraftäußerung, die dabey erregt wird, ist dem hectischen Zustand gerade entgegengesetzt, und es läßt sich von ihr behaupten, daß sie den Körper wieder in seinen natürlichen Zustand zurückführt.

III. Der Brand.

Der Brand ist in der Reihe dieser Erscheinungen die lezte, und eine sehr gewöhnliche oder auch unmittelbare Folge verschiedner sowohl örtlicher als allgemeiner Krankheiten. Ein Mensch wird z. B. von einem entweder ursprünglich allgemeinen oder consensuellen Fieber nicht wieder hergestellt, und es entsteht der Brand, oder die lezte Stufe der widernatürlichen Veränderungen. Er entsteht in dem zweiten Periode eines örtlichen Uebels, wenn der Zustand des ganzen Körpers und der einzelnen Theile durch den Verlauf der ersten Periode, eine solche Richtung angenommen hat. Ein Mensch verliehrt z. B. das Bein, vielleicht noch dazu über dem Knie, oder er erleidet einen complicirten Beinbruch von sehr übler Beschaffenheit am Schenkel. Die ersten allgemeinen Zufälle sind außerordentlich heftig, indessen scheint nach einiger Zeit alles ein besseres Ansehen zu gewinnen, und zur Genesung Hofnung zu machen; auf einmal aber überfällt den Kranken ein Schauer, der jedoch ohne die sonst gewöhnlichen Folgen nämlich Hitze und Schweis bleibt, sondern nur eine anhaltende unregelmäßige Hitze nach sich zieht, die mit Mangel an Eslust, schnellem und kleinen Puls und gebrochnem Ansehen der Augen begleitet ist, worauf der Kranke in wenig Tagen stirbt. Oder es treten die gewöhnlichen Zufälle des zweyten oder des sogenannten nervösen Zeitraums ein, z. B. ein allgemeiner Starrkrampf, und der Brand ist ebenfalls die Folge davon. Oder ein örtliches Uebel das nicht heilt oder nicht heilen kann, äußert nachtheilige Wirkungen auf den ganzen Körper, und veranlaßt ein hectisches Fieber, zu dem sich früher oder später der Brand gesellt.

Man hat auch hier die Absorbtion des Eiters als Ursache angeben wollen. Der Brand scheint zuweilen die Folge sehr heftiger und lange anhaltender Entzündungen und Eiterungen zu seyn, die jedoch nicht gerade allemal an und für sich unheilbar sind, (worin er sich von dem hectischen Zustand unterscheidet,) aber zuweilen die grösten Unordnungen im Körper hervorbringen. Oft gesellt sich der Brand zu sehr schlimmen complicirten Beinbrüchen, oder entsteht nach Amputationen der Extremitäten, vorzüglich der untern und besonders des Oberschenkels; in solchen Fällen ist allemal das vorhergehende consensuelle Fieber äußerst heftig, und scheint eine Vorbereitung und nothwendige Bedingung zu den nachfolgenden Veränderungen zu seyn. Zur Erregung des hectischen Zustandes im Gegentheil ist es nicht nöthig, daß der Körper in den ersten Perioden des Uebels allemal viel gelitten habe, und es scheint daher daß es beym Brande nicht sowohl auf die gegenwärtigen sondern auf die vergangenen Umstände ankommt, und daß dieses beym hectischen Zustande gerade umgekehrt ist. Nie entsteht dieses Uebel als Folge kleiner Wunden oder solcher Verletzungen, die in den ersten Perioden nur wenig Einfluß auf den Zustand des übrigen Körpers gehabt haben, sondern allemal bey solchen, die während ihrer zweyten Periode wichtige allgemeine Zufälle erregt haben, und daher auch z. B. bey kleinen Wunden, wenn sie einen Kinnbackenzwang hervorbrachten. In den englischen Hospitälern scheint er häufiger zu seyn als in Privathäusern, in großen Städten häufiger als auf dem Lande. Auf jeden Fall sind der hectische Zustand und der Brand ganz verschiedne Uebel, die in ihren Ursachen und Wirkungen außerordentlich von einander abweichen, denn oft findet man bey complicirten Knochenbrüchen und nach Amputationen daß der Körper Kräfte besizt, das entzündete sowohl als das consensuelle Fieber zu überstehen, und Eiterung und Fleischerzeugung zu bewirken, ja sogar diese Wirkungen eine Zeitlang anhaltend fortzusetzen; und dennoch unterliegen oft am Ende die Kräfte, und das zuweilen mit einemmale, ohne daß man eine hinreichende Ursache anzugeben im Stande ist. Bey Personen die vor der Verletzung oder der Operation einer vollkommen Gesundheit genossen, scheint dieser Zufall gewöhnlicher zu seyn, als wenn der Körper an den entgegengesezten oder den eigentlich hectischen Zustand schon gewissermaßen gewöhnt ist. Denn die Zufälle des Brandes erscheinen selten oder niemals, wenn eine Operation in der Absicht unternommen worden war, die Ursache eines hectischen Zustandes zu entfernen. Zuweilen folgt der Brand sehr schnell auf eine örtliche Verletzung, und scheint eine Fortsetzung des consensuellen Fiebers zu seyn. Dies ist der Fall, wenn der Körper nicht Kräfte genug besizt, den Einfluß des Uebels auf den allgemeinen Gesundheitszustand zu überstehen, oder wenn die Theile zu schwach sind die zur Eiterung nöthige Anlage anzunehmen. Man sieht dieses oft nach Amputationen besonders an den untern Extremitäten, und nach dem Steinschnitt bey sehr fetten

Personen, die über die mittlern Jahre hinaus und gut zu leben gewohnt sind.

Die Zufälle des Magens machen gewöhnlich den Anfang, und erregen einen Schauer, den ein Erbrechen unmittelbar begleitet, oder gleich darauf folgt, dabey findet sich große Beklemmung und Angst, und ein gewisses Vorgefühl des bevorstehendes Todes. Der Puls ist klein und schnell, zuweilen fängt die ganze Oberfläche der Wunde an zu bluten, oft wird dieselbe schwarz, und das Ansehen des Patienten trägt alle Spuren des höchsten Grades der allgemeinen Zerstörung. Da dieses alles Symptome des nahen Todes sind, so endigt auch dieser Zustand sehr schnell. Das Uebel ist hier von der Art daß gar kein Mittel dagegen statt findet, und das ist zuweilen fast geradezu der Fall, da wo die Maschine hinlängliche Kräfte zu alle dem was sie leisten soll zu haben scheint, und die Ursache mithin nicht von dem Zustand des örtlichen Uebels abgeleitet werden kann. Der Brand entsteht nämlich sehr oft auch nach solchen Operationen, die sonst gemeiniglich einen glücklichen Erfolg haben; da im Gegentheil der hectische Zustand sich allemal nur zu solchen Verletzungen gesellt, bey denen der Ausgang selten oder nie gut ist. Indessen scheint doch auch die Beschaffenheit des örtlichen Uebels etwas mit zu der Herbeyführung des Brandes beyzutragen, weil derselbe nie eintritt wenn die Heilung gehörig von statten geht, so wenig als da, wo die Kräfte des Körpers zu schwach sind ihre Pflicht zu leisten, oder, welches einerley ist, da wo die Ursache des hectischen Zustandes statt findet.

Der hectische Zustand ist weit langsamer in seinem Verlauf, und scheint die Folge der anhaltenden Einwirkung einer örtlichen Ursache zu seyn. Durch Entfernung der Ursache wird daher auch die Wirkung gehoben, und der im Körper angerichtete Schade sodann bald wieder gut gemacht. Der Zustand eines Kranken ist daher bey einem gewissen Grade des hectischen Zustandes, welcher einzutreten pflegt ehe die Ursache des Uebels entfernt werden kann, um vieles weniger gefährlich als beym Brande, wo eine völlige Umstimmung des ganzen Systems statt findet, welche von Ursachen abhängt, die noch nicht völlig zur Reife gekommen sind, und die zuweilen dann erst eintreten, wenn die Kräfte zu den noch übrigen Operationen nicht mehr vollkommen hinreichend zu seyn scheinen, und die Ausrottung der schadhaften Theile nicht mehr so wie beym hectischen Zustand Erleichterung schaffen kann; denn der Brand hängt in seinem Verlauf nicht von der Beschaffenheit des gegenwärtigen Uebels ab.

Der partielle Tod oder der Brand scheint nicht in allen Lebensorganen gleich schnell um sich zu greifen; denn bey manchen Personen gehen gewisse Lebensverrichtungen noch gut und ziemlich kräftig von statten, ob sie gleich ihrem Ende schon sehr nahe sind, und wenn es sehr in die Augen fallende Verrichtungen sind, von welchen die Fortdauer des Lebens ganz besonders abhängt, so scheint der Tod noch viel weiter entfernt zu seyn als er wirklich ist. So habe ich Personen sterben sehen, deren Puls den Tag vor ihrem Tode noch so voll und stark war als gewöhnlich, aber dann auf einmal sank, und ungemein geschwind und gleichsam zitternd wurde: In solchen Fällen hebt er sich, unter einer starken Anstrengung der Natur, noch einmal, und die Haut wird gemeiniglich nach einiger Zeit mit einer Dunst bedeckt, der, so lange diese Beschaffenheit des Pulses fortdauert, warm ist, sobald aber der Puls wieder sinkt, kalt und klebrig wird. Das Athemholen wird nun sehr unvollkommen, so daß es einem abgebrochenen Schnappen nach Luft gleicht, und in sehr kurzer Zeit darauf erfolgt der Tod.

In manchen Fällen scheint die Krankheit eine Schwäche zu bewirken, bey welcher sie selbst verschwindet, und zuweilen scheinen sogar die Zufälle und Folgen der Krankeit selbst, einige Zeit vor dem Tode ein gutes Ansehen zu gewinnen. Eine Dame, die schon das 75ste Jahr zurückgelegt hatte, bekam eine Hautwassersucht über den ganzen Körper; der Unterleib war sehr voll und ausgedehnt, der Urin gieng ganz sparsam ab, das Athemholen war so beklommen, daß das Gesicht völlig braunroth aussahe, und man mit Wahrscheinlichkeit vermuthen konnte, daß auch in der Brust Wasser seyn müsse; der Puls war äusserst unregelmäßig, schwankend, zitternd, aussetzend und klein. An den Beinen wurden nunmehr kleine Einschnitte mit der Lanzette gemacht, und durch dieselben länger als drey Wochen ein ganz freyer Ausfluß unterhalten, wodurch das Zellgewebe und einigermaßen auch der Unterleib entledigt wurden. Das Athemholen war nun wieder frey und leicht, so daß man hofte, das Wasser in der Brusthöle sey absorbirt worden, der Puls wurde regelmäßig, weich und voller, und die Eßlust nahm zu. Die Kranke schien jetzo von ihrem Uebel völlig befreyt zu seyn, und blos einige Folgen desselben waren noch übrig. Der Urin gieng wieder in der natürlichen Quantität ab, allein obgleich das eigentliche Uebel gehoben zu seyn schien, so wurde die Kranke doch immer schwächer, und starb, nachdem sie beynahe einen Monat in diesem Zustande zugebracht hatte. Einige Tage vor ihrem Tode bekamen die Schenkel erst ein purpurrothes und dann ein bleygraues Ansehen, und an einigen Stellen, wo die Puncturen waren gemacht worden, fanden sich Flecke von ausgetretnem Blut, auf welchen Bläschen auffuhren, die im Anfange mit einer blos wäßrigen, in der Folge aber mit einer blutigen Feuchtigkeit angefüllt waren, welches alles den nahen Brand anzeigte.

Selbst beym herannahenden Tode findet man oft einen weichen, ruhigen und regelmäßigen Puls, der nicht im geringsten gereizt ist, nnd das, wenn alle übrige Zeichen das baldigen Todes bemerkt werden, z. B. gänzlicher Mangel an Eßlust und Ruhe, Schlucken, kalte Füße oder partielle Kälte an andern Theilen, klebrige Schweiße u. s. w.

Bey einer Frau schienen alle Krankheitszufälle verschwunden, und nur die Folgen der Krankheit, Schwäche, geschwollene Füße u. s. w. noch übrig zu seyn. Der Urin gieng sehr sparsam ab, und die Kräfte wurden so schwach, daß die Kranke kaum noch vernehmlich zu sprechen vermochte. Sie lag in einer Art von Schlummer, aus dem sie sich nur ermunterte, wenn man sie weckte. Nahrung nahm sie nur löffelweise, und blos wenn sie dazu aufgefodert wurde, zu sich. Der Puls war klein und beynahe unfühlbar, die Extremitäten waren kalt, und es traten nach und nach alle Zeichen des herannahenden Brandes ein, der sich auch am Ende wirklich einfand. Allein 36 St. ehe sie starb, verschwand die wäßrige Geschwulst in den Ober- und Unterschenkeln, der Urin gieng reichlicher ab, und ohngefähr 10 Stunden vor dem Tode waren die Füße und übrigen Theile gerade nur so stark, als im natürlichen Zustande. Da ich die Wassersucht als eine ganz eigne Krankheit, und nicht als eine bloße Folge von Schwäche ansehe, welches zum Theil auch der Ausgang des gegenwärtigen Krankheitsfalles beweißt, so möchte ich hier die Frage aufwerfen, ob nicht vielleicht die Absorbtion des Wassers eine Folge des Verschwindens der Krankheit war, und ob nicht nach dem Verschwinden der Krankheit die absorbirenden Gefäße wieder thätig zu werden anfiengen? Wäre dieses der Fall, so könnte vielleicht der Brand eben durch das Nachlassen der Krankheit bewirkt werden, und der Tod blos durch Schwäche erfolgen; oder mit andern Worten: es könnte durch den Mangel an Kräften zur Reaction auf der einen, oder durch den Mangel des zur Hervorbringung der Reaction erfoderlichen Reizes auf der andern Seite ein Stillstand der lebendigen Thätigkeit selbst veranlaßt werden.

Da sich die Leichname solcher Personen, die schnell oder auf eine gewaltsame Art gestorben sind, sowohl als die von solchen, welche nach einer wichtigen Operation starben, nicht solange halten, als die Körper derer, die eine Zeitlang krank gewesen sind; und da nach einer großen Operation z. B. nach einer Amputation des Schenkels der Kranke sich langsamer erholt, als nach einer langwierigen Krankheit; so könnte vielleicht die schnellere Annährung des Todes und der frühere Eintritt der Fäulniß auf einem und demselben Grunde beruhen. Wo die Veränderung, welche den Tod herbeyführt, leichter erfolgt, da geschieht auch die Veränderung eher, die die Fäulniß bewirkt. — Indessen geht höchst wahrscheinlich die bey der schnellern Fäulniß nöthige Veränderung derjenigen voraus, die den völligen Tod nach sich zieht.

III. Theil.

Erstes Kapitel.

Ueber die Behandlung der Abscesse.

Ich habe im vorhergehenden die Lehre von der Eiterung nach allgemeinen Grundsätzen vorzutragen gesucht. Diese allgemeinen Grundbegriffe führen nun zwar an und für sich selbst schon auf eine allgemeine Heilmethode hin; da aber einzig und allein die geschickte Anwendung derselben auf den ausübenden Theil der Kunst den vollkommnen Wundarzt ausmacht, und da gerade die entschloßne Befolgung der erkannten allgemeinen Wahrheiten, vorzüglich in einzelnen besondern Fällen, die größte Schwierigkeit kostet; so ist es für den Anfänger nöthig, nach Darlegung der ersten Grundbegriffe, auch eine Anleitung zur practischen Anwendung derselben zu geben.

Abscesse sind zwar in den gewöhnlichen Fällen, aber doch nicht immer, Folgen einer von innerlichen Ursachen abhängenden Entzündung. Oft geben auch äußere Gewaltthätigkeiten dazu Gelegenheit, z. B. heftige Verrenkungen oder Quetschungen, wodurch Theile, welche tiefer als die Haut gelegen sind, verlezt, und zur Entzündung und Bildung eines Abcesses veranlaßt werden. Oft sind auch stecken gebliebne fremde Körper, über welche sich in der Folge die Wunde geschlossen hat, die Ursache davon. Selbst wenn dergleichen Uebel ohne sichtbare äußere Veranlassung entstanden zu seyn scheinen, sind doch die Ursachen, die Anlagen und die Modificationen derselben so mancherley, daß sie einen der weitumfassendsten Gegenstände der Chirurgie ausmachen. Aus eben dem Grunde muß nothwendig auch die Behandlungsart derselben unendlich verschieden und mannigfaltig seyn.

Meine gegenwärtige Absicht ist nicht, mich in eine vollständige Untersuchung der Ursachen, Wirkungen und der besondern Heilmethode einer jeden Art von Abcessen einzulassen, weil ich dann alle die widernatürlichen Zustände, durch welche dergleichen Uebel hervorgebracht werden können, und von welchen verschiedne unter die Klasse der specifischen Krankheiten zu rechnen seyn würden, besonders abhandeln müßte. Indessen werde ich mich bemühen, für die Behandlung dieser Uebel selbst und verschiedner davon abhängenden Folgen solche allgemeine chirurgische Regeln festzusetzen, nach welchen sich bey weiten die meisten Arten dieser Gattung widernatürlicher Veränderungen, als bloße einfache Abscesse betrachtet, beurtheilen lassen. Die eigenthümliche Behandlung, welche Abscesse von specifischer Beschaffenheit erfodern, werde ich vorzüglich nur mit Beziehung auf die örtliche und allgemeine medicinische Behandlung derselben erörtern, und die Heilung eines auf diese Art entstandnen örtlichen Uebels wird sich deshalb, abgesehen von dem, was die specifische Natur desselben nothwendig macht, ebenfalls größtentheils aus jenen allgemeinen Regeln ergeben.

Alle Eiterungen, die ohne äußere Veranlassung entstehen, ihre Ursache mag übrigens seyn, welche sie wolle, haben ihren Sitz unter der Oberfläche des Körpers, und müssen daher Abscesse bilden. Man findet daher Abscesse von sehr verschiedner Tiefe, von der Hautpustel an bis zur Beule, und von dieser bis zu den Eitersammlungen zwischen den Muskeln oder in andern tief gelegenen Theilen.

Die Eitersammlungen, vorzüglich die mehr nach der Oberfläche zu gelegenen, entstehen gewöhnlich an eben dem Orte, wo sich das Eiter erzeugt hat, und dieses sind die eigentlich sogenannten örtlichen Abscesse (abscesses of a part). Oft aber findet man auch dergleichen in Theilen, wo das Eiter ursprünglich nicht abgesondert worden ist, sondern wo es sich erst von dem Orte seiner Erzeugung nach einem tiefer gelegenen Theile gesenkt hat, oder wo es durch irgend ein Hinderniß auf seinem Wege aufgehalten worden ist, und nunmehr eine neue Richtung bekommen hat; man könnte sie abgeleitete Abscesse (abscesses in a part) nennen, und ich werde mich auch dieser Benennung bey meinen Beschreibungen derselben bedienen. Sie finden sich vorzüglich in tiefer gelegenen Theilen, und entstehen, wie ich glaube, nicht durch Entzündung, sondern sind mehr scrophulöser Art, und gehören mithin weniger für meinen gegenwärtigen Zweck.

Es

Es hält schweer, die Abscesse unter scharf abgesonderte Klassen zu bringen. Indessen kann man sie, wie die Entzündungeu, in gutartige und bösartige (sound and unsound.) eintheilen, denn ich glaube, daß diese Abtheilung auf die Heilart derselben hinweißt. Jetzt aber geht meine Absicht blos dahin, die Lehre von den Abscessen im allgemeinen vorzutragen.

Die Kennzeichen, wodurch sich gutartige Abscesse von bösartigen unterscheiden, sind sehr mannichfaltig, ob es gleich auch Abscesse von eigner Beschaffenheit giebt, deren Charakter sich nicht mit Bestimmtheit angeben läßt. Oft unterscheiden sie sich auf den ersten Anblick; oft durch die Art der Entzündung und ihren Verlauf, ganz vorzüglich aber durch die Anstalten, welche die Natur zu ihrer Heilung trift. So schließen wir z. B. nach der Inoculation von den ersten Erscheinungen am Arme auf den wahrscheinlichen Ausgang der Krankheit. Ist die Entzündung im Anfang mäßig stark, begränzt, hellroth und etwas erhaben, so versprechen wir uns eine gute Art. Eben das gilt auch von der ersten Erscheinung der Blattern selbst, so wie auch von der anfänglichen Gestalt eines Schankers, oder überhaupt aller der Uebel, die mit Entzündung anfangen oder mit Entzündung begleitet sind. Ueberall schließen wir aus der Beschaffenheit der Entzündung auf den künftigen Erfolg.

Es könnte fast ganz überflüssig scheinen, hier etwas von den gutartigen Abscessen zu sagen, weil die oben angegebenen Grundregeln sich sehr leicht auf sie anwenden lassen, und weil sie oft wenig oder gar keiner Hülfe bedürfen. Allein es können demohngeachtet dabey Umstände eintreten, welche die Heilung verzögern, ohne gerade dem Absceß den Character der Bösartigkeit zu geben. Dahin gehört zum Beyspiel das Eindringen fremder Körper in gesunden Theilen. Auf die meisten dieser Fälle werden sich wahrscheinlich jene allgemeinen Grundregeln anwenden lassen, daß heißt, es braucht dabey nur wenig zu geschehen, weil der fremdartige Stoff zuweilen von selbst ans dem Wege geräumt wird, uud mithin nur wenig Beyhülfe nöthig ist.

I. Ueber die Annäherung der Abscesse nach der Haut.

Unter einem gutartigen Abscesse verstehe ich einen solchen, wo der allgemeine Gesundheitszustand ohne Fehler ist, wo die Theile, die zur Heilung erforderliche Anlage und Kräfte haben; und wo diese Anlagen und Kräfte sich gehörig äußern können; (welches in solchen Theilen des Körpers, die vermöge ihrer Organisation zur Heilung besonders geschickt sind, mit mehrerer Leichtigkeit geschieht). Ein gutartiger Absceß muß ferner eine solche Lage haben, daß die sich dabey äußernden Thätigkeiten ohne Nachtheil fürs Ganze von statten gehen können, und darf endlich nicht von einer solchen specifischen Beschaffenheit seyn, für welche wir keine eigne Heilmethode besitzen. Specifische Uebel, für die es eine besondre Heilmethode giebt, gehören unter unsre erste Klasse *).

*) Wenn z. B. bey einem venerischen Geschwür die specifische Beschaffenheit desselben gehoben ist, so läßt es sich

In einem gesunden und mit hinlänglichem Grade von lebendiger Thätigkeit begabtem Theile pflegt, wenn dabey zugleich der allgemeine Gesundheitszustand ohne Fehler ist, die Entzündung gemeiniglich sehr heftig, und vom ersten Anfang an mit einem beträchtlichen Grade von Schmerz verbunden zu seyn *). Die Eiterung tritt sehr zeitig ein, die zwischen dem Absceß und der Haut gelegenen Theile werden bald angegriffen, und die Ulceration greift schnell um sich. Die Haut bekommt eine hochrothe Farbe, das Eiter bahnt sich bald einen Weg nach derselben, und veranlaßt an irgend einer Stelle derselben eine spitzige Geschwulst **), welche am Ende auf-

---

eben so leicht heilen als jedes andre, und erfordert die nämliche Behandlung.

*) s. oben die Symptome bey der suppurativen Entzündung.

**) Diese Erscheinung macht einen wesentlichen Unterschied aus zwischen den Abscessen, die nach heftigen Entzündungen folgen, und denjenigen, die in ihren Fortschritten langsam sind. Es ist dieselbe so auffallend, daß ich sie oft schon dann bemerkt habe, wenn das Eiter noch so tief steckte, daß sich nicht die mindeste Fluctuation spüren ließ, und wo ich fast noch zweifelte, ob schon wirklich Eiter da sey oder nicht, so daß ich beynahe vermuthe, daß jene Erscheinung zuweilen der Eiterung noch vorangeht. Gewiß ist es wenigstens, daß sie sich weit früher zeigt, als an eine Ausdehnung durch das Eiter zu denken ist. Außer der Erhebung in eine spitzige Geschwulst, giebt es bey tiefliegenden Eitersammlungen, die eine Folge von Entzündung sind, noch ein charakteristisches Merkmal, nämlich ein gewisses aufgedunsenes Ansehen (oedematous appearance) bricht. Alles dieses erfolgt mit der größten Schnelligkeit.

Diese Umstände zeugen insgesamt von einem so vorzüglichen Grade des allgemeinen und örtlichen Gesundheitszustandes, daß dem Wundarzt in den ersten Zeiträumen des Uebels nur wenig zu thun übrig bleibt.

Man hat in solchen Fällen Breyumschläge empfohlen, um zu bewirken, daß die Theile zwischen dem Absceß und der Haut,* die schon an und für sich dazu geneigt sind, noch mehr nachgeben. Allein ich habe schon gezeigt, daß sie eine solche Wirkung gewiß nicht haben können. Indessen können sie allerdings von Nutzen seyn, wenn die Entzündung die Haut erreicht hat, um dieselbe geschmeidig zu erhalten, die Ausdehnung des Oberhäutchens zu erleichtern, und zu machen, daß es der darunter liegenden Geschwulst nachgiebt. Es verschaft dieses dem Patienten Erleichterung, denn Wärme und Feuchtigkeit wirken in gewissen Fällen als beruhigende Mittel auf unser Gefühl. Allein es ist dieses nicht allgemein, und ich bin noch nicht im Stande gewesen, die Umstände zu bestimmen, wo sie Erleichterung verschaffen, und wo sie im Gegentheil den Schmerz noch vermehren.

---

oder eine Verdickung der nach der Oberfläche zu gelegenen Theile. Le Dran beobachtete dieses bey Abscessen in der Bauchhöle, wo zwischen den in Eiterung gegangenen innern Theilen und den Bauchwänden eine Verwachsung statt gefunden hatte, und Pott bey Eiterungen im Gehirn. Ob sich in solchen Fällen die Geschwulst auch in eine Spitze erhebt, weiß ich nicht.

So wie ein gutartiger Abzeß in der Zeit zwischen seinem ersten Anfang und seiner Oefnung nur wenig chirurgische Hülfe bedarf, so erfodert er auch nachher zur Heilung und Wiederherstellung des natürlichen Zusammenhangs der Theile keine besondre Aufmerksamkeit.

Die Thätigkeit der natürlichen Kräfte und Fähigkeiten der Maschine thut hierbey mehr, als alle Hülfe, welche der Wundarzt leisten kann. Indessen können bey Abscessen noch andre Umstände eintreten, die gerade auf Gutartigkeit und Bösartigkeit derselben keinen Bezug haben, aber doch chirurgische Behandlung erfodern. Dahin gehört z. B. die Ausziehung exfolirter Knochenstücke, die, wenn sie zurückbleiben, die Heilung verzögern. Da ferner, in vollkommen gesunden Theilen und bey vollkommen natürlichem Zustande des ganzen Körpers, nur selten Entzündungen entstehen, so muß man sie im Durchschnitt alle so behandeln, als wenn eine widernatürliche Anlage dabey vorwaltete. Auch muß man dabey noch auf andre Umstände Rücksicht nehmen; denn da bey keinem Absceß eine Heilung eher möglich ist, als bis sich das Eiter ausgeleert hat, so ist auch diese Ausleerung immer das erste, was die Natur zu bewirken pflegt. Allein die bloße Ausleerung ist dazu nicht allemal hinreichend, und man muß daher überlegen, ob es nicht fast in allen Fällen rathsam ist, noch etwas mehr zu thun. Ich bin sehr geneigt zu glauben, daß das, was bey einem bösartigen Absceß die Heilung unterstützt, auch bey jedem gutartigen vortheilhaft sey. Allein diese Maxime muß mit großer Vorsicht in Anwendung gebracht, und nie zu weit ausgedehnt werden, denn in manchen Fällen würde ein solches Verfahren ganz unnöthig, und mithin völlig unzuläßig seyn; in andern aber wird es nur zum Theil nothwendig. Ueberdies giebt es auch Fälle, wo es gerade zu schädlich ist; denn manche Abscesse lassen sich bey der bloß einfachen Behandlung ganz erträglich an, werden aber, weil die Reizbarkeit bey ihnen bis auf einen gewissen Grad erhöht ist, sehr leicht auf eine oder die andre Art bösartig, wenn man sie in ihrem natürlichen Verlaufe zuviel stört. Auf der andern Seite würde das angegebne Verfahren unter gewissen Umständen wiederum nicht hinreichend seyn, weil in manchen Theilen ein großer Hang zur Trägheit obwaltet. Wollte man bey jenen die reizende Methode anwenden, so würde der Erfolg ungünstig seyn, und so auch umgekehrt bey diesen.

Im allgemeinen vermögen die natürlichen Kräfte der Theile leichter eine Heilung zu Stande zu bringen, wenn man gewisse Vorkehrungen getroffen hat, die auch bey der kraftvollsten und gesundesten Anlage, des ganzen Körpers sowohl als einzelner Theile, eine frühere Heilung bewirken. Das erste, was man in dieser Rücksicht zu thun hat, ist, daß man den Absceß durch einen hinlänglich großen Einschnitt öffnet, wodurch man die nachherige besondre Behandlung entweder ganz erspart, oder doch, wenn sie ja nöthig werden sollte, sehr erleichtert. Auch bey gutartigen Abscessen ist es sonach die erste Regel, daß man gleich vom Anfang eine gehörig freye Oefnung mache, wobey jedoch zu merken ist, daß man diese Vorsicht um so weniger nöthig hat, je gutartiger der Absceß ist. Denn wenn auch die lebendigen Kräfte der Theile dadurch nicht vermehrt werden, so werden doch diejenigen, welche schon da sind, aufrecht erhalten, und ihre Thätigkeit erhält eine solche Richtung, daß die Heilung leichter von statten geht. Das Lebensprincip scheint sich nämlich, wenn die Theile geöffnet und von Haut entblößt sind, vorzüglich wenn der Zustand derselben übrigens natürlich ist, in einer gleichsam gezwungenen Lage zu befinden und dadurch zu einer lebhaften Thätigkeit veranlaßt zu werden, welche hauptsächlich auf die Bedeckung des entblößten Theils mit neuer Haut gerichtet ist. Ein Ausweg ist hier nicht möglich; und da, wie ich kurz vorher erinnert habe, eine so geringfügige Veranlassung wie eine kleine äußere Verletzung ist, nur selten einen Absceß veranlaßt, der von freyen Stücken entstanden zu seyn schiene; so muß hier ein gewisser Grad der Lebenskraft wirksam seyn, durch welchen eine solche Gelegenheitsursache unschädlich gemacht wird. In keinem Falle wird dies so deutlich als bey der Gefäßfistel; denn wenn man hier nicht den Darm in seiner ganzen Länge bis auf den Grund des Hohlgeschwürs, wo der eigentliche Sitz des Uebels ist, und wo sich der Absceß zuerst gebildet hat, aufschlitzt, so wird man selten oder niemals eine Heilung bewirken. Indessen kommt auch hier alles auf Umstände an; denn wenn die Eiterung sehr schnelle Fortschritte macht, und das Eiter sich zeitig einen Weg nach der Haut bahnt, so erfolgt die Heilung im Verhältniß eben so leicht, wenn man den Schnitt gemacht hat, als wenn man es unterläßt. In solchen Fällen ist es also nicht so unumgänglich nothwenig, daß Hohlgeschwür in seiner gänzen länge zu öfnen. Man hat zwar dagegen eingewendet, daß dies nicht der Weg ist, den die Natur in den gewöhnlichen Fällen einschlägt; allein ich erinnere dagegen, daß, wenn sich ein Absceß nur an einer kleinen Stelle öffnet, die Theile in der Nähe der Oeffnung sich gemeiniglich in ganz natürlichem Zustande befinden, obgleich der Grund des Geschwürs von sehr übler Beschaffenheit seyn kann; daß aber im Gegentheil, wenn die Theile um die Oefnung herum eine bösartige Beschaffenheit haben, gemeiniglich eine Ulceration eintritt, und das ersetzt, was die Kunst hätte thun sollen. Zum Beweise, daß eine große Oefnung der Heilung des Geschwürs nicht nachtheilig seyn kann, darf man sich nur erinnern, daß, zwischen einem weit geöffneten Absceß, und zwischen einer Wunde, die durch eine Operation, z. B. durch die Ablösung eines Gliedes, veranlaßt worden ist, und sich nicht durch die schnelle Vereinigung geschlossen hat, gar kein Unterschied statt findet. Die bis zur äußern Haut fortgehende Trennung des Zusammenhanges ist äußerlich hier eben so groß, wo nicht größer, als der Grund; daher auch die Heilung leicht von statten geht. Indessen suchen wir doch immer durch Ersparung der Haut diesen Umstand so viel möglich zu verhüten, und so gewissermaaßen eine Wunde mit einer kleinen Oefnung zu bekommen; auch lehrt die Erfahrung, daß, wenn eine kleine Oefnung zu einer Höhle von größerm Umfang führt, in der eine Eiterung statt findet, die ganze Fläche, soweit sich die Eiterung verbreitet hat, eben so gut heilt, als wenn sie völlig entblößt worden wäre. Ein solcher Fall findet bey der Operation des Wasserbruchs durch das Aezmittel oder auch durch das Haarseil statt, denn hier gleicht die Höhlung der Scheidenhaut, sobald die Eiterung eingetreten ist, einem Absceß in allen Stücken. Allein ich weiß doch nicht, ob der Erfolg bey diesen beyden Methoden besser ist, als bey der Operation durch den Schnitt, uud ich bin der Meynung, daß man sich weniger davon versprechen kann, wenn die Scheidenhaut nicht völlig gesund, als wenn dieselbe sehr stark ausgedehnt ist. Ueberdies weiß man auch, daß große Einschnitte in den Hodensack nicht so nachtheilige Folgen haben, als in andern Theilen; denn da die Haut an demselben sehr faltig ist, so wird dadurch alles beseitiget, was in andern Theilen, bey einem großen Einschnitt, die Heilung verzögert haben würde. Die Sache aus allen Gesichtspuncten betrachtet, scheint wirklich auf keiner Seite ein besonderer überwiegender Vortheil zu seyn, und der Wundarzt muß sich, wenn er bestimmen will, ob er eine große oder kleine Oefnung zu machen habe, durch andre Umstände leiten lassen.

Bey vielen Abscessen hängt der Umfang, den sie einnehmen, zum Theil mit von der Ausdehnung der äussern Haut ab, welches, nach Verschiedenheit der Umstände, bald mehr bald weniger der Fall ist; man muß daher diese Fälle gehörig unterscheiden, weil in dem einen die Oefnung freyer gemacht werden muß, als in dem andern.

Bey Abscessen in weichen Theilen hängt der Umfang mehr von der Ausdehnung der Haut ab, als bey

Abscessen in harten Theilen, z. B. in Knochen, Gelenken rc. Stehen Abscesse in weichen Theilen in gar keiner Verbindung mit harten, z. B. an den Waden, dem dicken Theile der Schenkel, den Hinterbacken, so hängt ebenfalls ihre Größe mehr von der Ausdehnung der Haut ab, als wenn harte Theile in der Nähe sind, z. B. am Schienbein, am Kopf rc. Im erstem Falle wird es keiner so großen Oefnung bedürfen, weil sich die Theile von selbst zusammenziehen, und ihre natürliche Spannung wieder erhalten, sobald durch die Ausleerung des Eiters die Ausdehnung gehoben ist, welches im zweyten Falle nicht so leicht geht. Ueberdies können sich auch in jenem Falle die Granulationen weit stärker zusammenziehen, als in diesem. Indessen geschieht es doch auch nicht selten, daß Abscesse sehr gut heilen, wenn man gleich, außer der Oefnung, welche im Anfang durch die Ulceration veranlaßt worden war, keine weitere Oefnung gemacht hat. Bey Abscessen, die man von selbst aufbrechen läßt, kommt dieser Fall am häufigsten vor, wie ich jetzo ausführlicher zeigen werde.

II. Ueber die Zeit, wenn man einen Absceß öfnen muß.

Der natürliche Gang, welchen Abscesse nehmen müssen, um die in ihnen enthaltenen Materien auszuleeren, ist im ganzen genommen der beste, so daß man sie in vielen Fällen sich selbst überlassen muß. Bey bösartigen Abscessen wird dieses noch öfter nöthig, als bey gutartigen, weil hier die Ulceration, die zwischen dem Sitze des Uebels und der äußern Haut gelegenen Theile mehr zerstört, und mithin eine freyere Oefnung bewirkt.

Alle Abscesse, sie mögen entstehen wo sie wollen, nehmen an Umfang zu, je mehr sie sich nach der Haut erheben; mithin ist auch diese Erweiterung zunächst unter der Haut stärker als in der Tiefe, und die Höhlung gleicht daher gewissermaßen einem umgekehrten Kegel, dessen Basis unter der Haut und dessen Spitze nach innen gekehrt ist. Diese Erscheinung ist mehr oder weniger bemerklich, je nachdem der Absceß mehr oder weniger tief liegt, oder je nachdem er auf seinem Wege verschiedenartige Stoffe und Theile antrift, die dem Eiter eine andre Richtung geben, oder je nachdem er sich schnell oder langsam erhebt.

Es ist ein sehr vortheilhafter Umstand für die Heilung, wenn ein Absceß diese Gestalt hat, denn man kann auf diese Art durch die äußere Oefnung leichter auf den Grund desselben, welche doch der eigentliche Sitz des Uebels ist, gelangen, als es außerdem möglich seyn würde. Findet aber in dieser Rücksicht ein Mißverhältniß statt, so wird die Heilung verzögert: denn wenn der Grund des Abscesses, wo das Uebel seinen Anfang genommen hat, eine mehr oder weniger übelartige Beschaffenheit hat, die Theile aber, die zwischen ihm und der äußern Oberfläche liegen, sich in völlig natürlichem Zustande befinden, und dem Eiter blos den Durchgang verstatten, so haben sie auch eine stärkere Anlage sich zu schließen, als der Grund des Abscesses, welches denn auch gemeiniglich der Fall ist.

Stünde es in unsrer Gewalt zu machen, daß der Grad der Heilkräfte anders an der Mündung des Abscesses, und anders an der Tiefe desselben wäre, so müßte man denselben an der Oefnung zu verringern suchen, weil die Kunst da am leichtesten etwas thun kann. Um diese Absicht soviel als möglich zu erreichen, sollte man die Abscesse sich selbst überlassen, bis sie von freyen Stücken aufbrechen; denn obgleich diese Oefnung, vorzüglich bey gutartigen Abscessen, gemeiniglich nur ganz klein ist, muß man sich doch erinnern, daß in solchen Fällen die Haut über der Höhle des Abscesses so dünn zu seyn pflegt, daß sie nur sehr wenig Anlage zur Heilung hat, und daß oft sogar eine Ulceration entsteht, durch welche eine freye Oefnung bewirkt wird. Geschieht auch das letztere nicht, so kann doch nachher durch die Kunst sehr leicht eine Oefnung veranstaltet werden.

Es ist eine sonderbare Erscheinung in dem Verlauf der Abscesse, daß bey denjenigen, wo die Anlage zur Heilung am vollkommensten ist, auch die Annäherung zur Haut am schnellsten geschieht. Der Ausweg, den sie sich bahnen, schränkt sich fast blos auf einen einzigen Punct ein; sie erheben sich nicht so kegelförmig, wie ich oben beschrieben habe, weil dieses, in Rücksicht auf die Heilung, hier nicht so nothwendig ist, und ihre Oefnung ist ganz klein. Wenn aber im Gegentheil bey dem Verlauf eines Abscesses eine gewisse Trägheit obwaltet und der gehörige Grad von Thätigkeit fehlt, so verbreitet er sich mehr seitwärts, dehnt die umliegenden Theile, die hier nicht so fest durch Entzündung unter einander verwachsen sind, aus, die Ulceration bahnt hier nicht so leicht einen Ausweg, und der Absceß nähert sich der Haut mit einer breiten Oberfläche, so daß eine große Stelle der Haut dünn wird. Man sollte Abscesse nur dann von selbst aufbrechen lassen, wenn das eingesperrte Eiter keinen Nachtheil bringen kann, und dies wird im allgemeinen bey denjenigen zutreffen, die von innen heraus heilen müssen. Befinden sich aber natürliche begränzte Höhlen in dem Zustand eines Abcesses, so muß man in den mehrsten Fällen die Oefnung zeitig machen, z. B. bey Abscessen im Unterleibe, in der Brusthöhle, im Kopfe, im Auge und in den Gelenken.

Bey einem Abceß in der Scheidenhaut des Hoden thut man besser, wenn man ihn von selbst aufbrechen läßt, weil man da, wie bey einem Absceß in der Zellhaut, die Heilung von innen heraus geschehen lassen muß.

Wenn eine große Oefnung unnöthig seyn oder durch Umstände unmöglich gemacht werden sollte, so wird es in beyden Fällen rathsam seyn, die Oefnung, so groß als man sie nöthig hat, oder machen kann, an der niedrigsten Stelle zu veranstalten, in der Absicht, den außerdem unvermeidlichen Druck der angesammelten, oder, wie man zu sagen pflegt, der eingesperrten und zurückgehaltenen Materie, zu entfernen. Ich muß nämlich hier erinnern, daß ein sehr geringer Druck auf der Seite des Abscesses, die der Haut zugekehrt ist, eine Ulceration daselbst zu bewirken im Stande ist, und daß dieser Druck, wenn er auch in manchen Fällen nicht so beträchtlich wäre, daß er eine Ulceration in der Tiefe des Abscesses hervorbringen könnte, dennoch die Erzeugung des jungen Fleisches auf dieser Seite verhindern, die Heilung verzögern, und die Vereinigung durch Granulationen vereiteln würde. Und gesetzt auch, es würde in so einem Falle die Erzeugung neuer Masse nicht gänzlich unterdrückt, so würde doch das Wachsthum derselben verzögert, und auf diese Weise die Heilung langwieriger gemacht werden, als sie es ohne diesen Druck gewesen seyn würde. Diese Verzögerung würde da, wo der Druck am stärksten ist, das heißt an der abhängigsten Stelle des Abscesses, am merklichsten seyn, so daß in den höher gelegenen Theilen die Heilung bis auf einen engen Raum leicht von statten gehen, und auf diese Art der Absceß in den Zustand eines Hohlgeschwürs versetzt werden würde.

Es ist indessen nicht überall möglich, die Oefnung an der niedrigsten Stelle des Abcesses zu machen, und wenn es möglich wäre, so würde es doch oft sehr unstatthaft seyn. In Fällen, wo es ganz unmöglich ist, bleibt vielleicht weiter nichts zu thun übrig, als daß man das Eiter, so oft als es nöthig ist, ausleert, und durch einen mäßigen Druck die Wände des Sinus in Berührung erhält, um auf diese Art eine Verwachsung derselben zu bewirken. Allein auch dieses wird die Lage des Abscesses nicht in allen Fällen gestatten. Eine der gemeinsten Ursachen, welche die Oefnung des Abscesses an der niedrigsten Stelle unstatthaft machen, ist der allzugroße Abstand des Eiters von der Haut an der gedachten Stelle. Wenn nämlich der Abceß etwas tief sitzt, und die Stelle, wo er sich in eine Spitze erhebt, höher liegt, als der eigentliche Sitz des Uebels, (welches zuweilen geschieht, wenn die höher gelegenen Theile leichter nachgeben,) so muß man die Oefnung da machen, wo sich die Erhebung zeigt; so, zum Beyspiel, wenn sich ein Absceß mitten in der Brusthöle gesammelt hat, nnd nun, wie es oft der Fall ist, nach oben zu aufbricht, so würde es sehr unrecht seyn, wenn man in die untere Hälfte der Brusthöhle einen Einschnitt machen wollte, um dem Eiter hier einen Ausweg zu verschaffen; freylich geschieht dies oft späterhin durch den Druck des Eiters, wie ich so eben erinnert, und wie ich es auch selbst mehr als einmal beobachtet habe.

Wenn sich auf dem obern Theil des Fußes ein Absceß gebildet hat, so würde es sehr unbesonnen seyn, wenn man, um zu der abhängigsten Stelle des Abscesses zu gelangen, eine Oefnung durch die Fußsohle machen wollte. Denn nicht zu gedenken, daß man einen so tiefen Einschnitt in gesunde Theile machen müßte, so würden auch gar zu viel nützliche Theile zerstört werden. Auch würde es unmöglich seyn, den Einschnitt offen zu erhalten, weil in gesunden Theilen die Anlage, sich zu schließen, gar zu stark ist. Zudem würde auch ein solches Verfahren ganz meiner ersten Regel zuwider laufen, nach welcher man die Theile, ehe man sie öfnet, so dünn als möglich werden lassen soll, um zu verhüten, daß sie sich nicht zu frühzeitig schließen *).

---

*) Man könnte glauben, daß es dieser letztern Cautel wohl kaum bedürfte; allein ich habe einmal einen Fall beobach-

In Rücksicht auf die Fälle, wo der Ort, an welchen das Eiter sich von selbst einen Ausweg bahnen zu wollen scheint, eben da ist, wo man wahrscheinlicherweise in der Folge die künstliche Oefnung machen würde, und wo die Lage für die Heilung des eigentlichen Sitzes des Uebels nachtheilig ist, thut man besser, die Oefnung der Natur zu überlassen, weil sich dann der Absceß unmittelbar unter der Haut seitwärts ausbreitet, und dann die Oefnung, so viel als man es für nöthig hält, zu erweitern. Denn wenn man einen Absceß von selbst aufbrechen läßt, so ist die Oefnung weniger geneigt, sich zu schließen, als wenn man eine künstliche Oefnung veranstaltet hat, und das ist unter den gedachten Umständen allemal vortheilhafter.

III. Ueber die Methoden Abscesse zu öffnen, und über ihre nachherige Behandlung.

Die Fälle ausgenommen, wo das bereits erzeugte Eiter wieder absorbirt wird, brechen alle Abscesse von selbst auf, und man muß sie, wie ich bereits erinnert habe, im Durchschnitt ihrem eignen Gange überlassen, wenn nicht besondre Umstände eine frühere Oefnung nothwendig machen. Ist aber die Haut über dem Absceß sehr dünn, so ist es ziemlich gleichgültig, ob man sie von

---

tet, wo sie auch bey Beobachtung der allgemeinen Regel, die Oefnung an der niedrigsten Stelle zu machen, angezeigt war.

von selbst aufbrechen läßt, oder ob man eine künstliche Oefnung veranstaltet.

Bey großen Abscessen ist im allgemeinen jedesmal eine künstliche Oefnung erforderlich, sie mögen nun schon von selbst aufgebrochen seyn oder nicht; denn die natürliche Oefnung ist selten so groß, als es zur vollkommnen Heilung nöthig ist; und wenn sie auch hinreichend wäre, um dem Eiter einen völlig freyen Abfluß zu verstatten, so erfolgt doch die Heilung viel leichter, wenn die Oefnung etwas groß ist, weil die dünne Haut, welche die Höhle des Abscesses bedeckt, nur spärlich neue Substanz ansetzt, und mithin die Vereinigung mit den tiefer gelegenen Theilen nicht fest genug wird. Ist die Haut sehr dünn, locker und faltig, so muß man in der Mitte, wo sie gemeiniglich am dünnsten zu seyn pflegt, ein länglich rundes Stück derselben wegnehmen. Es entsteht nun natürlich die Frage, auf welche Art man die Oefnung, wo sie nöthig ist, machen muß.

Die beyden Methoden, welche man in dieser Absicht vorgeschlagen hat, sind das Aezmittel und der Schnitt. Wählt man den Schnitt, so steht es in unsrer Gewalt, ein Stück von der Haut wegzunehmen oder nicht wegzunehmen. Das Aezmittel aber thut es allemal. Im allgemeinen, glaube ich, kann man keiner von beyden Methoden einen Vorzug geben, allein unter gewissen Umständen wird freylich der Schnitt den Vorzug verdienen, z. B. wenn man nur wenig Haut spannen kann, wie am Schienbein, am Kopf u. s. w., dahingegen in andern Fällen, wo man mehr Haut übrig behalten kann, das Aezmittel bessere Dienste leisten wird; da nämlich, wo entweder die natürliche Beschaffenheit des Theils es erlaubt, wie am Hodensack, oder wo ein großer Theil der Haut durch die unter derselben weit verbreitete Entzündung und Eiterung verdünnt ist. Ich bin daher auch sehr bereitwillig, meinen Patienten in diesem Stück nachzugeben, denn so wie einige bey dem Gedanken an ein schneidendes Instrument zittern, so ist wiederum andern die Vorstellung eines fortdauernden Schmerzes verhaßt. Entschließt man sich zu dem Aezmittel, so ziehe ich den Höllenstein der gewöhnlichen kaustischen Paste vor; die Art wie man ihn anwenden muß, habe ich oben beschrieben, als ich von den Mitteln sprach, durch die man ein künstliches Absterben bewirken kann. Steht die Wahl ganz bey mir, so ziehe ich den Schnitt dem Aezmittel vor, weil man durch jene Operation seinen Entzweck sogleich erreicht.

Läßt man einen Absceß von selbst aufbrechen, und erweitert nachmals die Oefnung nicht, so hat man keinen Verband und überhaupt gar nichts weiter nöthig, als daß man die umliegenden Theile reinlich erhält. Zum Auflegen dient vielleicht nichts besser, als daß man mit den Breyumschlägen, die man vorher angewendet hatte, fortfährt, wenn es anders die übrigen Umstände erlauben. Ist die allzugroße Reizbarkeit, welche eine Folge der Entzündung ist, vorüber, so kann man Charpie und eine Compresse auflegen. Hat man aber die Oefnung mit einem schneidenden Werkzeug gemacht, dann ist der Fall gemischter Art, weil er sowohl von einer Wunde als von einem Geschwür etwas hat; es kommt ein solcher Fall dem Zustand einer frischen Wunde um so näher, je dicker die durchschnittnen Theile sind, und es muß daher auch der Verband einigermaßen wie bey einer frischen Wunde eingerichtet werden. In die Oefnung muß man etwas legen, um zu verhindern, daß sie sich nicht gleich wieder durch die schnelle Vereinigung schließt; nimmt man Charpie dazu, so bestreicht man diese mit etwas Salbe, welches besser ist, als wenn man sie ganz trocken einbringt, weil man die bestrichne Charpie leichter wieder herausnehmen kann, den ersten Verband muß man bey solchen Geschwüren gleich den Tag darauf oder spätestens zwey Tage nachher abnehmen, weil das Geschwür schon in der Tiefe eitert, und die Materie mithin hier weit eher ausgeleert werden muß, als da, wo die ganze Oberfläche einer frischen Wunde, oder einer natürlichen begränzten Höhle, erst eitern soll, wie z. B. die Scheidenhaut des Hoden bey der Radikalkur des Wasserbruchs. Hat man mit Charpie verbunden, so wird diese durch das hervordringende Eiter feucht erhalten, und kann daher nicht so trocken werden, als es gewöhnlich bey frischen Wunden zu geschehen pflegt. Wenn die Ränder des Schnitts zu eitern anfangen, welches in wenig Tagen zu geschehen pflegt, so richtet man nachher den Verband so einfach als möglich ein, weil die Natur nunmehr gemeiniglich die Heilung allein zu Stande bringt.

Hat man die Oefnung mit dem Aezmittel gemacht, und den Schorf entweder abgesondert oder ihn von selbst losstoßen lassen, so hat man den Absceß nun als ein über und über eiterndes Geschwür zu betrachten, und auch den

Verband darnach einzurichten. Trockne Charpie ist vielleicht zum Verband das beste, bis man die natürliche Beschaffenheit des Geschwürs genauer kennt. Ist es gutartig, so kann man mit dem bisherigen Verbande fortfahren, im entgegengesetzten Fall aber ihn so einrichten, wie es die Umstände erfodern. Die Natur ist nämlich nicht immer im Stande, die Heilung allein zu bewirken; denn wenn auch die Theile im Anfang gesund sind oder gesund scheinen, weil sie die ersten Perioden der Entzündung leicht überstehen; so nehmen sie doch oft in der Folge noch diese oder jene übelartige Beschaffenheit an, entweder wegen Mangel an Reaction und Thätigkeit, wegen allzugroßer Reizbarkeit, wegen scrophulöser Anlage, oder weil in gewissen Fällen die leidenden Theile, vermöge ihrer natürlichen Beschaffenheit, besonders afficirt werden, z. B. Knochen-Bänder u. s. w.

IV. Theil.

Erstes Kapitel.

Ueber die Schußwunden.

Die Schußwunden sind eine Folge der durch neuere Entdeckungen vermehrten Mittel zum Angriff und zur Vertheidigung. Sie waren bey der ehemaligen Art Krieg zu führen, so wie sie noch heut zu Tage da üblich ist, wo man von den europäischen Entdeckungen noch nichts weiß, unbekannt, und es ist eine ganz eigne Bemerkung, daß Feuergewehr und Branndtwein gerade das erste sind, was uncultivirte Nationen von unsrer Cultur angenommen haben. Die Bereitung oder Zusammensetzung des Schießpulvers wurde nicht erst im vierzehnten Jahrhundert erfunden, sondern es wurde nur um diese Zeit zuerst in der Absicht angewendet, Körper damit fortzutreiben. Allein auch noch jetzt sind nicht alle Wunden, die im Felde vorkommen, Schußwunden, und viele von ihnen gleichen, in gewissen Rücksichten, denjenigen, die man in ältern Zeiten kannte.

Die Entdeckung der Kräfte des Schießpulvers und seine Anwendung auf die Kriegskunst hatte gewissermaßen Einfluß auf die Bereicherung der Künste und Wissenschaften im allgemeinen, und unter andern auch auf die Vervollkommung der Chirurgie, von der die Behandlung der auf diese Art beygebrachten Wunder einen wesentlichen Theil ausmacht. Beyde, sowohl die Kunst Menschen zu schaden, als die Kunst, jene Beschädigungen zu heilen, wurde besonders in Frankreich lange Zeit mit vielen Eifer getrieben, und es ist auffallend, daß, ob man gleich daselbst jene auch durch Schriften erweiterte und vermehrte, dennoch in der letztern nicht gleiche Fortschritte machte. Man hat in der That nur wenig aufzuweisen, was über diesen Gegenstand gesagt worden ist, und ob es gleich einer eigenen Untersuchung werth wäre, alle dahin einschlagenden Umstände zu erwägen, so ist doch das, was darüber geschrieben worden ist, so oberflächlich, daß es nur wenig Aufmerksamkeit verdient. Durch bloße Uebung, nicht durch feste Grundsätze ließen sich diejenigen leiten, die sich diesem Fache widmeten; und wenn man die Fortschritte untersucht, die bis jetzt in der empirischen Behandlung dieser Verletzungen gemacht worden sind, so findet man sie so gering, daß sie sich kaum auf die allgemeinen Regeln der Chirurgie zurückbringen lassen. Es war daher auch für einen Mann, der sich zum Wundarzt bestimmte, kaum der Mühe werth, sich im Felde zu üben.

I. Unterschied zwischen Schußwunden und allgemeinen Wunden.

Die Schußwunden haben, wie man leicht einsieht, ihren Namen von der Art wie sie beygebracht werden. Da sie bey Soldaten sowohl im See- als Landkriege häufig vorkommen, und da man zu ihrer Heilung eigne Wundärzte anstellt; so hat man sie auch für sich allein als eine eigne Art von Wunden betrachtet, ja es macht die Behandlung derselben jezt beynahe einen eignen Zweig der Chirurgie aus.

Schußwunden werden veranlaßt, durch harte, stumpfe, mit Gewalt fortgetriebne Körper, welches größtentheils Kugeln aus dem kleinen Gewehr sind; denn Verletzungen durch Kanonenkugeln, Bomben, Kartätschen, und Steine bey Belagerungen, oder durch Holzsplitter bey Seetreffen können in ihren Wirkungen wohl kaum zu den Schußwunden gerechnet werden, sondern gehören zu den Wunden im allgemeinen. Wunden die auf so verschiedne Art beygebracht worden sind, müssen freylich auch im ganzen sehr von einander abweichen.

Im ganzen genommen gehören die Schußwunden unter die Gattung der durch äußere zufällige Umstände bewirkten Beschädigungen. An und für sich sind es allemal frische, dem Körper zugefügte Verletzungen, sie werden aber oft die Ursache von mancherley nachfolgenden Beschwerden, oder arten in Krankheiten aus, die ein Gegenstand der Medicin oder Chirurgie werden. Mehrere dieser Folgen sind allen Verletzungen durch äußere zufällige Veranlassungen gemein, und können auch bey vielen andern Krankheiten entstehen, z. B. Abscesse, Beinfraß, Holgeschwüre ꝛc. andre aber sind den Schußwunden ganz allein eigen, z. B. Blasensteine, die durch das Eindringen einer Kugel in die Harnblase veranlaßt werden, Schwindsucht von Wunden in den Lungen, welches wie ich glaube selten geschieht, denn ich kann mich nicht erinnern, je einen Fall gesehen zu haben, der einen solchen Ausgang gehabt hätte. Allein nur so lange sie noch frisch sind, unterscheidet man sie als eine besondre Art von Wunden, und betrachtet sie als einen eignen Gegenstand der Behandlung.

Wunden dieser Art weichen nach Maasgabe verschiedner Umstände sehr von einander ab, und es beruht diese Verschiedenheit theils auf der Beschaffenheit der abgeschoßenen Körper, theils auf ihrer Geschwindigkeit, theils auch und vorzüglich auf der natürlichen und besondern Anlage der verlezten Theile. Die verwundenden Körper sind, wie ich schon erinnert habe, gemeiniglich Kugeln aus kleinen, zuweilen auch aus groben Geschütz, Kartätschen, Bombenstücke, und sehr oft in Seetreffen Holzsplitter. Was das leztere anbetrift, so giebt allerdings der Schade, den die Kanonenkugeln in dem Gebäude des Schiffs selbst oder in den darauf befindlichen Dingen anrichten, bey den Matrosen die hauptsächlichste Veranlassung zu Wunden ab. Denn eine Kugel muß erst durch die Wände des Schiffs durchschlagen, wenn sie als eine bloße Kugel wirken soll, hiedurch aber verliehrt sie einen Theil ihrer Kraft, reißt von der innern Seite des Schiffs große

Splitter los, und schleudert andre Körper, die sich im Schiffe selbst befinden, von ihrer Stelle, von welchen allen nichts geschehen würde, wenn sie nicht von ihrer Kraft und Schnelligkeit schon viel verlohren hätte. Daher werden auch die Matrosen selten von Kanonen- oder Musketenkugeln unmittelbar verwundet, und diejenigen Verletzungen welche durch einen der ebengedachten Körper veranlaßt werden, gleichen mehr den gewöhnlichen mit großer Gewalt beygebrachten und mit starker Quetschung und Zerreißung der Theile vergesellschafteten Wunden.

Schußwunden, sie mögen nun von Musketen- oder Kanonenkugeln oder Bomben und Kartätscheu herrühren, sind allemal gequetschte Wunden. Durch diese Quetschung wird allemal ein Stück der umliegenden festen Theile, längst dem Kanal, den sich der abgeschoßne Körper durch dieselben bahnt, in eine todte Masse verwandelt, und nachher in Gestalt eines Schorfes losgestoßen. Daher rührt es denn, daß sich solche Wunden selten durch die schnelle Vereinigung, oder die adhäsive Entzündung, schliessen, sondern gemeiniglich in Eiterung übergehen müssen. Dies erfolgt nun nicht bey allen Schußwunden, und auch nicht an allen Stellen der nämlichen Wunde auf völlig gleichförmige Art, welches von der verschiednen Geschwindigkeit des eindringenden Körpers abhängt. Denn, wenn die Kugel wenig Kraft mehr gehabt hat, welches oft schon an der Stelle wo sie eingedrungen ist, noch häufiger aber am Ende des Schußkanals der Fall zu seyn pflegt, so sieht man oft daß sich die Wunde durch schnelle Vereinigung schließt.

Da bey Schußwunden gemeiniglich ein Stück abgestorben ist, so entzünden sie sich auch nicht so leicht als Wunden von andern äußern Verletzungen. Diese Schwierigkeit, mit der die Entzündung erfolgt, richtet sich nach dem Verhältniß der Größe des todten Stücks zu dem Umfang der Wunde. Je beträchtlicher jenes ist, desto später tritt die Entzündung ein, vorzüglich wenn eine Kugel mit großer Gewalt durch einen fleischigen Theil gedrungen ist, weil hier nach Maasgabe des Umfangs der Wunde eine sehr großer Schorf entsteht. Ebendeswegen ist auch die Entzündung bey Schußwunden nach Verhältniß nicht so stark, als bey andern Wunden, wo die nämlichen Theile verletzt sind, und die Gefahr der Verletzung selbst steht im umgekehrten Verhältniß mit dem Umfang der brandig gewordenen Theile, demzufolge, was ich schon in meinen allgemeinen Bemerkungen über die Entzündung erinnert habe, daß nämlich die Entzündung allemal geringer ist, wenn sich an einem Theil ein Schorf bildet, als wenn er durch andre Ursachen zerstört ist. Wenn daher die Kugel einen Knochen zerschmettert hat, und die Splitter desselben eine beträchtliche Verletzung der weichen Theile bewirkt haben, woran die Kugel selbst gar keinen Antheil hat, so wird die Entzündung kaum so stark seyn, und so schnell eintreten, als bey einem andern komplicirten Bruch des nämlichen Knochen, weil hier die in leblose Masse verwandelten Stellen in keinem Verhältniß mit der Wunde, oder der Zerreißung selbst, stehen.

Der Umstand, daß bey Schußwunden oft der Umfang derselben ganz abgestorben ist, macht, daß man oft im Anfange nicht gleich erkennt, von welcher Beschaffenheit sie eigentlich sind. Denn es ist im Anfange oft nicht möglich zu bestimmen, ob die gequetschten und in leblose Masse verwandelten Theile Knochen, oder Flechsen, oder weiche Theile sind, man erkennt es erst, wenn sich das brandige losstößt, wobey es sich oft zeigt, daß die Wunde viel complicirter ist, als man im Anfange vermuthete. Denn oft geschieht es, daß durch die Gewalt der Quetschung ein Eingeweide ganz oder zum Theil, oder ein Stück einer beträchtlichen Schlagader, oder gar ein Knochen brandig geworden ist, welches nicht eher erkannt wird, als bis sich der Schorf losstößt. Wenn z. B. ein Stück Darm gequetscht und brandig geworden ist, so tritt gemeiniglich, sobald sich das verdorbne absondert, ein neuer Zufall ein, das ist, die in den Därmen enthaltenen Stoffe dringen durch die Wunde hervor, so wie sich wahrscheinlich auch ähnliche Erscheinungen zeigen, wenn ein anderes Eingeweide zum Theil verdorben ist. Indessen ist doch hier die Gefahr nicht so groß, als wenn der nämliche Substanzverlust gleich von Anfang an statt gefunden hätte, weil dann auf einmal alle Gemeinschaft zwischen dem obern und untern Ende des Kanals aufhört, und alle in denselben enthaltenen Stoffe hervordringen; auch ist die Gefahr in dem gedachten Falle nicht so groß, als wenn ein beträchtliches Blutgefäß vom Brande ergriffen worden ist, denn sobald hier der Schorf sich losstößt, so stürzt das Blut, welches nun einen freyen Ausweg in die Wunde gefunden hat, unaufhaltsam aus derselben hervor, und der Tod erfolgt wahrscheinlich augenblicklich. Ist es eine innere Schlagader, so läßt sich gar nichts thun; ist aber das Gefäß in einer der Extremitäten, so kann man es entweder unterbinden, oder wenigstens noch durch die Amputation das Leben retten. Man muß daher auch da, wo ein solcher Ausgang möglich ist, bey Zeiten auf alle Umstände Achtung geben. Ist ein Stück von einem Knochen verdorben, so erfolgt eine Exfoliation desselben.

Oft werden durch Schußwunden Theile verletzt, die zur Fortdauer des Lebens unentbehrlich sind. Der Grad der Gefahr richtet sich hier nach der natürlichen Beschaffenheit der verwundeten Theile, und der Gewalt, mit welcher der Schuß gewirkt hat. Es kommt ferner darauf an, ob solche Theile getroffen sind, deren Integrität zum Wohlseyn des ganzen Körpers oder zur Fortsetzung der Functionen der verwundeten Theile selbst wesentlich nothwendig ist; z. B. wenn ein Eingeweide verletzt ist, wobey die darinn enthaltenen Materien durch die Wunde ausfließen, oder Gelenke, die an und für sich schwer heilen, und deren Verrichtungen gehindert werden, wenn ja eine Heilung erfolgt.

Oft sind die Schußwunden von der Art der engen und tiefen Wunden, welche allemal, in Rücksicht auf die Behandlung, eine eigne Klasse ausmachen.

Die Nebenumstände, welche bey Schußwunden eintreten können, sind außerordentlich mannichfaltig. Folgender Fall mag zum Beweise hievon dienen: Ein Seeofficier wurde durch eine Pistolenkugel auf der rechten

Seite in der Gegend der letzten Rippe verwundet. Die Kugel war fünf Zoll weit vom Nabel eingedrungen, und saß ohngefähr zwey Zoll weit von den Dornenfortsätzen des Rückgrads unter der Haut fest, wohin sie sich, wie ich glaube, durch die Bauchmuskeln einen Weg gebahnt hatte. Der einzige merkwürdige Umstand dabey war der, daß längst des Schußkanals eine ödematöse Geschwulst bemerkt wurde, aus welcher, als man die Kugel herausschnitt, Luft hervordrang.

II. Ueber die verschiednen Wirkungen, welche von der verschiednen Geschwindigkeit der Kugel abhängen.

Die Verschiedenheiten der Schußwunden unter einander hängen oft von der verschiednen Geschwindigkeit des abgeschoßnen Körpers ab, und sind hauptsächlich folgende:

Ist die Geschwindigkeit der Kugel nur gering, so ist auch allemal die Verletzung weniger gefährlich, denn es ist alsdenn nicht so leicht ein Knochenbruch damit verbunden; wenn aber die Kugel gerade nur Kraft und Geschwindigkeit genug hat, den Knochen, den sie trift, zu zerbrechen, so werden mehr Splitter entstehen, als wenn die Geschwindigkeit derselben noch sehr groß ist, weil sie im letztern Falle ein Stück des Knochens mit sich fortreißt. Doch ist auch dieses verschieden, je nachdem der Knochen hart ist, oder nicht, denn bey harten Knochen sind die Splitter häufiger.

Bey einer mäßigen Geschwindigkeit der Kugel wird die Richtung des Schußkanals gemeiniglich nicht so gerade, und läßt sich nicht so leicht bestimmen, als im entgegengesetzten Fall, weil die Kugel hier leichter eine andre Wendung nehmen kann.

Wenn die Kugel nur mit mäßiger Geschwindigkeit auftrift, so wird nie soviel von den umliegenden Theilen brandig, sondern sie scheint die Theile nur zu trennen, dahingegen, wenn die Geschwindigkeit groß ist, das Gegentheil statt finden muß. Daher kommt es auch, daß da, wo die Kugel eingedrungen ist, der Schorf allemal beträchtlicher ist, als an der entgegengesetzten Oefnung, wo sich, allem Vermuthen nach, gar nichts brandiges, sondern nur eine zerrissene Wunde findet, wenn die Kugel auf ihrem Wege einen beträchtlichen Widerstand angetroffen hat.

Je größer die Geschwindigkeit der Kugel ist, desto ebner wird die Wunde, so daß sie zuweilen einer mit einem scharfen Instrument beygebrachten Schnittwunde gleicht. Man sollte aus diesen Umständen wohl vermuthen, daß in einem solchen Falle auch der Brandschorf geringer seyn müßte. Allein ich glaube, daß auch mit dem besten und schärfsten Instrument, wenn man es mit einem gewissen Grad von Schnelligkeit führte, ein Schorf an den Rändern der durchschnittnen Theile hervor gebracht werden würde, denn da sie der Schnelligkeit des eindringenden Körpers nicht überall gleichförmig nachgeben, so müssen sie nothwendig auch verhältnißmäßig gequetscht werden.

Schußwunden bluten in der Regel nicht so stark als andre, doch aber findet sich dieser Zufall bey einigen mehr bey andern weniger, und selbst Wunden an einem und demselben Theile sind sich hierin nicht allemal gleich. Es rührt dieses von der verschiednen Art her, wie dergleichen Wunden beygebracht werden. Die Blutung entsteht von der Durchschneidung oder Zerreißsung eines Blutgefäßes, aber der freye Ausfluß des Blutes hängt von der Art ab, wie diese Trennung geschehen ist. Wenn eine Arterie durch eine mit ansehnlicher Geschwindigkeit eindringende Kugel gerade queerüber getrennt ist, so blutet sie sehr stark und ungehindert, ist sie aber gequetscht und etwas zerrissen, so ist der Ausfluß geringer. Eine Zerreißung der Gefäße erfolgt besonders dann, wenn die Kugel schwach ist, weil sie sich dann erst dehnen, ehe der Zusammenhang ihrer Theile getrennt wird; ist aber die Geschwindigkeit der Kugel groß, so erfolgt der Ausfluß des Blutes freyer, weil die Schnelligkeit das ersetzt, was dem eindringenden Körper an Schärfe abgeht.

Nach-Maasgabe der Geschwindigkeit der Kugel ist auch die Richtung, welche sie nimmt, verschieden, denn wenn die Geschwindigkeit derselben groß ist, so hat sie eine geradere Richtung als im entgegengesetzten Falle, weil sie im letztern leichter Widerstand findet, und daher von ihrer ersten Richtung eher abweicht.

Wenn die Kugel mit großer Schnelligkeit eingedrungen ist, so sind die Theile zur Heilung weniger geschickt, als im entgegengesetzten Falle. Daher heilen Schußwunden in sehr dicken Theilen später an dem Ende, wo die Kugel eingedrungen war, als da, wo sie wieder herausgegangen ist, weil sie auf dem Wege durch den Körper einen Theil ihrer Kraft verliert, und mithin am Ende des Schußkanals keinen so großen Schorf macht, sondern die Theile nur zerreißt, so daß sie sich oft durch die schnelle Vereinigung schließen.

In Fällen, wo die Kugel in einer solchen Richtung eingedrungen ist, daß die eine Oefnung des Schußkanals mehr nach unten gekehrt ist, habe ich jederzeit gefunden, daß sich die unterste Oefnung zuerst schließt, vorzüglich, wenn dieselbe zugleich das Ausgangsende ist, und die Kugel auf ihrem Wege einen Theil ihrer Kraft verloren hat. Es hält daher schwer, dieses Ende, wenn man es für nöthig erachtet, offen zu erhalten. Der Umstand aber, daß die Kugel am Ausgangsende des Schußkanals mit weniger Nachdruck wirkt, ist nicht allgemein, denn wenn sich der Verwundete in der Nähe des Schusses befand, so verliehrt die Kugel auf ihrem Wege durch die weichen Theile nur wenig von ihrer Geschwindigkeit, und ihre Kraft ist sodann an beyden Enden des Schußkanals ziemlich gleich.

Die Erscheinung, daß die untre Oefnung sich zuerst schließt, ist allen Wunden gemein, und rührt, wie ich glaube, von der Geschwulst her, welche durch die ausgetretnen und sich nach unten senkenden Flüssigkeiten veranlaßt wird. Diese werden in der Gegend der untern Oefnung angehalten, sammeln sich daselbst und drücken die Seitenwände der Wunde zusammen, wodurch denn die Heilung befördert wird, wenn nicht etwan die Theile verdorben sind. Man sieht dies sehr deutlich bey der

Einbrin-

Einbringung des Haarseils zur Operation des Wasserbruchs, vorzüglich, wenn die beyden Oefnungen, durch die man es eingebracht hat, in einiger Entfernung von einander befindlich sind. Bey dem Wasserbruch hat diese Erscheinung einen noch einleuchtendern Grund, weil sich hier die ausgetretnen Flüssigkeiten ganz nach der untern Oefnung senken, und gar kein Theil da ist, der noch niedriger wäre, und nach welchem sie sich hinziehen könnten.

III. Ueber die verschiednen Arten der Schußwunden.

Man theilt die Schußwunden ein in einfache und zusammengesetzte (compound.). Einfach nennt man sie, wenn die Wunde blos in und durch weiche Theile gedrungen ist, zusammengesetzt aber, wenn nebenbey auch andre Theile verletzt sind. Die letztern unterscheidet man wieder nach Maasgabe der verletzten Theile. Es begreift daher die erste Abtheilung der zusammengesetzten Schußwunden diejenigen, welche mit Knochenbrüchen, oder Verletzungen großer Schlagadern verknüpft sind; die zweyte aber die Fälle, wo die Kugel in eine der größern Höhlen des Körpers gedrungen ist. Diese letztern sind wiederum doppelter Art, theils einfache penetrirende Wunden, theils solche, wo ein Eingeweide oder einer von den innern Theilen verletzt ist, z. B. das Gehirn, die Lungen, das Herz, die Eingeweide des Unterleibes. Aller dieser besondern Fälle werde ich am gehörigen Orte Erwähnung thun.

Zweytes Kapitel.

Ueber die Behandlung der Schußwunden.

Das bis auf unsre Zeiten empfohlne und fast von allen Wundärzten angenommene Verfahren bestand darin, daß man bey allen Schußwunden unmittelbar, nachdem sie beygebracht worden waren, oder wenigstens sobald als möglich nachher, die äußere Oefnung, welche die Kugel gemacht hatte, erweiterte. Man gieng hierin so weit, daß man unter den Schußwunden selbst gar keinen Unterschied machte. Die Entstehung und Beybehaltung dieses Verfahrens könnte ihren Grund in dem ehemals herrschenden Vorurtheil zu haben scheinen, als ob die Schußwunden von einer ganz eigenthümlichen Beschaffenheit wären, wodurch sie sich von allen andern Wunden unterschieden, und als ob diese eigenthümliche Beschaffenheit durch die Erweiterung gehoben würde. Ich muß jedoch gestehen, daß ich nicht einsehe, worin dieses eigenthümliche liegen soll, sondern ich glaube vielmehr, daß man die Einführung dieser Methode aus dem Umstand herleiten kann, daß die Schußwunden im Durchschnitt immer eng sind, und nicht einerley Weite von einem Ende bis zum andern haben, wozu noch das kommt, daß die Kugel oftmals entweder selbst in der Wunde stecken bleibt, oder durch ihre Gewalt andre fremde Körper mit sich hineintreibt. Da nun, wie gesagt, dergleichen Wunden durch das Eindringen eines fremden Körpers entstehen, welcher, wenn er nicht auf der entgegengesetzten Seite wieder herausgeht, als beharrliche Ursache zurückbleiben muß, da ferner die Kugel oft Fetzen von Kleidern, oder von dem verwundeten Theile selbst, z. B. Stücken Haut, vor sich hertreibt: so war natürlich das erste, was der Wundarzt thun zu müssen glaubte, daß er sich bemühte, diese fremden Körper aufzusuchen. Die Unmöglichkeit, sie zu finden, oder, wenn man sie gefunden hat, herauszuziehen, wofern man sich nicht vorher dazu Platz macht, veranlaßte den Gedanken, die Wundöfnungen zu erweitern. Bey mehrerer Erfahrung änderte man jedoch zum Theil dieses Verfahren, und wurde weniger ängstlich in Aufsuchung dieser fremden Körper, weil man einsahe, daß öfter, als man geglaubt hatte, Fälle eintreten, wo es unmöglich ist, sie zu finden, oder sie herauszuziehen, wenn man sie gefunden hat; daß ferner dergleichen Körper in der Folge oft von selbst unter der Haut erscheinen, oder, wenn dieses nicht geschieht, wenig oder gar keinen Nachtheil bringen; wie denn z. B. Kugeln oft ohne allen Schaden zurückbleiben. Man änderte jedoch das vorige Verfahren nur insoweit, daß man die Ausziehung der fremden Körper unterließ, und wenn man gleich aus der Erfahrung wußte, daß die unmittelbare Ausziehung weder möglich noch thunlich war, so schien man doch nicht einzusehen, daß mithin auch alles das vergeblich und unnöthig sey, wodurch man sonst die Ausziehung vorzubereiten, und zu erleichtern glaubte.

Der oben erwähnte Umstand, daß bey allen Schußwunden eine Quetschung statt findet, macht, daß die meisten derselben eitern müssen, weil in dergleichen Fällen allemal mehr oder weniger verdorbne Masse losgestoßen werden muß, vorzüglich an dem Ende des Schußkanals, wo die Kugel eingedrungen ist. Eiter und fremde Körper, von welcher Art sie auch seyn mögen, finden also hier einen weit leichtern Ausweg, als bey einer Wunde von demselbigen Umfang, die mit einem scharfen Instrument beygebracht worden ist, gesetzt auch, daß man sie nicht durch die schnelle Vereinigung hat heilen lassen.

Aus dem allen ergiebt sich nun, daß, da Schußwunden nichts eigenthümliches vor andern Wunden voraus haben, die Erweiterung derselben, als allgemeine Regel betrachtet, zu verwerfen ist, und zwar schou aus dem Grunde, weil nicht leicht zwey Schußwunden einander völlig gleich seyn werden, und mithin auch nicht auf einerley Art behandelt werden dürfeu.

Die Erweiterung der Schußwunden widerspricht geradezu einem Grundsatz, den man in andern Fällen fast allgemein befolgt, ob er gleich ebenfalls nicht als Regel ohne Ausnahme zu verstehen ist. Dieser Grundsatz besteht darin, daß Wunden, von welcher Art sie auch seyn mögen, im Anfang nur selten chirurgischer Hülfe bedürfen, es müßte denn seyn, daß man dadurch eine schnelle Vereinigung zu bewirken gedächte — eine Absicht, die man bey Schußwunden in den gewöhnlichen Fällen gar nicht haben kann.

Es läuft ferner allen Vorschriften der Wundarzneykunst, soweit sie sich auf die Kenntniß der thierischen Oekonomie gründen, zuwider, eine Wunde, blos als

Wunde betrachtet, zu erweitern. Keine Wunde, sie sey auch noch so klein und enge, darf man vergrößern, wenn man es nicht als Vorbereitung zu Erreichung irgend eines andern Zwecks nöthig hat; dann aber gehört die Wunde zu den komplicirten, und muß auch so behandelt werden; sie erfordert die Erweiterung nicht als Wunde betrachtet, sondern, weil man einen gewissen Zweck, den man vor Augen hat, nicht erreichen kann, wenn man nicht eine größere Oefnung macht. So verfährt der Wundarzt in den Fällen, die im bürgerlichen Leben vorkommen, und nach eben den Grundsätzen muß man auch im Felde bey Schußwunden verfahren.

Zum Beweise, wie unnöthig es ist, bey allen und jeden Schußwunden Einschnitte zu machen, will ich die Beyspiele von vier Franzosen und einem Engländer anführen, die an dem Tage, als die englische Armee auf Belleisle landete, verwundet wurden; und da hier die Erweiterung der Wunden mehr durch einen Zufall, als mit Absicht unterblieb, so kann man auch nicht den Erfolg der Vortreflichkeit der Behandlung zuschreiben.

Erster Fall. A. B. wurde im Schenkel von zwey Kugeln getroffen, von welchen die eine völlig durchgieng, die andre aber irgendwo im Schenkel sitzen blieb, und nicht gefunden wurde, solange der Kranke unter unserer Aufsicht war.

Zweyter Fall. B. C. wurde durch die Brust geschossen, und spie eine kurze Zeitlang Blut.

Dritter Fall. C. D. bekam eine Kugel ins Kniegelenk. Die Kugel war an dem äußern Rande der Kniescheibe eingedrungen, war unter ihr durch das Gelenk durchgegangen, und kam am innern Gelenkknopfe des Schenkelknochens wieder zum Vorschein.

Vierter Fall. D. E. hatte einen Schuß in den Arm bekommen. Die Kugel war an der innern Seite der Insertion des Deltamuskels eingedrungen, hatte ihre Richtung nach dem Kopfe des Oberarmknochens, und von da zwischen das Schulterblatt und die Rippen genommen, wo sie zwischen dem obern breiten Theile des Schulterblatts und den Dornfortsätzen der Wirbelknochen festsaß, und daselbst in der Folge herausgenommen wurde. Der Arm war horizontal ausgestreckt, als die Kugel eingedrungen war, woraus sich die Richtung derselben erklären läßt.

Diese vier Leute waren vier Tage, von der Verwundung an gerechnet, ohne alle chirurgische Hülfe geblieben, weil sie sich, nachdem die Engländer von der Insel Besitz genommen hatten, die ganze Zeit über auf einem Mayerhof versteckt hielten. Nachdem sie ins Hospital gebracht worden waren, wurden ihre Wunden blos oberflächlich verbunden, und dennoch kamen alle glücklich durch.

Ein Grenadier vom dreyßigsten Regiment hatte einen Schuß durch den Arm bekommen. Die Kugel schien zwischen dem zweyköpfigen Muskel und dem Knochen durchgegangen zu seyn, und der blessirte ward von den Franzosen gefangen. Der Arm schwoll sehr stark, man machte ihm reichliche Umschläge und legte nur einen leichten Verband an. Ohngefähr vierzehn Tage nachher entwischte er und kam in unser Hospital. Die Geschwulst hatte sich indessen völlig gesetzt, und die Wunden waren geheilt; es blieb blos noch eine Steifheit des Ellenbogengelenks zurück, die sich jedoch in der Folge bey längerer Bewegung desselben ebenfalls verlohr.

I. Nähere Bestimmung der Fälle, wo eine Erweiterung bey Schußwunden nöthig ist.

Es würde widersinnig seyn, wenn man behaupten wollte, daß es gar keine Fälle gebe, wo eine Erweiterung der Schußwunden nöthig wäre; allein soviel ist gewiß, daß deren nur sehr wenige sind. Es läßt sich auch nicht durch eine allgemeine Beschreibung bestimmen, welches die Wunden sind, die eine Erweiterung erfodern, und welches die sind, wo keine Erweiterung nöthig ist, sondern man muß dieses der Beurtheilung des Wundarztes überlassen, im Fall dieser nur die Gründe dafür und dawider gehörig kennt.

In Rücksicht auf die einfachern Fälle lassen sich einige allgemeine Vorschriften ertheilen; allein bey den verwickeltern kommt alles auf die besondern Umstände an, und die Behandlung muß sich hier ganz nach den allgemeinen Grundsätzen der Chirurgie richten.

Ich will fürs erste den Begriff einer Wunde festsetzen, wo die Erweiterung keinen Vortheil verschaft, und werde dabey zuerst auf die einfachsten Wunden Rücksicht nehmen.

Wenn eine Kugel durch einen fleischigen Theil gedrungen ist, wo sie auf ihrem Wege keinen Knochen beschädigen kann, so sehe ich bey einer solchen einfachen Wunde keinen Grund, der uns bestimmen könnte, eine Erweiterung zu machen, weil man dabey weiter gar keinen Zweck haben kann, als den, daß man das Verhältniß der Weite zur Tiefe der Wunde vermehrt, welches von keinem Nutzen seyn kann. Auch da, wo die Kugel nicht durchgedrungen ist, kann die Erweiterung nur wenig Vortheil verschaffen.

Wollte man dagegen einwenden, die Oefnung in der Haut sey so klein, daß sie sich verstopfe, und der verdorbnen Masse keinen Ausweg verstatte; so antworte ich, daß dies unter den gewöhnlichen Umständen gar nicht der Fall ist. Die Hautränder stehen, vermöge der ihnen eigenen Elasticität von einander, wie man das bey allen Wunden sieht: bey Muskeln und andern Theilen fehlt diese Elasticität, und die Oefnung, welche eine Kugel macht, ist allemal weiter, als eine solche, die durch spitzige Instrumente beygebracht worden ist. Ich habe überdies schon erinnert, daß die Kugel außer dem ringförmigen Schorf, den sie im Umkreis der Wunde macht, oft noch Stücken Haut vor sich weg in die Wunde hineintreibt, besonders, wenn sie mit einer beträchtlichen Geschwindigkeit auftrift. Es findet also hier in der That ein größerer Substanzverlust statt, so daß Eiter, oder fremde Körper, die sich in der Wunde aufhalten, einen Ausweg finden, wenn sie bis an die Hautöfnung gelangt sind. Auch schließt sich die Hautwunde in den gewöhnlichen Fällen um nichts früher, als der Grund derselben, und meistens sogar noch später, weil die Haut gewöhnlich am stärksten gelitten hat.

Es ist jedoch dieses kein allgemeines Gesetz, und es giebt Fälle, wo die Haut sich zuerst schließt. Allein ich habe gefunden, daß dieses eben so oft zu geschehen pflegt, wenn man Einschnitte gemacht, als wenn man es unterlassen hat, und daß es allemal von Umständen und besondern Verhältnissen abhängt, z. B. wenn der Grund der Wunde, wo die fremden Körper sitzen, sehr tief liegt, und keine Anlage zur Heilung hat, sondern ein Hohlgeschwür zu bilden droht. Ich habe bemerkt, daß sich in solchen Fällen die Wunde, oder der Einschnitt, den der Wundarzt gemacht hat, bis auf eine kleine Oefnung mit Haut überzieht, ehe sich die Wunde in der Tiefe schließt, wodurch sie wieder in denselbigen Zustand versetzt wird, als wenn sie gar nicht erweitert worden wäre, vorzüglich, wenn noch fremde Körper in derselben zurückbleiben. Denn ein fremder Körper verursacht und unterhält die Eiterabsonderung, oder vielmehr das Uebel selbst, in der Tiefe der Wunde, wodurch die Anlage zur Heilung, die an der äußern Oefnung statt findet, gewissermaaßen zerstört wird.

Ich will hier einen Fall von der so eben beschriebenen Beschaffenheit annehmen: Man denke sich eine Schußwunde, die gewisser zufälliger Umstände wegen in sechs Monaten noch nicht geheilt ist, es sey nun, daß fremde, darin befindliche Körper, nicht eher haben ausgezogen, oder von selbst ausgestoßen werden können, oder daß irgend ein andrer Umstand eine frühere Heilung gehindert hat. Erweitert man nun eine solche Wunde so stark, als man es nur für nöthig erachtet, so wette ich, daß sie binnen Monatsfrist wieder in eben dem Zustand seyn wird, als eine ähnliche Wunde, die man nicht erweitert hat, dergestalt, daß sich der ganze Vortheil, wenn sich je einer davon erwarten läßt, vor Ablauf dieser Zeit zeigen muß. Allein sehr selten kann man binnen derselben etwas erhebliches thun, da der fremde Körper im Anfange nicht so leicht herausgeht, als späterhin, weil ihn da gemeiniglich die Entzündung und Geschwulst, welche sich noch weiter als die Oefnung selbst erstreckt, zurückhält. Man muß daher dergleichen Einschnitte, die man im Anfange in der Absicht fremde Körper herauszuziehen gemacht hat, immer wieder erneuern, und es kann mithin auch eine solche Erweiterung im Anfange nicht soviel helfen, als späterhin, wo durch die Eiterung, und deren vorbereitende Ursachen, nämlich durch die Entzündung und das Loßstoßen des verdorbnen, wenn sie längst des ganzen Schußkanals statt finden, die Richtung des letztern weit bestimmter, und die Verfolgung desselben weit leichter geworden ist. Eben weil jene Umstände fehlen, werden nur selten fremde Körper in der ersten Zeit nach der Verletzung ausgezogen, wenn sie nicht in der Nähe der Oberfläche sich befinden, oder ganz klein sind, oder sehr wenig fest sitzen.

Knochensplitter sind selten gleich ganz vom Knochen losgerissen, und müssen sich erst von demselben ablößen, ehe sie weggenommen werden können. Zuweilen ist auch der Knochen entweder durch die äußere Gewalt, oder durch die Entblösung abgestorben, und muß sich abblättern, welches ebenfalls einige Zeit erfodert. Wenn bey Schußwunden Knochen gequetscht oder zerschmettert sind, so ist fast allemal eine Exfoliation nothwendig, weil ein Theil des Knochens abgestorben ist, und sich eben so verhält, wie ein Brandschorf in weichen Theilen.

Man hat als einen Beweggrund für die Erweiterung der Schußwunden angegeben, daß dadurch die Spannung, welche die Entzündung veranlaßt, gehoben, und der Theil in eine freyere Lage versetzt wird. Es würde auch in der That dieser Grund vollkommnes Gewicht haben, wenn nicht die Spannung, oder die Entzündung eine Folge der Wunde selbst wäre, oder wenn es sich erweisen ließe, daß die Erweiterung einer bereits gegenwärtigen Wunde ganz andre, wo nicht völlig entgegengesetzte Wirkungen hervorbrächte, als die ursprüngliche Verletzung selbst. Da nun aber jede Erweiterung als eine Vermehrung des ersten Uebels anzusehen ist, so folgt auch ganz natürlich, daß durch sie die Wirkungen jenes Uebels vermehrt werden müssen, und daß mithin ein solches Verfahren dem gesunden Menschenverstand und der täglichen Erfahrung widerspricht.

Bey komplicirten Wunden sind am häufigsten chirurgische Operationen und gewisse Sicherheitsmaaßregeln nöthig, von welchen ich gegenwärtig handeln will.

Da die Erweiterung der Schußwunden eine neue Gewaltthätigkeit erfodert, so muß man, ehe man sich dazu entschließt, wohl überlegen, welche Vortheile man sich davon für den Kranken und für den leidenden Theil insbesondre versprechen könne, ob man im Unterlassungsfalle größeres Unheil zu fürchten habe, und welches endlich der schicklichste Zeitpunkt für diese Operation sey?

Im allgemeinen ist es fast unmöglich, zu bestimmen, welche Wunden erweitert und welche nicht erweitert werden müssen. Der Wundarzt muß hiebey jedesmal die allgemeinen Grundregeln vor Augen haben, und nicht eher etwas zu bestimmen wagen, als bis er in jedem einzelnen Falle den wahren Zustand der Wunde gehörig eingesehen hat. Indessen läßt sich aus dem, was ich bereits über diesen Gegenstand gesagt habe, wenigstens einigermaaßen beurtheilen, welche Wunden einer Erweiterung bedürfen, um entweder unmittelbar eine Erleichterung zu bewirken, oder die Heilung zu unterstützen. Man muß außerdem noch vollkommen überzeugt seyn, daß man diese Erleichterung dem Kranken auf keine andre Weise verschaffen kann, und daß ohne dieselbe keine Heilung erfolgen kann, oder daß der Kranke wahrscheinlicherweise sterben muß.

Die Behandlungsart muß, wenn sie empfehlungswürdig seyn soll, ganz derjenigen ähnlich seyn, die man in gewöhnlichen chirurgischen Fällen beobachtet, ohne auf ihre besondre Ursache als Schußwunden Rücksicht zu nehmen.

Ein Hauptpunkt, auf den man bey der Behandlung zu sehen hat, ist die Bestimmung der Zeit, wo man die Erweiterung machen muß.

1) Sollte bey einer kleinen Wunde eine Erweiterung nöthig seyn, so wäre es besser, solches gleich im Anfange zu thun, ehe noch die Entzündung eintritt, weil beyde, sowohl die Wunde, als die Erweiterung, nur eine mäßige Entzündung zur Folge haben werden. Allein

diese Nothwendigkeit wird fast nie eintreten, es müßte denn seyn, daß man einen sehr nahe unter der Haut festsitzenden fremden Körper herausziehen wollte. Ist aber die Wunde beträchtlich, und zeigt es sich bey näherer Untersuchung, daß man von den Einschnitt weder für den ganzen Körper, noch für einen einzelnen Theil insbesondre einige Erleichterung zu hoffen habe, sondern, daß man die Entzündung nur vermehren, und daß diese durch das Zusammentreffen der Wunde und des Einschnitts veranlaßte Entzündung, zu heftig für den Kranken werden würde; so ist es rathsamer, so lange zu warten, bis die erste Entzündung nachläßt, und auf diese Art beyde Entzündungen von einander zu trennen, weil es dann um die Heilnng, ja sogar um das Leben des Patienten, weit besser stehen wird. Indessen können doch Fälle eintreten, wo die Entzündung durch etwas in der Wunde selbst veranlaßt wird, welches durch die Erweiterung aus dem Wege geräumt werden kann, z. B. eine Kugel oder einen Knochensplitter, der auf irgend einen Theil drückt, dessen Verrichtungen zur Fortdauer des Lebens im ganzen Körper oder in einem einzeluen Theile unentbehrlich sind, z. B. eine beträchtliche Schlagader, oder einen großen Nerven, oder ein wichtiges Eingeweide. In solchen Fällen ergiebt sich die Entscheidung von selbst.

Dagegen wird es in manchen Fällen rathsamer seyn, den ganzen leidenden Theil wegzuuehmen, wenn es ein solcher ist, bey dem eine Ampulation statt findet, (s. unten.)

2) Ist eine Schlagader verletzt, und zu befürchten, daß der Blutverlust den Patienten zu sehr schwä-

chen oder ihm gar das Leben kosten könnte, so muß man nothwendig das Gefäß unterbinden, und dieses wird schwerlich geschehen können, wenn man nicht vorher eine Erweiterung macht, welche oft ziemlich groß seyn muß.

3) Wenn man bey Schußwunden am Kopfe einen Hirnschalenbruch zu vermuthen Ursache hat, so muß man, wie bey andern gemeinen Kopfverletzungen, wo dieser Verdacht statt findet, die äußern Bedeckungen öfnen, und wenn man sie geöfnet und den Bruch gefunden hat, die Behandlung wie bey einem andern Hirnschalenbruch einrichten.

4) Finden sich in irgend einem Theile des Körpers Knochensplitter, die man sogleich mit Vortheil herausziehen kann, und die, wenn sie zurückblieben, viel Unheil anrichten würden, so giebt dieses einen complicirten Bruch, die Stelle mag seyn welche sie will, und in der Behandlung macht es übrigens keinen Unterschied, ob die Hautwunde durch die Kugel oder durch das hervorstehende Knochenstück selbst veranlaßt worden ist, wenigstens wird es dann einerley seyn, wenn man es zur Eiterung kommen läßt. Denn es ist zwar öfters möglich, einen complicirten Bruch wie einen einfachen zu behandeln, allein bey Schußbrüchen (man erlaube mir diesen Ausdruck) wird es selten glücken; muß man es aber zur Eiterung kommen lassen, so sind sich alle dergleichen Fälle sehr ähnlich. Indessen hat man demohngeachtet Fälle, wo ein Schuß den Schenkelknochen zerschmettert hatte, und wo die Heilung auf eben dem

Wege wie bey einem andern complicirten Bruche bewerkstelligt wurde.

5) Kann man einen fremden Körper mit sehr leichter Mühe ausziehen, und läßt es sich voraussehen, daß das Zurückbleiben desselben größern Nachtheil anrichten würde, als die Erweiterung stiften kann; so muß man die leztere ohne Bedenken vornehmen.

6) Eine Erweiterung kann auch dann nöthig werden, wenn innere Theile aus ihrer Lage gewichen sind, und unmittelbar wieder in ihre vorige Lage zurückgebracht werden können, wie bey Bauchwunden, wenn etwas von den Eingeweiden vorgefallen ist, und die Bauchnath gemacht werden muß. Man macht diese eben so wie in andern Fällen der Art, allein die übrige Behandlung ist verschieden, weil Schußwunden wegen des sich bildenden Schorfes nicht durch die schnelle Vereinigung heilen können.

7) Endlich ist eine Erweiterung auch dann nöthig, wenn zum Leben unentbehrliche Theile einem solchen Druck ausgesezt sind, daß ihre Verrichtungen unterbrochen oder sehr gehindert werden, (wie das oft bey Brüchen der Hirnschale der Rippen oder des Bruchbeins zu geschehen pflegt,) oder, mit einem Wort, wenn man nach der Erweiterung dem verlezten Theile so beykommen kann, daß sich für die gegenwärtige Erleichterung des Kranken oder für sein künftiges Aufkommen etwas thun läßt. Aeußert sich aber nichts von allen hier namhaft gemachten Zufällen, so kann man meines Erachtens nach ganz außer Sorgen seyn. Sind Kugeln in die

größern Hölen des Körpers, z. B. in die Bauch- oder Brusthöle eingedrungen, so ist keine Erweiterung der Wunde nöthig, wenn man nicht in Rücksicht der in denselben enthaltenen Eingeweide etwas thun muß; denn es ist hier unmöglich den Gang der Kugel zu verfolgen. Man erweitert sie daher gemeiniglich nicht, und findet demohngeachtet, daß meistens alles recht gut geht.

Sind Kugeln in Theile eingedrungen, wo man ihren Lauf nicht verfolgen kann, z. B. in die Gesichtsknochen, so braucht man die Hautwunde nicht im geringsten zu erweitern, weil der übrige Theil des Schußkanals im Knochen fortläuft, und mithin der Einschnitt in die Haut zu gar nichts helfen kann. Nachstehende Fälle sind auffallende Beweise hievon, weil sie die Erfolge beyder Verfahrungsarten gegen einander gehalten darstellen.

Erster Fall.

Ich wurde zu einem Officier gerufen, der durch eine Kugel am Backen verwundet war, und bey dem sich alle Zufälle einer Hirnverletzung zeigten. Als ich die Theile untersuchte fand sich, daß die Kugel gerade hinterwärts durch den Oberkinnbackenknochen gedrungen war; ich schloß daher aus den Zufällen und aus der Richtung der Wunde, daß die Kugel durch die Basis des Hirnschädels in das Gehirn selbst eingedrungen sey, oder wenigstens die Knochen an dieser Stelle eingedrückt habe. Ich erweiterte die äußere Wunde, und konnte nun mit meinen Fingern den Kronfortsatz

proc.

(proc. coronoideus) der untern Kinnlade fühlen. Es fand sich hiebey, daß die Kugel nicht in die Kopfhöle eingedrungen, sondern nur ohngefähr in der Gegend des Schlafbeinfortsatzes des Keilbeins angeprallt war, diesen zerbrochen hatte und hernach längst der innern Seite der untern Kinnlade abwärts gegangen war. Ich zog mit einer kleinen Zange alle lockern Knochensplitter heraus, worauf sich der Kranke bald von seiner Betäubung erholte und auch in kurzer Zeit von seiner Wunde genaß. Die Kugel veranlaßte nachher eine Entzündung am Winkel der untern Kinnlade, und wurde daselbst herausgezogen. Der Vortheil, den ich von der Erweiterung und der Aufsuchung der fremden Körper und Knochensplitter erwartete, war die Befreyung des Gehirns. Da aber weder die Kugel noch ein Knochensplitter in das Gehirn selbst eingedrungen war, so that ich ohne Zweifel Unrecht, daß ich die Wunde erweiterte; allein das ließ sich freylich nicht voraussehen.

Zweyter Fall.

Ein Officier wurde durch einen Schuß am Backen verwundet, (es war hier gerade die entgegengesezte Seite von der, welche in dem vorhergehenden Falle getroffen worden war.) Die Wunde führte ebenfalls abwärts, und als ich den Finger in dieselbe brachte, so fühlte ich, wie dort, den Kronfortsatz der untern Kinnlade. Allein es zeigte sich kein Symptom einer Hirnverletzung, und da folglich die Ursache wegfiel, welche mich im mehr erwähnten Falle zur Erweiterung der Wunde bestimmt hatte, so glaubte ich auch sie hier unterlassen zu müssen. Man ließ sich meinen Rath gefallen, die Wunde gewann ein gutes Ansehen, und heilte früher als jene. Die Kugel wurde meines Wissens nie gefunden.

Bey dem Verfahren wie es jezt gewöhnlich ist, bekümmert man sich um die Kugel selbst gar nicht, und erweitert um ihrentwillen die Wunde selten oder niemals, giebt sich auch nicht viel Mühe sie aufzusuchen, wenn man einen Einschnitt in andrer Absicht gemacht hat, woraus erhellet, daß die Erweiterung gar nicht oder wenigstens nicht in der Absicht nöthig ist fremde Körper auszuziehen. Die Erfahrung selbst hat diese Behandlungsart gelehrt, denn man fand, daß zurückgebliebne Kugeln, wenn sie festsaßen, und die Theile, in welchen sie steckten, zum Leben nicht unentbehrlich waren, selten oder niemals nachtheilige Wirkungen hervorbrachten. Man weiß, daß Kugeln Jahre lang im Körper zurückgeblieben und oftmals gar nicht gefunden worden sind, ohne daß die Personen einige Uebequemlichkeit davon erfahren hätten.

Zu der Erfahrung, daß zurückgebliebne Kugeln keine Entzündung veranlassen können, gab der Umstand Gelegenheit, daß es so schwer hält, sie aufzufinden, und wenn man sie gefunden hat, auszuziehen, wodurch man sich öfters in die Nothwendigkeit versezt sahe, sie sitzen zu lassen.

Eine Ursache, warum man die Kugel im Anfange nicht so leicht findet, liegt darin, daß die Theile bloß zerrissen und getrennt sind, und nicht e[illegible]r einen wirklichen Substanzverlust erleiden, als wenn sich der Schorf losstößt. Sie fallen mithin wieder zusammen und nehmen ihre vorige Lage wieder ein, so daß es schwer hält, ein Instrument in der Richtung der Kugel einzubringen, ja selbst die Richtung zu treffen. Diese Schwierigkeit wird noch dadurch vermehrt, daß die Kugel, sobald sie auf ihrem Wege einen Widerstand findet, sich seitwärts wendet und ihre Richtung ändert.

Ist aber die Kugel nicht gerade senkrecht eingedrungen, sondern geht ihre Richtung schief, etwa einen Zoll tief unter der Haut weg, so kann man sehr leicht ihren ganzen Lauf verfolgen, weil die Haut über dem Schußkanal meistens mit einem rothen Streif gezeichnet ist. Ich habe diese Röthe selbst da bemerkt, wo die Kugel so tief unter der Haut weggegangen war; sie scheint nicht von Entzündung oder ausgetretenem Blute herzurühren, denn im leztern Falle ist die Farbe dunkler. Ich habe die Ursache dieser Erscheinung nicht entdecken können, vermuthe aber, daß sie etwas ähnliches mit dem rothwerden im gesunden Zustande hat, wobey bloß die kleinen Gefäße die rothen Theilchen des Bluts leichter durchlassen.

II. Ueber den sonderbaren Lauf, den die Kugeln zuweilen nehmen.

Die Schwierigkeit, sitzengebliebne Kugeln zu finden, hängt, wie ich schon erinnert habe, oft von ihrer abweichenden Richtung ab. Je größer die Geschwindigkeit einer Kugel ist und je weniger Widerstand sie antrifft, desto regelmäßiger ist auch insgemein ihre Richtung, und ihre Abweichung von der geraden Linie steht mit der Kraft, mit der sie auftrift, im umgekehrten Verhältniß. Daher ist auch der Schußkanal selten gerade; denn wenn die Kugel schon einen Theil ihrer Kraft verloren hat, so ist schon der Widerstand der weichen Theile hinreichend, sie von der geraden Richtung zu entfernen, und ist ihre Geschwindigkeit beträchtlich, so kann sie doch leicht schief auf einen Knochen treffen, und sich dann von ihrer Richtung seitwärts abwenden. Sobald eine Kugel auf ihrem Wege den geringsten Widerstand zur Seite findet, so verläßt sie sogleich ihren geraden Lauf. Daher sind die Kugeln, die nicht durch und durch gehen, allemal solche, die schon einen Theil ihrer Kraft verloren haben, diejenigen ausgenommen, die in gerader Linie auf einen beträchtlichen Knochen, z. B. den Schenkelknochen, auftreffen. Wie leicht sich Kugeln seitwärts von ihrer Richtung abwenden, sieht man daraus, daß eine Kugel, die in schiefer Richtung auf die Brust getroffen, und die Haut durchdrungen hat, oft unter der Haut rund um den ganzen Körper herumläuft. Die Haut leistet hier sattsam Widerstand, daß die Kugel nicht wieder herausfährt, sondern eine Richtung nach innen erhält; durch das Auftreffen auf die Rippen bekommt sie von neuem eine Richtung nach der Haut, und so abwechselnd, bald nach außen, bald nach innen, so lange ihre Kraft dauert. Zuweilen geht jedoch die Kugel, nachdem sie durch die Haut gedrungen ist, ein Stück fort, und bekommt nun, wenn sie auf der Seite, die dem Mittelpunkt des Körpers zugekehrt ist, einen harten Körper,

z. B. eine Rippe, antrifft, eine Richtung nach außen, und durchbohrt die Haut zum zweytenmale. Die Geschwindigkeit einer solchen Kugel muß indessen sehr beträchtlich seyn.

Ich habe Fälle gesehen, wo eine Kugel auf der einen Seite des Schienbeins eingedrungen, und, ohne die Haut zum zweytenmal zu durchboren, oder den Knochen zu beschädigen, unter der Haut, rings um den Knochen herumgelaufen war. Man sieht hieraus, daß die Geschwindigkeit der Kugel nicht groß seyn konnte, denn man weiß, daß im natürlichen Zustand zwischen beyden Theilen kein Raum vorhanden ist, wo eine Kugel durchgehen könnte. Sobald aber in diesem Falle die Kugel die Haut durchdrungen, und soviel Raum gewonnen hat, als erforderlich ist, sie selbst zu bedecken, so trift sie auf das Schienbein, prallt von diesem zurück nach außen, und da die Haut ihrer Kraft widersteht, so wird die letztere blos von dem Schienbein getrennt, so daß die Kugel zwischen beyden durchgehen kann. Hätte aber die Kugel die gehörige Schnelligkeit, so würde sie entweder die Haut nochmals durchboren, oder ein Stück vom Knochen mit wegnehmen, oder, welches am wahrscheinlichsten ist, beydes zugleich thun.

Ein anderer Umstand, der dazu beyträgt, die Richtung des Schußkanals ungewiß zu machen, besteht darin, daß sich die Theile oft, bey der Besichtigung, in andern Lagen befinden, als diejenige war, in der sie verletzt wurden. Das oben angeführte Beyspiel, eines am Arm blessirten Franzosen, zeigt dieses sehr auffallend.

Die Kugel war in der Mitte des Oberarms, auf der innern Seite des zweyköpfigen Muskels, eingedrungen, und wurde zwischen den Schulterblättern, dicht an der einen Seite der Dornenfortsätze des Rückgrats, ausgezogen. Die Ursache dieses sonderbaren Laufs lag, wie ich bey Erzählung des Falls schon erinnert habe, darin, daß der Blessirte, in dem Augenblick der Verwundung, den Arm in horizontaler Richtung ausgestreckt hatte, so, daß die Kugel wirklich in gerader Linie fortgegangen war.

Die unbestimmte Richtung des Schußkanals macht die gewöhnlichen Kugelzieher fast ganz unnütz. Indessen darf man doch die Zangen nicht ganz verwerfen, denn es geschieht oft, daß man die Kugel mehr an der äussern Wundöfnung findet, die sich, wenn man die Kugel herauszieht, wahrscheinlich durch die schnelle Vereinigung schließt, weil bey solchen oberflächlichen Wunden die Kraft der Kugel sehr gering gewesen seyn muß, oder weil, wenn ja ein Theil zerquetscht wäre, dieser demohngeachtet sehr bald heilen würde. Ist aber ein Schorf vorhanden, so geschieht die Anwendung der Zangen am besten, wenn die Entzündung und die Losstoßung des brandigen vorüber ist, denn alsdann ist die Richtung des Schußkanals, wegen der ringsum in den benachbarten Theilen erfolgten adhäsiven Entzündung, bestimmter, überdies fängt alsdann schon das nachwachsende junge Fleisch an, den fremden Körper nach außen zu treiben. Da aber der Proceß der Ulceration, durch welche derselbe nach der Haut gebracht wird, oft zu langsam von statten geht, so ist es besser, die Kugel, oder was es sonst ist, herauszuziehen, und zu dem Ende auch wohl die Wunde zu erweitern. Ich würde jedoch allemal sehr vorsichtig hiebey zu Werke gehen, und mich blos dann hiezu entschließen, wenn alle Umstände günstig wären.

Aus den nämlichen Gründen sind auch die Sonden von keinem sonderlichen Nutzen. Ich glaube, man sollte sich ihrer nie in einer andern Absicht bedienen, als um zu seiner eignen und des Kranken Beruhigung die Größe der Verletzung zu erforschen. Man kann sich so vielleicht durch das Gefühl überzeugen, ob ein Knochen getroffen ist, ob die Kugel nicht tief sitzt, u. s. w. denn wenn alle diese Umstände bekannt sind, so läßt sich, in den allermeisten Fällen, das Verfahren zweckmäßiger darnach einrichten. Gestattet es die Wunde, so ist der Finger das beste Instrument zum sondiren.

Wenn die Kugel eine beträchtliche Strecke nahe unter der Haut fortgegangen ist, so halte ich es für rathsam, einen Einschnitt zwischen den beyden Oefnungen des Schußkanals zu machen, (vorzüglich wenn dieselben weit auseinander liegen) um Knochensplitter oder fremde Körper sogleich oder in der Folge leichter ausziehen zu können. Unterläßt man dieses, so bildet sich oft zwischen beyden Oefnungen ein Absceß, durch den man zwar seinen Endzweck ebenfalls, und oftmals noch besser erreicht, wobey aber doch oft der Verzug, der hiebey nöthig ist, nachtheilig werden kann.

Wenn eine Kugel ganz nahe unter der Haut fortgegangen ist, wie in dem oben erwähnten Falle, zwischen der Haut und dem Schienbein, so ist es oft rathsam, den Schußkanal in seiner ganzen Länge aufzuschneiden. Ich halte dieses aus dem Grunde für nothwendig, weil sich die Haut mit den darunter liegenden Muskeln nicht so leicht vereinigt, als die Muskeln unter einander selbst.

Ob ich gleich in den meisten Fällen das Aufsuchen der Kugeln, Knochensplitter und andrer fremden Körper, als unnütz und schädlich verworfen habe, so geschieht es doch oft, daß eine Kugel so lange fortgeht, bis sie an einer entfernten Stelle unter der Haut wieder zum Vorschein kommt. Hier entsteht nun die Frage, ob man eine solche Kugel ausschneiden soll, oder nicht? Ist die Haut durch die andringende Kugel gequetscht, so daß man eine Losstoßung der verdorbenen Stelle zu vermuthen Ursache hat, so sehe ich nichts, was uns abhalten könnte, einen Einschnitt in den ohnehin schon abgestorbnen Theil zu machen. Eine solche Oefnung kann die Entzündung nicht heftiger machen, als sie gewesen seyn würde, wenn man den Schorf von selbst hätte losstoßen lassen; und ob man gleich auf der andern Seite einwenden könnte, daß der davon zu erwartende Vortheil sehr gering sey, weil die Kugel meistens von selbst herausgeht, sobald der Schorf abfällt; so ist doch zu fürchten, daß mittlerweile die Kugel ihren Sitz dergestalt ändern könne, daß es nachher unmöglich wird, sie durch die von selbst entstandne Oefnung herauszuziehen. Ich zweifle indessen gar sehr, daß eine Kugel, unter solchen Umständen, ihren Sitz so leicht ändere, denn wenn die Haut so stark gequetscht ist, daß sich ein Schorf bildet, so tritt die Entzündung sehr bald ein, und schließt die Kugel an der

Stelle gleichsam ein, wo sie festsitzt. Dem Kranken gereicht indessen die Ausziehung der Kugel immer zur Beruhigung; ich für meinen Theil würde aber, wenn man die Kugel blos fühlt, und die Haut übrigens gesund ist, allemal mehr dafür seyn, sie so lange sitzen zu lassen, bis die Entzündung an der Eingangsöfnung des Schußkanals vorüber, und die Eiterung eingetreten ist. Meine Gründe dazu sind folgende:

1) Viele Wunden heilen glücklich, wenn man die Kugel darin läßt, (solche ausgenommen, wo sie nicht blos durch die weichen Theile gegangen ist, sondern noch außerdem Schaden gethan hat,) und die Entzündung ist an der Stelle der Wunde, wo die Kugel sitzt, sehr gering, und nur da beträchtlich, wo dieselbe eingedrungen ist, weil sie nicht sowohl von der Verletzung durch die Kugel, als vielmehr davon abhängt, daß die Theile der suppurativen Entzündung ausgesetzt werden, wenn man die Kugel sogleich wegzuschaffen sucht. Der Schorf ist allemal da, wo die Kugel eindringt, stärker als da, wo sie sitzen geblieben ist, weil sie im Anfange mehr Kraft hat, daher sich auch die Theile da, wo kein Schorf ist, durch die schnelle Vereinigung schließen.

2) In Fällen, wo die Kugel durch und durch gegangen ist, hat man, anstatt daß in den übrigen Fällen blos die Eingangsöfnung entzündet ist, zwey entzündete Stellen, nämlich an jeder Oefnung eine, oder, wenn die Kugel sehr viel Kraft gehabt hat, eine durch den ganzen Schußkanal fortlaufende Entzündung. Wo die Kugel am entgegengesetzten Ende herauskömmt, da erstreckt sich

die Entzündung weiter im Schußkanal, als wenn man die Wunde erst bis dahin, wo die Kugel sitzt, zuheilen läßt, und diese erst nachmals herausschneidet. Macht man also den Einschnitt gleich im Anfange, so wird die Reizung über eine größere Stelle verbreitet, und mithin auch die Anlage zur Heilung vermindert.

Bey so bewandten Umständen darf man also, meines Erachtens, nicht zwey Wunden auf einmal machen, und was mich in dieser Meinung noch mehr bestätigt, ist die Beobachtung, die ich einigemal anzustellen Gelegenheit gehabt habe, daß man zuweilen im Anfange die Kugeln nicht findet, sondern erst einige Zeit, nachdem die Wunde gänzlich geheilt war, und zwar dann ganz nahe unter der Haut. Sie erregten hier gar keine Beschwerde, (denn sonst würde man eher aufmerksam auf sie geworden seyn,) die Theile entzündeten sich gar nicht, die Kugeln wurden nachher ausgezogen, und alles nahm einen guten Ausgang.

Im Gegentheil habe ich Fälle gesehen, wo man die Kugel gleich anfangs entdeckte und ausschnitt, so daß die Wunde das Ansehen hatte, als ob die Kugel durch und durch gegangen sey; die Folge davon war, daß die Schnittwunde sich eben so heftig entzündete, als die, wo die Kugel selbst eingedrungen war.

III. Penetrirende Bauchwunden.

Wunden, welche in die verschiednen Höhlen des Körpers dringen, sind im Kriege sehr gewöhnlich. Es sind meistens, obgleich nicht immer, Schußwunden, denn sie können auch durch scharfe und spitzige Waffen, Bajonette und dergl. verursacht werden, haben aber, sie mögen auf die eine oder auf die andre Art beygebracht worden seyn, sehr viel Aehnlichkeit mit einander. Die Benennung, welche ich ihnen gegeben habe, drückt schon das Wesen derselben aus. Ich werde hier nur von den penetrirenden Bauch- Brust- und Kopfwunden handeln. Die letztern werden meistens durch Kugeln, Kartätschen u. s. w. veranlaßt.

Der Grad der Gefahr richtet sich bey diesen Wunden nach dem mehr oder minder beträchtlichen Schaden den sie an den in jenen Höhlen enthaltenen Theilen anrichten.

Man theilt sie in einfache und complicirte ein, je nachdem dabey die innern Theile verschont oder nicht verschont bleiben. Der Ausgang ist in beyden Fällen sehr verschieden, denn im erstern ist bey schicklicher Behandlung nur wenig Gefahr zu besorgen, im letztern aber ist der Erfolg immer sehr ungewiß, denn oft kann man gar nichts dabey thun, oft aber kann auch die Kunst sehr viel zur Rettung der Verwundeten beytragen.

Wunden der Bauchwände, bey welchen keine unmittelbare Verletzung eines Eingeweides, welches zur Aufnahme andrer Stoffe bestimmt ist *), statt findet, heilen gemeiniglich leicht, das verletzende Instrument

*) Dergleichen sind z. B. der Magen, die Urinblase, die Harngänge, die Gallenblase, wozu ich auch noch die Blutgefäße rechnen möchte.

mag gewesen seyn, von welcher Art es immer will. Es macht jedoch hierin einen großen Unterschied, wenn der eindringende Körper eine Kugel ist, die mit großer Gewalt und Schnelligkeit auftrift, weil sich dann ein Schorf bildet. Ist aber die Schnelligkeit der Kugel minder beträchtlich, so ist auch der Schorf geringer, und die Wunde schließt sich zum Theil, wie eine Schnittwunde, durch die schnelle Vereinigung. Allein auch selbst in den Fällen, wo die Geschwindigkeit der Kugel so groß war, daß ein Schorf entstanden ist, hat die Heilung der Wunde keine Schwierigkeit, weil in ihrem Umkreis das Bauchfell eine adhäsive Entzündung erleidet, so daß die Bauchhöle selbst von der Entzündung gleichsam ausgeschlossen wird, wenn auch gleich die Kugel nicht nur völlig in dieselbe eingedrungen ist, sondern auch sogar Theile in derselben verletzt hat, die nicht unmittelbaren Einfluß auf die Fortdauer des Lebens haben, z. B. das Netz, das Gekröse rc. ja selbst dann, wenn sie auf der andern Seite wieder herausgegangen ist. Es ist hiebey noch zu bemerken, daß sich bey jeder Wunde und bey jeder Verletzung eines dichten, nicht hohlen Eingeweides, die getrennten Flächen durch die adhäsive Entzündung, mit der äußern Wundöfnung vereinigen, wenn man sie mit demselben in Berührung bringt. Auf diese Art wird die Wunde von dem übrigen Theil der Höhle, in die sie gedrungen ist, völlig abgesondert, und alle die Theile, durch welche die Kugel gedrungen ist, stellen nur einen einzigen fortlaufenden Kanal dar. Sind fremde Körper, z. B. abgerißne Stücken von Kleidern, mit in die Wunde gekommen, so werden diese ebenfalls, durch die Adhäsion, in den abgesonderten Raum mit eingeschlossen, und nachher zugleich mit dem losgestoßnen Schorf durch die Oefnung nach der äußern Oberfläche gebracht.

Alle Bauchwunden, bey welchen ein Eingeweide verletzt ist, müssen, nach Maaßgabe der eigenthümlichen Beschaffenheit des verwundeten Theiles und ihrer Complicationen, behandelt werden. Diese Complicationen sind sehr verschieden, weil die Bauchhöhle mehr, als irgend eine andre Höhle des Körpers, Theile von sehr verschiedner Bestimmung enthält, von welchen jeder, im Fall einer Verletzung, zu Symptomen Gelegenheit giebt, die, nach Maaßgabe seiner natürlichen Bestimmung und der Beschaffenheit der Wunde, eigenthümliche Verschiedenheiten haben.

Außer den gewöhnlichen Zufällen, die bey allen einfachen Wunden zu bemerken sind, z. B. dem Blutverlust, welcher eine unmittelbare, und der Entzündung und Eiterung, welches spätere Folgen derselben sind, geben sich die Verletzungen der verschiednen Eingeweide noch durch eigenthümliche, sowohl unmittelbare als secundäre Zufälle zu erkennen. Das Gefühl allein zeigt oft schon, welches Eingeweide verlezt ist, und ist meistens einer der ersten Zufälle.

Die unmittelbaren Zufälle, die sich bey Verletzungen der verschiedenen Eingeweide äußern, sind folgende:

Bey Wunden der Leber bemerkt man einen örtlichen, stumpfen, oder drückenden Schmerz. Ist der rechte Lappen verwundet, so entsteht ein täuschendes, schmerzhaftes Gefühl, in der rechten, bey Verletzungen des linken Lappens aber in der linken Schulter.

Magenwunden geben sich durch große Schwäche, blutiges Erbrechen, zuweilen auch durch Irrereden zu erkennen. Ich beobachtete einmal einen solchen Fall in Portugall an einem Soldaten, den ein Portugiese mit einem Dolch in den Magen gestochen hatte.

Verletzungen der Gedärme veranlassen blutige Stüle, wobey das Blut unrein, mit Koth vermengt, und von dunkler Farbe ist, wenn es aus den obern Theilen des Darmkanals kommt. Befindet sich aber die verletzte Stelle mehr nach unten, z. B. im Grimdarm, so ist das Blut nicht so genau mit dem Unrath vermischt, und hat noch mehr von seiner natürlichen Farbe. Auch der Schmerz ist in gleicher Rücksicht verschieden, denn je höher oben die verletzte Stelle ist, desto mehr ist der Schmerz mit Uebelkeit und Gefühl von Schwäche verknüpft. Je weiter nach unten aber der Darmkanal verletzt ist, desto schneidender ist der Schmerz. Wunden der Nieren und der Harnblase veranlassen einen blutigen Harnabgang, und wenn es Schußwunden sind, und die Kugel, oder andre fremde Körper, in diesen Theilen zurückgeblieben sind, so wird dadurch oft zur Erzeugung eines Steins Gelegenheit gegeben.

Wunden der Milz veranlassen, so viel mir bekannt ist, keine besondern Zufälle, ausgenommen, daß sie, wegen der Gemeinschaft dieses Eingeweides mit den Magennerven, wahrscheinlich Uebelkeit veranlassen.

Blutergießungen in die Höhle des Unterleibes finden mehr oder weniger bey allen penetrirenden Bauchwunden statt, vorzüglich wenn ein Eingeweide verletzt ist, weil diese allemal sehr gefäßreich sind. Der Grad der Gefahr richtet sich hier nach der Menge des ausgetretenen Blutes.

Dieses wären also die unmittelbaren und allgemeinen Zufälle, welche bey Verletzungen der gedachten Theile einzutreten pflegen, Bey einigen derselben aber können sich außerdem noch andre Symptome als spätere Folgen ereignen, welche eine besondre Aufmerksamkeit verdienen. Die Leber und Milz können verwundet seyn, ohne daß außer den unmittelbaren Zufällen noch andre eintreten, dergestalt, daß sich solche Wunden bald zur Heilung anlassen. Sind aber solche Theile verletzt, die zur Aufnahme fremdartiger Stoffe bestimmt sind, z. B. der Magen, die Därme, die Nieren, die Harngänge und die Urinblase, so entstehen oft secundäre Folgen von sehr ausgezeichneter Art. Ist eines dieser Eingeweide durch eine Kugel verletzt, so kann der Erfolg von doppelter Art seyn, je nachdem die Wunde von der oben beschriebenen Art ist, oder ein Stück des Organs zugleich seines Lebens beraubt und vom Brande ergriffen wird. Im erstern Falle ist ohne Zweifel allemal, im letztern fast niemals Gefahr vorhanden. Im erstern durchdringt die Kugel die gedachten Eingeweide dergestalt, daß nicht nur die oben beschriebnen Zufälle, die in dem Eingeweide enthaltenen Materien in die Höhle des Unterleibes augenblicklich austreten. In solchen Fällen hat man sich selten oder nie einen guten Ausgang zu versprechen, weil dieses Austreten die Entstehung der obengedachten Adhäsionen hindert. Die Folge davon ist gemeiniglich allgemeine Entzündung des ganzen Bauchfells, heftiger

Schmerz, Spannung und der Tod. Es richtet sich jedoch alles dieses nach dem Umfang der Wunde, je nachdem mehr oder weniger von den in den Eingeweiden enthaltenen Stoffen in die Bauchhöle austreten können. Denn ist die Wunde klein, und sind die Därme gerade nicht angefüllt, so kann rings um die Wunde eine Adhäsion statt finden, wodurch den Materien der Ausgang versperrt, und ihnen ihr gewöhnlicher Weg angewiesen wird. Dergleichen Adhäsionen können sich sehr schnell bilden, wie folgender Fall zeigt:

Krankengeschichte eines Officiers, der an einer im Duell erhaltenen Wunde starb.

Donnerstags den 4ten September 1783 früh, gegen sieben Uhr, duellirte sich ein Officier in Hydepark, wobey er mit seinem Gegner drey Kugeln wechselte, von welchen die letzte ihn in die rechte Seite, gerade unter der letzten Rippe, traf, und auf der entgegengesetzten Seite, gerade an derselben Stelle, unter der Haut, sitzen blieb, wo sie sogleich von Hrn. Grant ausgeschnitten wurde.

Ohngefähr drey Stunden nachher besuchte ich ihn mit Hrn. Grant. Er war vollkommen ruhig, hatte wenig Schmerz, sondern war mehr blos matt, sein Puls war weder schnell noch voll, aber in seinen Augen war etwas mattes und schläfriges, welches mich besorgen ließ, daß hier etwas mehr als eine bloß gemeine Wunde vorhanden seyn müsse. Noch war weder Stul noch Harnabgang erfolgt, daher man auch noch nicht bestimmen

konn-

konnte, was für Eingeweide verletzt seyn möchten. Man hatte ihm Bähungen auf dem Leib gemacht, ein Klystier von warmen Wasser gegeben, und eine herzstärkende Mixtur mit 20 Tropfen Laudanum verordnet, um ihm Schlaf zu verschaffen, nach dem er verlangte. Um drey Uhr besuchten wir ihn wieder; die Arzney war weggebrochen worden, er hatte weder nach dem Klystier Oefnung bekommen, noch geschlafen; in dem Urin, welchen er gelassen hatte, fand sich kein Blut, woraus wir schlossen, daß die Nieren ꝛc. nicht verletzt wären. Er war jetzt noch niedergeschlagener, der Puls kleiner, und der Bauch ziemlich gespannt, welches letztere ihm Beschwerde verursachte, daher er auch den Wunsch äußerte, Oefnung zu bekommen. Man glaubte anfänglich, diese Spannung rühre von vergossenem Blute her, allein wenn man mit der flachen Hand an den Bauch anschlug, so bemerkte man, vorzüglich in der Gegend des Coli transversi, einen Schall und ein Zittern, gerade wie von eingeschloßner Luft. Wir wünschten ihm aus dem Grunde einige Bewegung zu machen, um zu sehen, ob nicht hiedurch etwas von der Luft herausgetrieben werden würde; auch hätten wir gern die Herzstärkung und das Opium noch einmal gegeben, allein der Magen war nun schon zu reizbar geworden, als daß er etwas hätte bey sich behalten können, er erbrach sich zu Zeiten, ob er gleich nichts genossen hatte. Ein Klystier, welches man ihm beybrachte, kam nicht zurück, und leerte auch nichts aus. Um 9 Uhr des Abends besuchten wir ihn nochmals, und fanden seinen Puls klein und häufiger als vorher, er wurde zuweilen kalt, und erbrach sich sehr oft, das, was er wegbrach, war meist Galle, mit kleinen Stücken einer dickern Masse vermischt. Die Spannung des Unterleibs war sehr groß, und verursachte ihm viele Beschwerde; Oefnung hatte er noch nicht gehabt. Da nun nichts nach unten abgieng, und das Colon noch immer aufgetrieben war, so fiengen wir an zu fürchten, daß es gelähmt seyn möchte, weil vielleicht die Kugel einige Nerven desselben getrennt habe.

Es wurden Tabaksrauchklystiere vorgeschlagen, allein wir wollten doch damit nicht zu sehr eilen, weil sie das Uebel nur noch vermehrt haben würden, wenn sie den erwünschten Nutzen nicht geleistet hätten, indessen waren die Anstalten dazu gemacht.

Hr. Grant blieb die ganze Nacht bey ihm, alle obengedachten Zufälle nahmen immer mehr und mehr zu, und gegen 7 Uhr des Morgens, 24 Stunden nach der Verwundung, starb er.

Den nächstfolgenden Tag um 10 Uhr, 27 Stunden nach dem Tode, wurde der Körper geöfnet. Die Fäulniß war, ohnerachtet der für die damalige Jahrszeit kalten Witterung, schon beträchtlich stark, denn im Gesicht, im Nacken, auf den Schultern und auf der Brust, war Blut ausgeschwitzt, und aus dem Munde floß eine blutige, übelriechende Feuchtigkeit; weiter unten war die Fäulniß noch nicht so weit gediehen.

Bey Eröfnung der Bauchhöle drang eine große Menge fauler Luft hervor, auch bemerkten wir eine ansehnliche Quantität flüssigen Blutes, vorzüglich auf beyden Seiten der Bauchhöhle. Es wurde mit dem Schwamm weggenommen, und seine Menge betrug ohngefähr ein Maaß. Die Gedärme waren mit einer geronnenen Masse bedeckt.

Die engen Gedärme waren an mehrern Stellen leicht entzündet und verwachsen. Wir suchten sogleich die Richtung auf, welche die Kugel genommen hatte.

Es fand sich, daß dieselbe gerade einwärts gegangen und durch das Bauchfell gedrungen war, welches leztere sie da, wo es den Grimmdarm an die Lenden befestigt, nochmals durchbort hatte. Sie war sodann hinter dem aufsteigenden Grimmdarm weggegangen, und an der rechten Seite des Darmfells, da wo es entspringt, wieder zum Vorschein gekommen, hinter dem Ursprung des Darmfells weggegangen, und in die abwärtssteigende Krümmung des Zwölffingerdarms, da wo sie vor den Rückenwirbeln vorbeygeht eingedrungen. Auf der linken Seite des Darmfells war sie wieder herausgekommen, und hatte auf ihrem Wege nach der linken Seite hin den Leerdarm ohngefähr einen Schuh weit von seinem Ursprunge durchbort, war sodann zwischen zwey Krümmungen desselbigen Darms an seinem untern Ende durchgegangen, und hatte von jeder ein Stück mit weggenommen. Hierauf war sie vor dem herabsteigenden Theil des Grimmdarms vorbey gegangen, hatte das Bauchfell auf der linken Seite und einen Theil der Muskeln, nicht aber die Haut, durchbort, und war daselbst sogleich gerade an der nämlichen Stelle der linken Seite herausgeschnitten worden, wo sie auf der rechten eingedrungen war. Ihre Richtung mußte mithin vollkommen horizontal gewesen seyn.

In der Bauchhöle zeigte sich keine Spur von Austretung der in den Gedärmen enthaltenen Stoffe. Die Gedärme selbst waren an einigen Stellen, vorzüglich in der Nähe der Verletzungen, untereinander verwachsen.. Diese Verwachsungen waren noch ganz neu und mithin auch gar nicht fest, indessen zeigten sie daß die Anlage zur Vereinigung stark gewesen war, und daß die Natur hiedurch die secundären oder spätern Zufälle, welche ebenfalls den Tod zur Folge gehabt haben würden, hatte verhüten wollen.

Die engen Därme enthielten wenig oder gar keine Flüssigkeit, dagegen aber eine ziemliche Menge einer dem Unrath an Consistenz ähnlichen Masse, die in einzelnen ohngefähr einer Nuß großen Klumpen durch den ganzen Darmkanal verbreitet war, und sich sogar im Magen fand, aus welchem sie ausgebrochen worden war. In dem obern Ende des Leerdarms, desgleichen im Zwölffingerdarm war diese Masse mit etwas Flüssigkeit vermengt, die aber blos Galle zu seyn schien. War diese feste Masse wirklicher Unrath, so müßte die Grimmdarmklappe ihren Zweck nicht erfüllt haben. Allein es entsteht nun die Frage: waren alle dünne und flüssige Stoffe absorbirt worden, um eine Austretung der Stoffe des Darmkanals in die Bauchhöle zu verhüten, oder waren sie alle durch eine rückgängige Bewegung in den Magen gebracht worden, um von dort ausgeleert zu werden? In dem aufsteigenden und noch mehr in dem querüberliegenden Theil des Grimmdarms war eine ansehnliche Menge Luft angehäuft.

Dieser Fall giebt zu verschiednen Bemerkungen und Fragen Gelegenheit.

Die Niedergeschlagenheit und die stufenweise Abnahme der Kräfte, verbunden mit dem blutigen Erbrechen, lies eine Verletzung des Darmkanals und zwar ziemlich nahe an seinem obern Ende vermuthen. Man sieht ferner hieraus, wie bereitwillig die Natur ihre Kräfte aufbietet, widernatürliche Ausgänge, da wo es die Nothwendigkeit erfodert, zu schließen.

Es fragt sich, warum selbst nach dem Klystier keine Oefnung erfolgte? waren die Därme unter solchen Umständen zur Unthätigkeit disponirt? und würde nicht der Kranke gerettet worden seyn, wenn die Verletzung nicht an und für sich so gar beträchtlich gewesen wäre? Ich glaube, daß, wenn nicht die Wunde schon in ihren unmittelbaren Folgen den Tod hätte bringen müssen, die Natur durch ihre Heilkräfte die secundären Folgen, oder das Austreten des Unraths würde verhütet haben.

Welches sind nun die besten Maasregeln die man da wo sich Verletzung der Därme vermuthen läßt, ergreifen kann? Ich glaube das beste, was man thun kann ist, daß man gar nichts thut, und sich dabey ganz ruhig verhält. Selbst Blutausleerungen sind bey Darmwunden nur selten nöthig.

Da der Kranke sehr durstig war, und gleichwohl nichts im Magen behalten konnte, (welches auch wohl, wenn er es gekonnt hätte, schlimme Folgen gehabt haben, und das Austreten in die Bauchhöle vermehrt haben würde,) sollte nicht ein laues Bad dienlich gewesen seyn, um auf diesem Wege Feuchtigkeit in den Körper zu bringen?

Eine Verletzung der Gallenblase, vorzüglich aber des gemeinschaftlichen Gallengangs, desgleichen auch des Ausführungsgangs der Magendrüse, würde wahrscheinlich ähnliche Folgen, obgleich nicht so schnell, nach sich ziehen. Man sieht leicht ein, daß in solchen Fällen der Vortheil wegfällt, den man bey Darmwunden von der Adhäsion zu erwarten hat, weil es fast ganz unmöglich ist, den abgesonderten Flüssigkeiten wiederum ihren natürlichen Weg anzuweisen, daher, um sie auszuleeren, die äußere Wunde offen bleiben müßte, so wie es bey der Thränenfistel und bey Verletzungen des Ductus Stenonioni der Fall ist.

Der zweyte mögliche Fall, der bey Verletzungen solcher Eingeweide die zur Aufnahme fremder Stoffe bestimmt sind eintreten kann, besteht darin, daß ein Stück derselben nicht unmittelbar getrennt, sondern nachher vom Brande ergriffen wird.

Wunden dieser Art sind den so eben beschriebnen in vielen Stücken ähnlich, unterscheiden sich aber von ihnen durch die Folgen, welche die Loßstoßung der verdorbnen Stelle nach sich zieht. Denn wenn dieses geschieht, so dringen die in den Eingeweiden enthaltenen fremden Stoffe, z. B. die Contenta des Magens, der Därme, der Harngänge, der Urinblase u. s. w. durch die Wunde hervor.

Der Zeitraum, welcher zwischen der Verwundung und dem Eintritt der Zufälle verstreicht, richtet sich nach der Zeit wo die Losstoßung des Schorfes erfolgt, und kann acht, zehn, zwölf bis vierzehn Tage dauern.

Die Erscheinung dieses neuen Zufalls ist zwar meistens sehr unangenehm, aber doch nicht gefährlich, *) weil alle Gefahr schon vorüber ist ehe er eintreten kann; und das Offenbleiben der Wunde, oder die Entstehung eines künstlichen Afters und eines widernatürlichen Ausgangs für den Urin, ist eine Sache der man wohl vorbeugen kann. Gemeiniglich schließen sich die Oefnungen von selbst und die Stoffe gehen wieder ihren natürlichen Weg; man hat daher in solchen Fällen weiter nichts zu thun als daß man die Wunde oberflächlich verbindet, und sobald hiebey das Hervordringen des Unraths, des Urins ꝛc. abnimmt, hat man Ursache sich einen guten Ausgang zu versprechen.

Folgender Fall mag zur Erläuterung der vorhergehenden Bemerkungen dienen:

Ein junger Mann bekam einen Schuß durch den Leib. Das Gewehr war mit drey Kugeln geladen gewesen, es fanden sich aber nur zwey Oefnungen wo der Schuß eingedrungen, und zwey wo er wieder herausgekommen war, so daß zwey Kugeln einerley Weg genommen zu haben schienen. Daß es deren wirklich drey gewesen waren, war augenscheinlich, weil sie hinter ihm in einer breternen Wand drey Löcher gemacht hat-

*) Ob das Austreten der im Magen enthaltenen Stoffe durch die Wunde ohne schlimme Folgen sey; kann ich nicht mit Bestimmtheit sagen.

ten, von denen jedoch zwey sich sehr nahe an einander befanden.

Die Kugeln waren auf der linken Seite des Nabels, die eine etwas mehr nach außen als die andre eingedrungen, und hinten nahe an den Dornenfortsätzen der obern Lendenwirbel wieder herausgegangen. Aus der Nähe in welcher der Schuß gefallen war, aus der Gewalt mit der die Kugeln eingedrungen seyn mußten, und aus der Richtung der dem Nabel nächsten Wunde, welche wir für die doppelte hielten, ließ sich mit ziemlicher Gewißheit schließen, daß diese leztere durch die Bauchhöle gedrungen seyn müste, bey der andern waren wir dessen weniger gewiß.

Als er das erstemal nach dem Vorfall Urin ließ war dieser mit Blut vermischt, woraus man auf eine Verletzung der Nieren schließen konnte; allein dieser Zufall ließ bald nach. Der Stul war nicht blutig, daher wir vermutheten, daß kein Stück des Darmkanals verlezt sey; und da sich in der Folge keine Zufälle einer Austretung der in denselben enthaltenen Stoffe zeigten, z. B. Zeichen einer Entzündung des Bauchfells, so wurden wir in dieser unsrer Meinung noch mehr bestätigt.

Das symptomatische Fieber war nicht heftiger, als man es erwarten konnte, und auch der Schmerz war in der Richtung des Schußkanals nicht stärker als es sich vermuthen ließ.

Da diese, aus der Verletzung selbst unmittelbar folgenden Zufälle, so bald als man es nur erwarten konnte, nachließen, so erklärte ich den Kranken noch vor Ablauf der 2ten Woche, soviel die Wunde betraf, außer Gefahr; denn da sich keine secundären Zufälle gezeigt hatten, so schloß ich, daß, in welche Höle auch die Kugeln eingedrungen seyn möchten, die umliegenden Theile sich durch die Adhäsion vereinigt haben müßten, und daß mithin der ganze Weg den die Kugeln genommen hatten ein ununterbrochen fortlaufender Kanal geworden sey, dergestalt, daß kein fremder Körper der mit den Kugeln etwa eingedrungen und nicht völlig durchgegangen war, so wenig als die Stücken Schorf die sich von den Seiten des Kanals etwa noch absondern konnten, noch auch das in denselben erzeugte Eiter, in die Bauchhöle gelangen könnte, sondern entweder durch die Wunde, oder durch einen von selbst entstandnen Absceß abgeführt werden müßten, in welchem leztern Falle sich der Absceß einen eignen Ausweg gebahnt haben würde.

Man hielt jedoch diesen Schluß für zu voreilig, denn es ereignete sich bald nachher ein neuer Zufall, welcher diejenigen, die den Grund meines Urtheils nicht einsahen, in große Unruhe versezte. Es gieng nämlich durch die Wunde etwas Koth ab; allein ich fand demohngeachtet keine Ursache meine Meinung, in Rücksicht der von der Natur zur Sicherung der Bauchhöle getroffnen Anstalten, zu ändern. Ich wurde vielmehr dadurch noch mehr in derselben bestätigt (wenn es anders einer solchen Bestätigung bedurft hätte,) und erkannte immer mehr, daß für die Fortdauer des Lebens nichts zu besorgen sey. Wohl aber befürchtete ich, daß aus der Wunde ein künstlicher After werden könnte. Es war nicht schwer die Ursache dieses neuen Zufalls anzugeben: Ein Stück des Darmkanals (wahrscheinlich der herabsteigende Theil des Grimmdarms) hatte ohne Zweifel durch die Kugel eine bloße Quetschung erlitten, die jedoch stark genug gewesen war ein Verderbniß der getroffnen Stelle nach sich zu ziehen. So lange sich nun der Schorf noch nicht losgestoßen hatte, war zwischen der Höle des Darms und der Wunde keine Gemeinschaft, sondern beyde stellten, jedes für sich, ein aneinander fortlaufendes Ganze dar. Sobald sich aber das brandige absonderte, fand zwischen beyden Kanälen eine Communication statt, so daß die in dem Darm enthaltnen Stoffe in die Wunde, und das Eiter aus der Wunde in den Darm gelangen konnte. Es nahm jedoch das Hervordringen des Unraths nach und nach ab, vermuthlich weil sich die Oefnung immer mehr zusammen zog, am Ende hörte auch dieser Zufall gänzlich auf, und die Wunde heilte sehr gut zu.

Indessen war der Kranke durch die Entzündung, das sympathische Fieber, die schwächende Heilmethode, und die sparsame Diät sehr von Kräften gekommen.

IV. Ueber die penetrirenden Brustwunden.

Man hat noch sehr wenig über Brust- und Lungenwunden gesagt, und freilich sollte man dem ersten Anschein nach vermuthen, daß sich nur wenig oder gar nichts dabey ausrichten lasse; allein in verschiednen Fällen kann man demohngeachtet sehr viel zur Rettung des Verwundeten beytragen.

Eine bloß einfach penetrirende Brustwunde kann dennoch durch Nebenumstände tödlich werden, wie ich bey der zweyten Art der penetrirenden Brustwunden, oder bey den complicirten, die mit einer Verletzung der Lungen vergesellschaftet sind, zeigen werde.

Das bloße Lungenwunden, ohne anderweitige Verletzung nicht unbedingt tödlich sind, ist bekannt. Ich habe mehrere Beyspiele gesehen, wo Schüße durch die ganze Brust und durch die Lungen gegangen waren, und wo demohngeachtet die Patienten mit dem Leben davon kamen, da sie im Gegentheil oft starben, wenn die Lungen nur ganz leicht mit einem Degen oder Bajonnet verlezt waren. Ich schließe hieraus, daß Schußwunden in den Lungen im ganzen genommen einen glücklichern Ausgang haben, als wenn die Wunde durch ein scharfes oder spitziges Instrument beygebracht worden ist. Dieser Unterschied scheint von der verschiednen Menge des ergoßenen Blutes abzuhängen, indem die Blutung bey einer Schußwunde nach Verhältniß weit geringer ist als bey einer Schnittwunde, und mithin im erstern Falle sich weniger Blut in der Brusthöle und in den Lungenzellen ansammelt. Ein andrer Umstand, der bey Schußwunden in den Lungen oft den glücklichen Ausgang begünstigt ist der, daß sie sich selten durch die schnelle Vereinigung schließen, sondern daß die äußere Oefnung derselben, vorzüglich die wo die Kugel eingedrungen ist, wegen des Schorfes eine geraume Zeit offen bleibt, so daß die ausgetretnen Feuchtigkeiten ungehindert abfließen können. Allein selbst dieser Umstand hat oft seine nachtheiligen Folgen; denn wenn die äußere Wunde, welche in die Brusthöle führt, offen bleibt, so wird dadurch leicht eine suppurative Entzündung in dem ganzen Umfang derselben erregt, die in den meisten Fällen den Tod nach sich zieht. Eben das geschieht auch, wenn keiner von den innern Theilen verlezt ist. Indessen scheint es, als ob diese Entzündung der Brusthöle bey Schußwunden nicht so leicht erfolge, als man dem ersten Anschein nach vermuthen sollte, so wenig als die adhäsive Entzündung zwischen den Lungen und dem Brustfell, im Umfang der äußern Oefnung, so leicht statt findet, als es bey Bauchwunden zu geschehen pflegt, weil hier ein anderes Verhältniß zwischen den einschließenden und eingeschloßnen Theilen obwaltet; in andern Stellen des Körpers haben beyde entweder einerley Biegsamkeit, oder stehen in einem gewissen Verhältniß ihres Umfangs. Das Gehirn und die Hirnschale haben nicht einerley Biegsamkeit aber einerley Umfang. Daher kommt es, daß die Lungen sogleich zusammenfallen wenn sie selbst verlezt sind, oder das Gewölbe der Brust verwundet ist, und sich die Wunde nicht durch die schnelle Vereinigung schließt. Sie füllen nun nicht mehr die ganze Brusthöle aus, und der dadurch entstandne Zwischenraum muß sich nun mit Luft, oder mit Blut, oder mit beiden zugleich anfüllen, und deswegen kann nicht wohl eine Adhäsion statt finden. Glücklicherweise aber trift es sich oft, daß die Lungen schon früher mit dem Brustfell verwachsen sind, und dieses ist oft ein wichtiger Vortheil.

Bey Stichwunden, vorzüglich wenn sie mit einem scharfen Instrument beygebracht worden sind, bluten die Gefäße sehr stark, die Wunde fällt aber bald zusammen, so daß alle Gemeinschaft mit außen aufgehoben wird. Sind die Lungen auf ähnliche Art verwundet, so hat man einen ansehnlichen Blutverlust aus denselben zu erwarten; dieses Blut wird sich (wenn nicht schon vorher die Lungen an dieser Stelle verwachsen waren,) in die Brusthöle, desgleichen auch in die Lungenzellen und Luftröhrenäste ergießen, woselbst es durch Erregung eines Hustens und durch blutigen Auswurf die wahre Beschaffenheit der Wunde zu erkennen giebt. Denn das in die Luftzellen ausgetretne Blut wird durch die Luftröhre aufgehustet, und ist mithin ein sicheres Kennzeichen, daß die Lungen verwundet sind. Dasjenige Blut aber welches in die Brusthöle dringt, findet keinen Ausweg, und muß daher so lange zurückbleiben, bis es von den ansaugenden Gefäßen aufgenommen wird. Das leztere geschieht auch, wenn die Menge des ausgetretnen Blutes gering ist, wenn aber die Menge desselben ansehnlicher ist, so veranlaßt es Zufälle andrer Art.

Diese Zufälle sind folgende:

Gleich vom Anfange an zeigt sich eine große Niedergeschlagenheit der Kräfte, die von der Natur der verlezten Theile abhängt, es stellen sich auch wohl Ohnmachten ein; welches jedoch von der Menge des verlohrnen Blutes und von der Schnelligkeit mit der es ausgeflossen ist, herrührt. Der Kranke klagt über ein Gefühl von Schwere in der Brust, welches sich jedoch nicht mit einem wirklichen Drücken vergleichen läßt, und über große Beschwerde beym Athemholen. Diese hat ihren Grund in dem Schmerz den er bey der Ausdehnung der Lungen durch das Athemholen empfindet, auch trägt mit dazu bey, daß die Respirationsmuskeln der leidenden Seite zugleich mit verwundet sind. Während der nachfolgenden Entzündung dauert diese Beschwerde noch eine Zeitlang fort, und hindert die Ausdehnung der leidenden Seite sowohl, als zum Theil auch der andern, weil wir nicht im stande sind, eine Hälfte der Brust allein ohne die andre auszudehnen. *) Hiezu kommt noch, daß bey Wunden, die mit scharfen Instrumenten beygebracht worden sind, die eine Hälfte der Brusthöle zum Theil mit Blut angefüllt ist, daher sich denn die Lungen auf dieser Seite nicht ausdehnen können, und mithin das Athemholen erschwert wird.

Der Kranke kann nicht liegen, sondern muß aufgerichtet sitzen, weil diese Stellung das Herabsteigen des Zwerchfells erleichtert, und so die Brusthöle erweitert. Alle diese Zufälle waren in folgendem Falle sehr deutlich zu bemerken.

Ein Mensch bekam einen Stich mit einem spitzigen Degen in die linke Brust, etwas nach hinten zu; die äußere Wunde war sehr klein. Er verlohr sogleich durch den Mund sehr viel Blut aus den Lungen, wovon die Menge beynahe ein Maaß betragen mochte, und woraus man abnehmen konnte, daß die Lungen verlezt seyn

---

*) Ich habe es oft sehr bedauert, daß wir uns nicht gewöhnen eine Hälfte der Brust ohne die andre zu erheben, so wie wir es durch Gewohnheit dahin bringen ein Augenlied ohne das andre zu bewegen.

müßten; weil wegen der Richtung der äußern Wunde der Magen nicht getroffen seyn konnte. Das Athemholen wurde bald schwer und schmerzhaft, und der Puls schnell. Man lies ihm zur Ader; die Zufälle aber nahmen so schnell überhand, daß jedermann glaubte er würde sterben. Er konnte bloß auf dem Rücken liegen, denn wenn er auf der gesunden Seite lag, war das Athemholen ganz unmöglich, und der Schmerz verhinderte die Lage auf der leidenden Seite. Die aufrechte Stellung war noch die erträglichste, daher er mehrere Tage auf einem Stule zubrachte. Beym Husten war der Schmerz außerordentlich heftig, selten aber wurde mit demselben etwas ausgeworfen, und nach dem zweyten Tage zeigte sich im Auswurf gar kein Blut mehr, woraus wir schlossen daß nunmehr die Blutung in den Lungen gehemmt sey.

So lange die Theile sich in einem entzündlichen Zustande befanden, war der Schmerz sehr groß, das Athemholen außerordentlich schnell, und der Puls schnell und hart. Sobald aber die Entzündung nachließ, wurden die Athemzüge länger, und der Schmerz mäßiger, auch war der Puls nicht mehr so geschwind und hart; doch änderte sich dieses leztere so oft er den Körper bewegte, hustete, oder in Leidenschaft gerieth, welches oft geschah.

Ich schloß aus der Wunde und den Folgen derselben, daß sehr viel ausgetretnes Blut in der Brusthöle seyn müsse, denn ich bedachte, daß das Blut, welches aus den Gefäßen der Lungen in die Lungenwunde ergossen würde, leichter in die Brusthöle, als in die Lungenzellen gelangen könnte, und daß jeder Versuch die Brusthöle auszudehnen, auf die Oefnung der Lungenwunde wie eine Ansaugung wirken müsse, weil dabey jedesmal der Druck der äußern Luft weggenommen würde. Ich entschloß mich daher den Bruststich zu machen, weil das ausgetretne Blut die Lungen auf der leidenden Seite zusammendrückte, ihre Ausdehnung hinderte, und sie reizte, wodurch am Ende eine Entzündung hätte veranlaßt werden können. Er brachte hierauf noch einige Tage ohne merkliche Veränderung zu, indessen schien es doch im ganzen etwas besser zu gehen; den Tag vor seinem Tode aber wurde das Athemholen wieder beklommener, welches wir seinem beständigen Herumwerfen zuschrieben, und an dem Tage wo er starb war es eher wieder etwas besser. Kurz vor seinem Tode bekam er eine Art von Stickfluß, und nach einer halben Stunde starb er.

Während seiner ganzen Krankheit war seine Haut feucht gewesen, er hatte zuweilen stark geschwizt, und am Ende waren die Schenkel geschwollen.

Im Anfange hatte er blos eine Mixtur aus Wallrath mit etwas Opium bekommen, welche ihm einige Erleichterung verschafte. Ich hätte gerne die Dosis des Mohnsafts vermehrt, man wendete aber dagegen ein, daß dieses Mittel die Brust zu sehr bewegen könnte, wie es oft beym Asthma thut. Man gab daher den Mohnsaft mit Squilla versezt. An dem Tage wo er starb, hatten wir ihm die Fieberrinde mit einem schweistreibenden Mittel verordnet.

Da dieser Fall vom gewöhnlichen Asthma sehr verschieden war, und die Schwierigkeit beym Athemholen blos von der Entzündung der Intercostalmuskeln und Lungen, und von der gänzlichen Unbrauchbarkeit des einen Lungenflügels abhieng, so hielt ich es für rathsam den Mohnsaft zu geben, um die Reizung der entzündeten Theile zu mäßigen, und eine größere und freyere Ausdehnung derselben möglich zu machen, vorzüglich da wir gefunden hatten, daß der Gebrauch desselben wirklich einige Erleichterung verschafte.

Es könnte befremdend scheinen, daß der Kranke mit so vieler Mühe athmete, ohngeachtet die eine Seite gesund und unverlezt war, denn ich habe oft Leute gesehen die vollkommen frey Athem schöpften, ohngeachtet sie nur eine Seite ausdehnen konnten. Allein wenn man den Fall genau in Erwägung zieht, so läßt sich auch hievon leicht die Ursache angeben.

Bey der Leichenöfnung zeigte sich folgendes: Ich nahm das Brustbein hinweg und machte einen Einschnitt in die Brusthöle, durch welchen sogleich eine Menge Blut hervordrang. Wir erhielten mit Hülfe des Schwamms ohngefähr drey Maas dünnes Blut aus der linken Hälfte der Brusthöle. Der geronnene Theil desselben schien sich allenthalben an die Seiten der Brusthöle angelegt zu haben, so daß dieselbe mit geronnener Lymphe gleichsam ausgefüttert schien, von welcher leztern sich in der Flüssigkeit selbst gar keine Spur zeigte. Wahrscheinlicher Weise aber war das ausgetretne Blut gar nicht geronnen, und jene dicke feste Rinde war gerinnbare Lymphe, die, wie bey allen Entzündungen zu geschehen pflegt, aus den Lungen und dem Rippenfell ausgeschwizt war. War dieses wirklich der Fall, so verhielt sich die Sache hier eben so wie bey der Entzündung der Venen, wo ebenfalls die gerinnbare Lymphe sich sogleich verdickt, sobald sie auf der Oberfläche ausgeschwizt ist. Wäre dies nicht gewesen, so würde sich dieselbe mit dem in der Brusthöle ergoßnen Blute vermischt haben, und würde dann in demselben schwimmend gefunden worden seyn.

Die Lungen waren sehr zusammengefallen, und daher fester als gewöhnlich. Wir fanden die Wunde in denselben, die der Wunde in der Pleura entsprach. Ich brachte eine Sonde in dieselbe ein, welche beynahe vier Zoll tief eindrang; ich kann jedoch nicht mit Gewißheit sagen, ob sie sich nicht selbst einen Weg gebahnt hatte. Indessen verfolgte ich die Wunde durch einen Einschnitt, und konnte dabey die verlezten Theile sehr leicht an dem geronnenen Blute erkennen, welches in dieselben eingedrungen war.

Das Herz und die innere Seite des Herzbeutels waren entzündet, und ihre Oberfläche, wie bey den Lungen, mit geronnener Lymphe bedeckt. Auch der rechte Lungenflügel war an seinem vordern Rande etwas entzündet.

Bey Lungenwunden findet man gewöhnlich einen schnellen Puls, wovon einigermaßen die Ursache die seyn mag, daß die Lungen so unmittelbaren Einfluß auf den Blutumlauf haben, dergestalt, daß alles, was den freyen Umlauf desselben in ihnen hindert, auch das Herz und die Gefäße afficirt. Hart wird der Puls wegen der dabey eintretenden Entzündung, und weil ein zum Leben wesentlich nothwendiges Organ verlezt ist.

Bey Schußwunden, die in die Brusthöle gedrungen sind, hat man im ganzen weiter nichts zu thun, als daß man den Patienten sich vollkommen ruhig halten läßt, und die Wunde ganz leicht verbindet. Das in die Bauchhöle ausgetretne Blut, so wie auch die bey der Eiterung erzeugte Materie, fließt meistens durch die äußere Wunde ab. In solchen Fällen aber, wo die Verletzung durch scharfe Instrumente veranlaßt worden ist, wird die Entscheidung der Frage, was man hier zu thun habe, schon schwerer. Die natürliche Antwort darauf ist, daß man den Bruststich unternehmen müsse. Diese Operation wird den Patienten Erleichterung verschaffen und das Uebel in den Zustand einer einfachen Wunde versetzen, so daß sie sich mehr der Beschaffenheit einer Schußwunde nähert. Man muß sie sobald als möglich unternehmen, ehe sich das Blut coaguliren kann, denn coagulirtes Blut ist schwer herauszuschaffen.

Oft ist es zu diesem Zweck hinreichend die Wunde selbst zu erweitern, wenn sich aber diese an einer solchen Stelle befindet, wo keine Erweiterung geschehen darf, so muß man den Bruststich da machen, wo man ihn bey der Operation der Eiterbrust zu machen pflegt.

Wenn alle obenbeschriebnen Zufälle eintreten, und man Ursache hat zu vermuthen, daß eine große Menge Blut in die Brusthöle ausgetreten sey, so kann man, wie ich glaube, diese Operation ohne alles Bedenken unternehmen.

V. Erschütterungen des Gehirns und Brüche der Hirnschale.

Diese Verletzungen sind, wenn sie durch Flintenkugeln verursacht werden, nicht im mindesten von ähnlichen Verletzungen unterschieden, die eine andre Veranlassung haben, ausgenommen was das Zurückbleiben der Kugel im Kopfe betrift, welches jedoch, wie ich glaube, keine eigne Behandlungsart erfodert.

VI. Ueber die Wunden, bey welchen zugleich Knochenbrüche vorhanden, oder in welchen fremde Körper sitzen geblieben sind.

Schußwunden, die mit Knochenbrüchen complicirt, oder in welchen fremde Körper sitzen geblieben sind, heilen, wie komplicirte Knochenbrüche, selten oder niemals auf einmal, oder regelmäßig nach und nach, wie es bey den im vorhergehenden betrachteten Schußwunden der Fall zu seyn pflegt. Im Anfang, sobald die Entzündung vorüber ist, geht gemeiniglich die Heilung (eben so wie bey einfachen Schußwunden) ziemlich schnell von statten. Wenn sie aber bis dahin gediehen ist, wo die zurückgebliebenen fremden Körper sitzen, so werden ihre Fortschritte langsamer, bis endlich ein völliger Stillstand erfolgt, oder die Wunde gar fistulös wird, und dieses dauert so lange, bis die reizende Ursache hinweggeschaft ist. Alles dieses erfolgt selbst dann, wenn man im Anfange einen so großen Einschnitt gemacht hat, als man es nur für nöthig erachtet, denn man kann durch den Einschnitt im Anfange doch nur diejenigen fremden Körper oder Knochensplitter herausschaffen, die vollkommen locker sind, oder sich ablösen so lange der gemachte Einschnitt offen bleibt, und selbst dieses ist nur bey oberflächlichen Wunden möglich. Denn bey tiefen Wunden, oder da, wo eine Exfoliation statt finden muß, schließt sich die erweiterte Stelle allemal weit früher, als die fremden Körper ausgeführt werden können. Auch gewinnen oft, ehe es noch so weit kommt, die Theile ein träges, kränkliches Ansehen, und schließen sich selbst dann nicht gern, wenn schon alle fremde Körper entfernt sind.

Unter solchen Umständen stopfen gemeiniglich die Wundärzte Schwamm oder Wieken in die gemachte Oefnung, oder wenden Aezmittel an, um die Wunde offen zu erhalten, oder zu erweitern. Allein dieses Verfahren ist unnöthig, weil eine Wunde in diesem Zustande selten ganz zuheilt, weil die Wieken dieselbe nicht sehr erweitern, und dagegen den freyen Abfluß des Eiters hindern, und machen, daß es sich zwischen den Verbandstücken ansammelt.

Wenn man eine Exfoliation erwartet, so ist es im ganzen genommen allemal besser, soviel als möglich von dem Knochen zu entblößen. Es wird dadurch eine Art von Entzündung unterhalten, die, wie ich glaube, die Anlage zur Exfoliation befördert. Doch darf man dieses blos in solchen Fällen thun, wo der Knochen sehr nahe unter der Oberfläche liegt; wenn aber die verdorbnen Knochenstücke sich schon anfangen abzusondern, und sich nach der Oberfläche hin zu erheben, so ist es oft, wie in allen den Fällen, wo fremde Substanzen ausgeführt werden sollen, besser, die ganze Wunde erst zuheilen zu lassen, anstatt sie mit Wieken von Schwamm offen zu erhalten. Der fremde Körper bildet nun um sich herum einen Absceß, wodurch die Höhlung erweitert wird, und zwar so, daß die ulcerative Entzündung nach der äußern Oberfläche hin, schneller um sich greift. Oefnet man diesen Absceß, so läßt sich der fremde Körper weit leichter herausziehen, oder kommt auch von selbst wieder zum Vorschein. Allein diese Methode, die Oefnung fistulöser Geschwüre zuzuheilen, läßt sich nicht überall anwenden.

Wenn diesem Verfahren nichts entgegensteht, so gewährt es den Vortheil, daß der Kranke dabey nicht in die unangenehme Nothwendigkeit versetzt wird, alle Tage das Geschwür verbinden zu müssen, so lange, bis der fremde Körper herausgeschafft ist; ein Umstand, der, wie ich glaube, wohl einige Aufmerksamkeit werth ist. Allein, wie gesagt, dieses Verfahren ist nicht in jedem Falle anwendbar; denn wenn z. B. eine Wunde mit einem Gelenk in Verbindung steht, wie dieses bey Geschwüren an den Händen und Füßen sehr oft der Fall ist, und die Knochen des Gelenks widernatürlich beschaffen sind, so würde es sehr unüberlegt seyn, wenn man die Wunde wollte zuheilen lassen, weil die eingesperrte Materie sich sodann leichter in die übrigen Gelenke verbreiten, und das Uebel vermehren würde. Es lassen sich überdies auch noch andre Ursachen denken, welche die allgemeine Anwendung dieser Methode unmöglich machen.

Wenn man Wunden, die in der Tiefe keine Anlage zur Heilung haben, offen erhalten will, so muß man dafür sorgen, daß sie bis auf den Grund offen bleiben, denn wenn sie sich an ihrer Mündung schließen, so rührt dieses meistens daher, daß sich die Seitenwände derselben unter der äußern Oefnung zuerst vereinigen, da die Haut im Gegentheil sich selten schließt, wenn untenher alles offen ist.

In Wunden, welche fistulös werden, ohne daß sie einen fremden Körper enthalten, ist allemal der Grund widernatürlich beschaffen, und dieses kann die nämlichen Wirkungen hervorbringen, die ein fremder Körper zu haben pflegt. Um diese widernatürliche Anlage zu verbessern, muß man einen großen Einschnitt in dieselben machen, weil hiedurch die Entzündung, die Eiterung und dir Erzeugung neuer Substanz beschleunigt wird, und weil die letztere, wenn sie auf diese Art befördert wird, gemeiniglich eine gute und gesunde Beschaffenheit hat. Auf der andern Seite aber ist es auch oft vortheilhaft, die Wunde an der Oefnung zuheilen zu lassen, weil sodann durch die Erzeugung eines Abscesses die krankhaften Theile zerstört werden, und weil man in den meisten Fällen auf keine bequemere Art zu einem tiefliegenden Theil, oder zu einem fremden Körper gelangen kann, als durch die Entstehung eines Abscesses. Es ist dieses ein natürlicher Weg, eine Oefnung zur Erleichterung krankhafter Theile zu veranstalten, allein man findet oft bey der Anwendung, daß diese Methode weder zur Ausziehung fremder Körper noch um den Grund des Geschwürs gehörig zu entblößen, hinreichend ist, wenn man nicht diese Abscesse durch die Kunst beträchtlich erweitert, und so die ganze krankhafte Stelle, oder den fremden Körper völlig entblößt.

VII. Ueber den schicklichsten Zeitpunkt zur Entfernung unheilbarer Theile.

Manche Schußwunden erkennt man gleich beym ersten Anblick für unheilbar, sie mögen nun in Theilen befindlich seyn, die entfernt werden können, oder in solchen, wo die Entfernung unmöglich ist. Im letztern Fall kann der Wundarzt gar nichts thun, im ersten aber muß man die Ablösung des beschädigten Theils, als das einzige noch übrige Mittel, unternehmen. Allein selbst dieses leidet noch gewisse Einschränkungen. Vielleicht sollte man die Amputation nie unmittelbar nach der Verletzung unternehmen, als da, wo ein ansehnliches Blutgefäß verletzt ist, so daß das Leben des Verwundeten in Gefahr schwebt, und das Gefäß selbst sich schlechterdings nicht unterbinden läßt, oder wenn man befürchtet, daß die Entzündung, die sich zu der Wunde gesellen kann, tödtlich werden wird. Unternimmt man in solchen Fällen die Amputation, so hat man dann blos die Entzündung zu erwarten, welche nach derselben eintritt. Allein freylich gewinnt man in diesem letztern Falle nicht sogar viel; vorzüglich, wenn man eine von den untern Extremitäten abnehmen muß; indessen sind doch vielleicht diese unter den Theilen, die weggenommen werden können, die einzigen, deren Entzündung tödtlich werden kann.

In wie fern man dieses Verfahren in denjenigen

Fällen beobachten darf, die zwar nicht eben tödtlich sind, wo aber doch die Beschädigung so heftig ist, daß eine vollkommne Wiederherstellung außer den Gränzen der Kunst liegt, wage ich hier nicht zu bestimmen. Der Fall ist von den vorigen sehr verschieden, und die Folgen desselben hängen mehr von Nebenumständen ab, so daß man blos dann den Theil entfernen darf, wenn es der übrige Zustand des Patienten erlaubt. Allein nur bey wenigen ist dieses der Fall; denn Leute bey vollkommner Gesundheit, und zumal diejenigen, welche Schußwunden am meisten ausgesezt sind, befinden sich selten in diesem Zustand. Die Gemüthsstimmung und Leidenschaft in der sich dergleichen Personen zur Zeit der Verwundung befinden, macht die Amputation in dergleichen Fällen zur allermißlichsten Sache. Es ist daher im Durchschnitt allemal besser damit zu warten, bis die Entzündung und alle Wirkungen der heftigen Reizung vorüber sind.

Giebt man auf alle diese Umstände nicht genau Achtung, und läßt man z. B. in Fällen der erstern Art, die sich selbst überlassen wahrscheinlich tödlich werden müssen, die erste Entzündung eintreten, so muß der Patient ohne allen Zweifel sterben. In Fällen der zweiten Art aber muß man, wenn einmal die Entzündung eingetreten ist, mit der Operation warten bis sie vorüber ist, und nicht durch ein voreiliges Verfahren das Leben des Patienten aufs Spiel setzen. Denn, was das leztere anbetrift, so habe ich bereits erinnert, daß nur wenige Personen bey vollkommner Stärke und Gesundheit den Verlust eines Schenkels ertragen, und daß eine heftige Entzündung in wenig Stunden diese gesunde Anlage ändert, und dem ganzen Körpersystem eine andre Stimmung giebt, vorzüglich wenn ein ansehnlicher Blutverlust vorausgegangen ist, welches hauptsächlich dann der Fall seyn wird, wenn man die Amputation bald nach der Verwundung unternimmt.

Der Patient wird unter solchen Umständen schwach, blos weil das thierische Leben seine Energie verliehrt, und kommt selten nachher jemals wieder zu Kräften.

Nachdem ich von der Behandlungsart und Heilung der Schußwunden und andrer Verletzungen, die bey Soldaten und Matrosen gewöhnlich sind, gesprochen habe, will ich nun auch etwas über die Behandlung derjenigen Kranken sagen, deren Wunden dem ersten Anschein nach tödlich sind, die aber solche Theile betreffen, welche sich durch die Amputation entfernen lassen.

Die Operation selbst geschieht eben so wie in andern Fällen, und der einzige Umstand der hier besonders in Erwägung gezogen zu werden verdient, betrift die Lage des Patienten und den schicklichsten Zeitpunkt dazu.

Ich habe schon oben, als ich von der Erweiterung der Schußwunden sprach, einige Regeln hierüber gegeben, die sich einigermaßen auch hier anwenden lassen, allein da der schickliche Zeitpunkt zur Amputation oft früher eintritt als der zur Erweiterung, so will ich mich jezt ausführlicher darüber erklären.

Die Amputation ist fast die einzige Operation, die man unmittelbar nach geschehener Verletzung unternimmt und unternehmen darf.

Da Kriegsleute an dem Orte wo sie verwundet werden, gemeiniglich von aller Hülfe, die chirurgische ausgenommen, entfernt sind, so ist es wichtig zu bedenken, in wieferne diese in Ermanglung andrer Pflege anwendbar ist. Gemeiniglich wagen es die Wundärzte nicht zu warten bis der Blessirte unter Dach und Fach gebracht, und zu einer ordentlichen Kur Anstalt gemacht worden ist, daher es denn sehr gewöhnlich ist, gleich auf dem Schlachtfelde zu amputiren. Nichts kann wohl verwerflicher seyn als ein solches Verfahren, und zwar aus folgenden Gründen: Der Wundarzt kann in der Lage und in den Umständen unter welchen er sich hier befindet, unmöglich allemal den Fall so ganz übersehen, wie es doch bey einer so wichtigen Operation unumgänglich nöthig ist, und es bleibt zu jeder Zeit und an jedem Orte zweifelhaft, ob man die Amputation vor dem Ablauf der ersten Entzündung machen müsse. Ist die Verletzung so schwer daß unter keinerley Umständen eine Heilung möglich ist, und zweifelt man, ob der Kranke die nachfolgende Entzündung aushalten würde, so sollte man freylich dem ersten Anschein nach denken, daß man hier nichts bessers thun könne als die Amputation gleich im Anfange vorzunehmen. Wenn aber der Kranke die Entzündung, welche eine Folge der Verletzung an sich selbst ist, nicht ertragen kann, so ist es mehr als wahrscheinlich, daß er auch die Amputation mit ihren Folgen nicht aushalten wird. Darf man aber hoffen, daß der Kranke, wenn auch keine Heilung möglich ist, dennoch die erste Entzündung überstehen wird, so muß man diese abwarten, weil man dann versichert seyn kann, daß er sodann auch die zweyte besser aushalten wird.

Wenn die Sache nun schon da so mißlich ist, wo die gewöhnlichen Lebensverhältnisse die Amputation begünstigen, wie vielmehr muß sie es nicht bey einem Menschen seyn, der sich in der stärksten Gemüthsbewegung von Furcht, Ermüdung, Traurigkeit ꝛc befindet. Diese Umstände müssen nothwendig die nachtheiligen Folgen um vieles vermehren, und auf alle Fälle für das Aufschieben der Amputation den Ausschlag geben.

Wollte man dagegen einwenden, daß aus eben dem Grunde ja auch die Verletzung an und für sich selbst durch die Unruhe des Gemüths gefährlicher werden müßte, so antworte ich darauf, daß durch die Amputation die ursprüngliche Verletzung vermehrt, und mithin auch die Gefahr erhöht wird, und daß, wenn auch die Wunde für sich allein einen tödlichen Ausgang hat, dieser doch langsamer erfolgt. Im ersten Falle ist es blos die Entzündung, welche den Tod herbeyführt, im zweyten aber die Entzündung, der Substanzverlust und wahrscheinlich auch der größern Verlust von Blut, da doch schon bey der Verletzung selbst eine ansehnliche Quantität desselben verlohren gegangen war, die plumpe Art, mit der man unter solchen Umständen gemeiniglich die Amputation macht, gar nicht zu gedenken.

Das einzige, was man zur Empfehlung der Amputation auf dem Schlachtfelde anführen kann, ist der Umstand, daß sich der Patient nach derselben leichter transportiren läßt, als mit einem zerschmetterten Gliede. Indessen die Erfahrung ist auch hier die beste Richtschnur, und ich glaube, daß alle diejenigen, welche Gelegenheit gehabt haben, vergleichende Beobachtungen an Menschen anzustellen, die in einer und derselben Action verwandet worden waren, und wo man bey einigen die Amputation sogleich gemacht, bey andern aber aufgeschoben hatte bis alle Umstände die Operation begünstigten, daß alle diese sage ich, als die einzigen competenten Richter in dieser Sache, sie dahin entscheiden werden, daß nur wenige von den Verwundeten, an welchen man die Amputation gleich auf dem Schlachtfelde gemacht hatte, glücklich davon kamen, daß aber, unter übrigens gleichen Umständen, weit mehrere von denen gerettet werden, bey welchen man die erste Entzündung abgewartet und die Amputation erst nachher unternommen hatte.

Es giebt allerdings Fälle, wo diese Beobachtungen eine Ausnahme leiden, und wo größtentheils alles der Beurtheilung des Wundarztes überlassen werden muß. Ich will aber demohngeachtet einige dieser Ausnahmen anführen, um von dem, was ich eigentlich darunter verstehe, einen allgemeinen Begriff zu geben.

Fürs erste hat die Wahl der Behandlungsart minder wichtige Folgen, wenn der zu amputirende Theil eine von den obern Extremitäten ist; Man sieht aber auch ein, daß man im Durchschnitt weit seltner genöthigt ist, einen Arm auf dem Schlachtfelde zu amputiren, weil ein so verwundeter mit weniger Gefahr transportirt werden kann, als wenn die Verletzung eine von den untern Extremitäten betroffen hat.

Zweytens: wenn die Theile sehr zerrissen sind, und das Glied nur noch durch eine kleine Parthie fester Theile mit dem ganzen zusammenhängt, so kann der große Substanzverlust, den die Operation nöthig macht, nicht als ein Einwurf dagegen gelten, weil ihm die Verletzung selbst schon bewirkt hat, so wenig als in einem solchen Falle die übrigen Zufälle, welche nach der Amputation eintreten können, davon abschrecken dürfen. Es ist daher in vielen Fällen augenscheinlich zweckmäßiger den ganzen beschädigten Theil abzusetzen. Oft wird die Amputation schon um deswillen nothwendig, weil man sonst nicht zu den Blutgefäßen gelangen kann, die vielleicht zu stark bluten, und weil das Aufsuchen derselben oft noch mehr Nachtheil bringen kann als die Operation selbst.

Ich habe schon erinnert, daß Schußwunden nicht so stark bluten als Schnittwunden, und daß mithin die erstern in dieser Rücksicht weniger gefährlich sind. Indessen geschieht es doch oft, daß ein beträchtliches Gefäß getrennt ist, und daß ein starker Blutverlust entsteht. In solchen Fällen hat man gar keine Zeit zu verlieren; man muß die Gefäße sogleich unterbinden um größern Nachtheil zu verhüten. Dieses Geschäft kann oft sehr viel Schwierigkeit machen, vorzüglich da es meistens gleich auf dem Schlachtfelde geschehen muß. Matrosen haben hierin einen Vortheil vor den Landtruppen voraus.

Ferner ist es oft nöthig, gleich auf der Stelle gewisse Theile wieder zurückzubringen, weil es dem Patienten das Leben kosten könnte, wenn man die Reposition verschieben wollte. Dies ist z. B. der Fall, wenn die Gedärme oder die Lungen aus ihren Hölen hervorgedrungen sind. Oft muß man auch große eingedrungene Körper, z. B. Stücken von Bomben, die im Fleische festsitzen, sogleich herausnehmen, weil der Schmerz den sie verursachen zu heftig werden würde, und weil es nachtheilig werden könnte den Blessirten so zu transportiren.

Zur Entfernung eines auf das Gehirn drückenden Körpers kann man unter den Umständen, in welchen man sich auf dem Schlachtfelde befindet nur wenig thun.

VIII. Allgemeine Behandlung bey Schußwunden.

Man empfiehlt Blutausleerungen bey Schußwunden so dringend, als ob sie hier von größerm Nutzen als bey andern Wunden wären. Ich sehe aber nicht ein, warum sie hier nothwendiger seyn sollen, als bey andern Wunden, wo die Verletzung der Gefäße die nämliche ist, und wo man den nämlichen Grad der Entzündung und so auch die übrigen Folgen erwartet.

Man muß hier, so wie bey allen Wunden, Blutausleerungen veranstalten, wenn die Constitution des Körpers stark und kraftvoll, und eine beträchtliche Entzündung mit einem starken symptomatischen Fieber zu erwarten ist. Allein bey solchen Schußwunden, wo weder die örtlichen noch die allgemeinen Zufälle erheblich sind, würde ich nie, blos aus dem Grunde weil es Schußwunden sind, Aderlässe anwenden, und wenn ich meine Beobachtungen zu rathe ziehe, so glaube ich, daß die Entzündung ꝛc. in dergleichen Wunden nicht so heftig wird, als man es im Anfange vermuthet. Alle gequetschte Wunden, die das Absterben eines Theils zur Folge haben, gleichen in ihren Wirkungen einigermaßen den Aezmitteln; denn indessen sich der brandig gewordne Theil absondert, wird die suppurative Entzündung aufgehalten, und kann mithin nicht so heftig werden. Allein man kann dies freylich nur von solchen Wunden behaupten, die mit keiner anderweitigen Verletzung complicirt sind, wo z. B. die Kugel blos durch weiche Theile gedrungen ist; denn wenn ein Knochen beschädigt ist, so erfolgt die Entzündung wie bey jedem andern complicirten Knochenbruche.

Oft ist es in dem entzündlichen Zeitraum vortheilhaft, örtliche Blutausleerungen durch Blutigel oder Puncturen mit der Lancette zu verstalten; es dient dieses dazu eine örtliche Ausleerung der Gefäße zu bewirken, und hiedurch die Entzündung früher zu mäßigen, mithin auch die Eiterung zu befördern. Ich muß jedoch erinnern, daß man mit den Blutausleerungen sehr vorsichtig seyn muß, wenn die Entzündung und das Fieber sehr heftig ist. Denn wenn man die Erregung auf den Grad herabstimmen will welcher zuvor statt fand, so schwächt man oft den Patienten zu sehr, so daß oft, wenn jene Erregung nachläßt (welche immer nur vorübergehend ist,) das ganze Körpersystem zu sehr geschwächt ist, um den Lebensproceß länger fortzusetzen. Das schlimmste was sich ereignen kann ist, wenn die Kräfte des Patienten zu sehr geschwächt sind, denn es kostet oft nachher weit mehr Mühe sie durch herzstärkende Mittel, Fieberrinde u. s. w. aufrecht zu erhalten, als man gebraucht hat sie herabzustimmen. Meine Meinung erhält noch mehr Gewicht, wenn man auf diejenigen Achtung giebt, die unmittelbar durch die Wunde selbst eine ansehnliche Menge Blut verlohren haben, und die oft durch einen spätern zufälligen Blutverlust, wenn er auch an sich unbedeutend ist, mit einemmale auf das aller äußerste geschwächt werden. Es hängt dieses aber größtentheils von dem Sitze des Uebels ab; denn bey schweren Verletzungen einiger Theile sind oft Blutausleerungen zuträglicher als bey andern, weil sich die gänzliche Auflösung aller Kräfte vom Blutverlust jenes Theils früher einstellt, als wenn der nämliche Zufall einen andern Theil betroffen hat.

Nach der Amputation eines Arms ertragen die Patienten Blutausleerungen besser als nach der Amputation des Schenkels; besser bey einem complicirten Knochenbruch am Arm, als am Schenkel; besser nach Verletzungen des Kopfes, der Brust und der Lungen, als bey Wunden an den Aermen oder Schenkeln.

Verletzungen an Theilen wo die Lebenskraft geringer ist, z. B. in den Gelenken, haben einen schlimmen Ausgang, und werden leichter in einen gereizten Zustand versezt, als Wunden in fleischigten Theilen unter übrigens gleichen Umständen.

Im Durchschnitt scheint die Lebenskraft früher zu erlöschen, wenn die Entzündung in einem Theile statt findet in welchem der Blutumlauf langsamer geschieht, und der von dem Einflusse der Nerven, durch welche der Blutumlauf seine Energie erhält, weiter entfernt ist.

Man empfiehlt die Fieberrinde bey Schußwunden außerordentlich, und zwar mit gutem Grunde. Allein man verordnet sie ohne Unterschied allen Kranken dieser Art, die Zufälle und die Leibesbeschaffenheit mag seyn welche sie will. Daß im ganzen genommen bey Wunden kein Mittel der Fieberrinde beykommt, und daß sie nicht nur wenn die Entzündung vorüber ist, sondern selbst im entzündlichen Zeitraum wenn die Kräfte sehr gesunken sind, ja sogar noch ehe sie eintritt, mit dem größten Vortheil angewendet wird, lehrt die tägliche Erfahrung. Man kann sie als ein Mittel ansehen, welches die Kräfte stärkt, oder die Kraftäußerungen des ganzen Systems ins Gleichgewicht bringt, den Krämpfen widersteht, und durch diese beyden Wirkungen der übermäßigen Reizung abhilft. Fieberrinde und kleine Blutausleerungen, die man veranstaltet, sobald sich der Puls etwas hebt, sind das beste was man bey Entzündungen, die nach Wunden oder Operationen eintreten, anwenden kann. Die Blutausleerungen vermindern die Blutmasse, und stimmen die zu der Zeit vorhandne übermäßige Erregung der thierischen

Kräfte herab, machen den Blutumlauf freyer, so daß das Herz weniger Kraft anzuwenden hat, und der Blutumlauf leichter von statten geht. — Die Fieberrinde giebt dem Blute eine weniger reizende Eigenschaft; macht daß die Gefäße die ihnen angewiesenen Verrichtungen gehörig vollbringen, und theilt den Nerven wiederum ihre natürliche Stimmung mit, wodurch dem Fieber ein Ende gemacht wird.

Erklärung der Kupfertafeln.

Erste Kupfertafel.

Die drey ersten Figuren stellen den Embryo des Hühnchen im bebrüteten Ey in drey verschiedenen Zeitpuncten seiner Bildung vor. Sie sind nach Präparaten einer vollständigen Reihe von Embryonen, die sich in der Hunterschen Sammlung findet, gezeichnet, und sollen zum Beweise zweyer in diesem Werke aufgestellten Sätze dienen: nämlich, daß das Blut früher als die Gefäße gebildet wird, und diese leztern dann sich zeigen, wenn jenes geronnen ist; und daß neue Gefäße, die in einem Theile erscheinen, nicht immer Verlängerungen der ursprünglichen, sondern wirklich oft ganz neugebildete Gefäße sind, die sich nachher mit den ursprünglichen vereinigen. M. s. 1. Bd. S. 196. ff.

Erste Figur.

Die einzigen Theile, welche man hier unterscheiden kann, sind zwey Blutgefäße. Auf jeder Seite derselben sieht man eine Reihe kleiner Puncte oder Flecke von geronnenem Blute, aus welchen späterhin Blutgefäße werden sollen.

Zweyte Figur.

Hier ist die Bildung des Embryo schon weiter vorgerückt; es zeigen sich nun schon Gefäße, welche aus verschiednen Stellen der Haut zu entspringen scheinen. Die Flecken oder Puncte, aus welchen sie entstehen, sind an manchen Stellen sehr deutlich zu sehen.

Dritte Figur.

Die Anzahl der Blutgefäße ist um vieles größer; sie bilden nun schon ein regelmäßiges System von Gefäßen, welches aus größern Stämmen und zahlreichern Aesten besteht.

Die beyden lezten Figuren zeigen Durchschnitte der menschlichen Gebärmutter im ersten Monat nach der Empfängniß. Die Gebärmutter nach welcher die Figur gezeichnet ist, hat einen etwas größern Umfang, und ihre Substanz ist etwas dicker als außer der Schwangerschaft. Ihre innere Höhle ist überall mit geronnenem Blut ausgekleidet, das auf seiner Oberfläche ganz glatt ist, aber fest mit der Gebärmutter zusammenhängt. Die Arterien sind injicirt, um zu zeigen, wie gefäßreich die Gebärmutter ist. Auch an einigen Stellen der geronnenen Masse sind injicirte Gefäße sichtbar.

Der Zweck dieser Figuren ist, zu zeigen, wie leicht sich Gefäße in geronnenem Blute bilden, wenn sich dieses an der Oberfläche eines lebendigen Theils anhängt, und zugleich den Nutzen dieser Gefäßerzeugung bemerklich zu machen, indem hier aus der geronnenen Masse die äußere Hülle des Fötus, und das Verbindungsmittel zwischen ihm und der Gebärmutter gebildet wird.

Vierte Figur.

Ein durch die Länge der Gebärmutter abgetheilter Abschnitt derselben, welcher ihre innere Höhle sichtbar macht.

A. Der Muttermund, welcher in der Scheide hervorragt, von welcher ein kleines Stück hier zurückgelassen ist.

B B. Der Gebärmutterhals.

C C C. Das geronnene Blut in unregelmäßigen Massen, welches aber auf seiner Oberfläche glatt ist.

D D. Die Schnittfläche der Substanz der Gebärmutter, welche so genau mit der geronnenen Masse zusammenhängt, daß sie in diese gleichsam überzugehen scheint. Wenn die Substanz hier im Durchschnitt etwas blättrig erscheint, so rührt dieses von den ausgedehnten hier zusammengefallenen Venen her, deren Anzahl außerordentlich gros ist.

Fünfte Figur.

Eine dünne Scheibe von der Substanz des Uterus, nebst dem daran hängenden Gerinnsel getrocknet, wie sich dieselbe unterm Mikroskop ausnimmt. Man sieht hier die außerordentliche Menge der Gebärmuttergefäße, welche in dem Gerinnsel fortlaufen, und sich fast bis in die Mitte seiner Substanz verbreiten.

Zweyte Kupfertafel.

Die ersten drey Figuren geben die vordere Ansicht eines Hoden, auf dessen Körper eine Masse von geronnenem Blut festsizt. Die Krankengeschichte, auf welche sich diese Figuren beziehen, ist folgende:

Ein Mann, der einen Wasserbruch hatte, kam ins Georgenhospital, wo man ihm vermittelst eines Einschnitts mit der Lancette das Wasser aus der Scheidenhaut abzapfte. Der Hode war angeschwollen, und nach vier Wochen fand man die Scheidenhaut wieder eben so voll und ausgedehnt, wie vor der Operation. Man entschloß sich nun zur Radicalcur; die Scheidenhaut ward aufgeschnitten, weil aber der Hode so sehr angeschwollen war, so entschloß man sich, ihn auszurotten. Auf dem Körper des Hoden zeigte sich ein Klumpen geronnenes Blut, welcher die Gestalt eines Blutigels hatte, und ein zweyter kleinerer saß in dem Winkel zwischen dem Hoden und dem Nebenhoden. Dieses Blut hing an einigen Stellen mit dem Hoden und Nebenhoden zusammen, an andern aber war es ganz frey.

Der größere Klumpen saß ganz fest auf, lies sich jedoch an den einen Ende lostrennen, wobey man deutlich sah, daß er durch Fasern mit dem Hoden zusammenhing. Noch fester waren die Verwachsungen des kleinen Klumpen an verschiednen Stellen. Das Blut war bey dem Einschnitt, welchen man mit der Lancette gemacht hatte, ausgetreten, hatte sich auf den Hoden gesenkt, und war daselbst geronnen.

Auf der ganzen Oberfläche der Scheidenhaut zeigten sich viele mit Blut angefüllte Gefäße, und hin und wieder Flecke von ausgetretnem Blute.

Erste Figur.

Der Hoden, dessen Oberfläche durch Aufschlitzung der Scheidenhaut entblößt ist.

A A. Der Körper des Hoden.

B. Eine kleine Wasserblase an der Oberfläche, dergleichen man nicht selten an dieser Stelle, nämlich gleich am Ursprung der Nebenhoden sieht.

C. Das kleinere Coagulum in dem Winkel zwischen dem Körper des Hoden und dem Nebenhoden.

D. Das größere Coagulum welches an dem Körper des Nebenhoden anhängt.

E E E. Die zurückgeschlagne Scheidenhaut.

Man injicirte diesen Hoden und betrachtete ihn durch ein stark vergrößerndes Mikroskop. Seine ganze Oberfläche schien nichts als eine Schicht geronnene Lymphe zu seyn, welche ganz mit Gefäßen durchwebt war. Die Injection war da, wo das größere Coagulum anfing, fast ¹ Zoll tief in dasselbe eingedrungen, und hatte eine außerordentliche Menge kleiner Gefäße sichtbar gemacht. Das kleinere Coagulum war an manchen Stellen ganz durchaus injicirt. Ein Stück dieses Präparats, so vergrößert, zeigt

die zweyte Figur.

A. Ein Theil von dem Hoden mit der darauf liegenden Schicht geronnener Lymphe, in welcher man hier mehrere kleine Gefäße sieht.

B. Ein Stück des Nebenhoden.

C C. Ein Theil des kleinern Coagulum, worin die neuerzeugten kleinen Gefäße deutlich zu sehen sind.

Dritte Figur.

Ein Stück von der Scheidenhaut desselbigen Hoden, stark vergrößert. Man sieht in derselben zahlreiche Gefäße, und an verschiednen Stellen kleine Flecke von ausgetretnem Blute.

In den beyden lezten Figuren dieser Tafel sind zwey Kaninchenohren abgebildet. Sie gehören zu einem Kopfe und ihre Gefäße sind ganz mit einer und derselben Kraft injicirt. Das eine ist im natürlichen Zustande, das andre gefroren und dann wieder aufgethaut, und deswegen entzündet. Man sieht auf den ersten Anblick, daß die Größe der Gefäße in diesen beyden Ohren sehr verschieden ist. An dem entzündeten Ohre bemerkte man eine gewisse Undurchsichtigkeit, die sich aber hier im Kupferstich nicht hat ausdrücken lassen. M. s. 1. Bd. S. 176. f.

Vierte Figur.

Das gesunde Ohr.

A. Der hervorragende Theil desselben.

B. Das Stück, welches mit der Kopfhaut bedeckt ist.

C C C. Der Hauptstrom der Arterie

Fünfte Figur.

A A. B. C C C wie in Fig. 4.

D. Ein Arterienast, welcher fast noch größer ist, als der Stamm, und im natürlichen Zustande nicht sichtbar war.

Dritte Kupfertafel.

Erste Figur.

Ein Stück von dem Wickeldarm eines Esels. Die Därme waren enzündet, und man sieht hier die innere Fläche derselben zum Theil mit einer Schicht geronnener Lymphe bedeckt, welche bey der heftigen Entzündung ausgeschwizt ist. Die Injection machte viele Gefäße in der geronnenem Masse sichtbar. M. s. 2. Bd. 1. Abth. S. 146. f.

A A. Die innere Haut des Darms.

B B. Die geronnene Lymphe, welche inwendig am Darme festsizt.

Zweyte Figur.

Ein Stück der äußern Haut eines entzündeten Darms von einem Menschen. Es zeigen sich hier mehrere Gefäße und ein kleines Stück geronnene Lymphe, welche mit einem dünnen Stiel an den Darme anhängt, und Gefäße aus ihm erhält.

Dritte Figur.

Ein Stück geronnene Lymphe aus den Lungen. Die hieher gehörige Krankengeschichte ist folgende:

Ein sonst gesunder junger Mensch von zwey und zwanzig Jahren, war durch eine lange fortgesezte Quecksilberkur sehr geschwächt worden. Er bekam einen heftigen Husten, und warf eine Menge Schleim aus, der oft mit Blut vermischt war; wobey sein Puls äußerst unregelmäßig und so schnell war, daß man ihn nicht zählen konnte. Insgemein empfand er einen schneidenden Schmerz auf der Brust. Vierzehn Tage nach dem ersten Anfall des Hustens fing er an viele kleine Stücke geronnene Lymphe, welche Würmern glichen, auszuwerfen. Je mehr er deren heraufbrachte, desto heftiger wurde der Reiz zum Husten, und dazu gesellte sich ein sehr empfindlicher Schmerz in der Brust, als wenn inwendig alles wund wäre. Allgemach warf der Patient immer größere Stücke geronnene Lymphe aus, welche aus lauter Aesten bestanden, und dabey wurden die Anfälle des Hustens heftiger. Das hier abgebildete Stück war eins der größesten. Nach und nach kam der Husten selten wieder, endlich blieb er, so wie der Auswurf ganz weg, und der Patient genas.

Vierte Kupfertafel.

Man sieht hier die Gebärmutter und Mutterscheide einer Eselin, an welcher man durch künstliche Mittel eine Entzündung erregt hatte. Durch diese Entzündung wurde Ausschwitzung gerinnbarer Lymphe veranlaßt, welche, sich an der innern Fläche solcher Kanäle, die sich äußerlich öfnen, nur dann zu ereignen pflegt, wenn die Entzündung ihren höchsten Grad erreicht hat. M. s. 2. Bd. 1. Abth. S. 148. f.

Die Mutterscheide ist auf der Seite aufgeschnitten, welche der hier auf der Kupfertafel vorgestellten gegenüber ist. Die Gebärmutter aber ist auf der hier abgezeichneten Seite aufgeschnitten. Man sieht in ihr ein Coagulum, das sich bis zu Anfang des einen Horns oder Faches der Gebärmutter verläuft. Das andre Horn ist nicht aufgeschnitten.

A. Die auf der entgegengesezten Seite geöfnete Mutterscheide.

B B. Die geöfnete gemeinschaftliche Höhle der Gebärmutter, nebst dem darin liegenden Coagulum.

C C. Das eine Horn der Gebärmutter, welches bey seinem Ausgang aus der gemeinschaftlichen Höhle aufgeschnitten ist, und worin das Endstück des Coagulum liegt.

D. Das andre nicht geöfnete Horn.

E E E E. Das Coagulum, welches aus der Scheide herabhängt, in dieser fest aufsizt, an seinem andern Ende aber locker und nicht verwachsen ist.

Druckfehler.

Th. I. Seite 41. Zeile 10. von l. vor.
— 68. — 22. Anm. der Tonus l. die Thätigkeit.
— 112. — 7. Rohm l. Rahm.
Ebendſ. — 24. Rohm l. Rahm.
p. 161. — 10. di evon l. von.
p. 180. — 4. Faseen l. Fasern.
Th. II. S. 46. — 24. tieferliegenden l. tiefer liegenden.
— *51. — 16. Anschen l. Ansehen.
— 89. — 29. muß statt des Ausrufungszeichen ein Kolon stehen.
— 253. — 25. Schwulst l. Geschwulst.
Th. III. — 119. — 15. jedelmal l. jedesmal.
— 120. — 12. stande l. Stande.
— 122. — 8. gagegen. l. dagegen.
— 124. — 1. des l. das.
— 125. — 24. einmalin l. einmal in.
ebdſ. das Komma nach insofern muß weggestrichen werden.

Einige Verlagsbücher
der
Sommerschen Buchhandlung
in Leipzig.

Bassius, Heinr., gründlicher Bericht von Bandagen, darinnen enthalten eine ausführliche Beschreibung wie ein Chirurg bei allen äußerlichen Schäden und Operationen einen geschikten Verband nach der neuesten Façon appliciren kann. mit Kupf. 8. 10 gr.

Bemerkungen über verschiedene wichtige Gegenstände der Wundarzneikunst praktisch erläutert. 8. 782. 8 gr.

Brückmann, F. E., de Avellana Mexicana, vulgo Cacao dicta. c. fig. aen. 4. 5 gr.

Brunnemann, D. C. G. de praecipuis Zinci calcibus earumque in utraque medicina usu. 4. 796. 4 gr.

Buchholz, D. W. H. S. über das Bad zu Ruhla. Nebst einer geographisch-historisch- und statistischen Beschreibnng des Orts Ruhla, mit Kupf. gr. 4. 795. 18 gr.

Casus et Obseruationes medicinales selectiores et rariores, 8. 783. 3 gr.

Champeaux und Faissole Erfahrungen und Wahrnehmungen über die Ursache des Todes der Ertrunkenen, nebst dabey sich ereignenden Erscheinungen. 16 gr.

Cruso Sammlung bewährter und leicht zu bekommender Mittel gegen die meisten Krankheiten des menschlichen Körpers, aus den besten alten und neuen Schriftstellern. Aus dem Engl. 8. 16 gr.

Doppet theoretische und praktische Abhandlung vom animalischen Magnetism, aus dem Französischen übersetzt. 785. 3 gr.

Hagens, J. P., Wahrnehmungen zum Behufe der Wundarzneikunst in Deutschland. 8. 10 gr.

Herz, Markus, der Arzneygel. Doktor zu Berlin, Briefe an Aerzte, 8. 8 gr.

Landarzt, der praktische, 2 Bände. 8. 2 thlr.

Lara's, B., Taschenbuch der Wundarzneykunst, in alphabetischer Ordnung. Aus dem Engl. mit Anmerkungen und Zusäzzen von D. K. G. Kühn. 1r Bd. 8. 799. 1 thlr. 12 gr.

Ludwig, D. Chr. Fr., Exercitationes Academicae, 8. 790. 12 gr.

Ludwig Historia anatomiae et physiologiae comparantis, 4. 787. 2 gr.

Mudge, John, Untersuchung, warum geimpfte Blattern gelinder und sichrer sind, als natürliche, 8. mit Kupfern 8 gr.

Scheffler, D. C. L., von der Gesundheit der Bergleute. 8. 10 gr.

Schulze, A. T., Apothekerkatechismus. 6 gr.

Schusters, D. G., Anweisung zur alten und neuen praktischen Chirurgie mit Observationen und Casibus beleuchtet; nebst einer Abhandlung von den Knochen des menschlichen Leibes. 1 thl.

Starke, D. J. C. über ein Universalmittel zur Erleichterung der Geburt und die rechte Anwendung des Mohnsaftes in der Schwangerschaft, der Geburt und dem Kindbette. 8. 781. 5 gr.

Temple, Ritter Will., von der Gesundheit und dem langen Leben, aus dem Engl. mit Anmerkungen und Beilagen. gr. 8. 787. 12 gr.

Turners praktische Abhandlung von der Venusseuche, nebst Erzählung verschiedener venerischer Krankheitsfälle und deren Kuren. A. d. E. 8. 18 gr.

Unzer, D. J. A., von den Pocken. Zum gemeinnüzzigen Gebrauch herausgegeben. 8. 782. 3 gr.

Weber, D. F. C. T., Obseruationes medicae selectae. 3 gr.

Wirkungen, üder die, der stärksten und reinsten Pflanzensäure. 8. 1791. 6 gr.

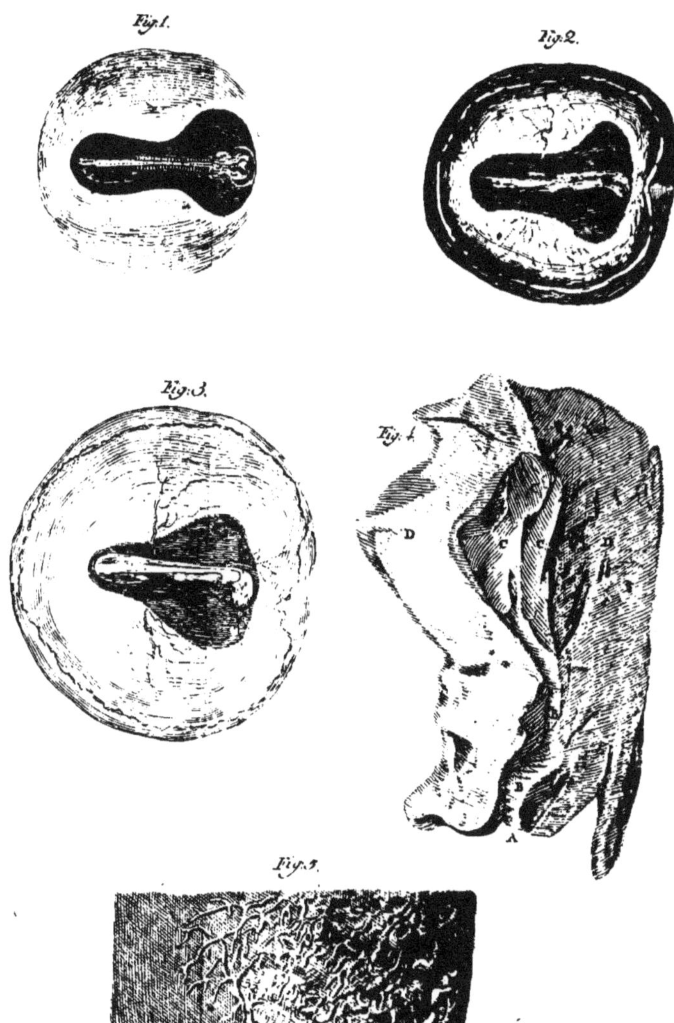
Fig. 1.
Fig. 2.
Fig. 3.
Fig. 4.
D
C
C
D
B
A
Fig. 5.

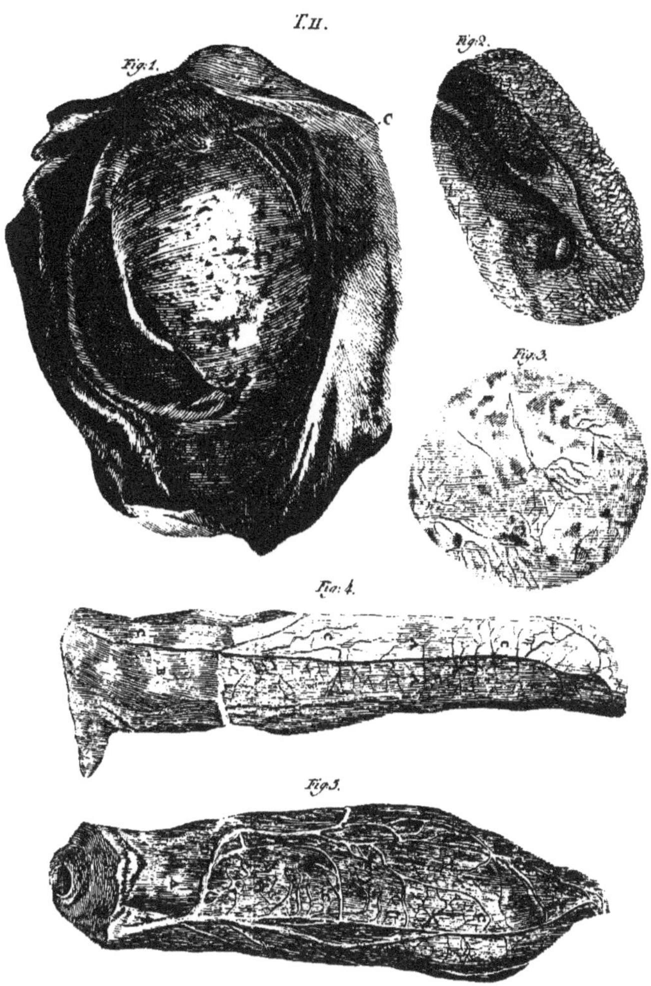
T. II.
Fig: 1.
c
Fig: 2.
Fig: 3.
Fig: 4.
Fig: 5.

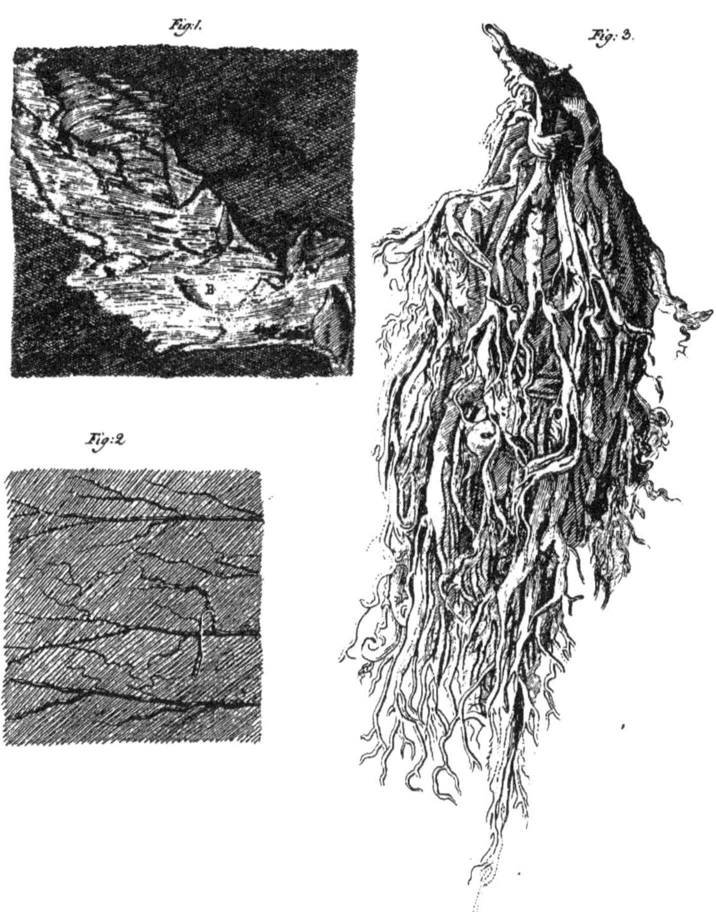
Fig: 1.
B
Fig: 2
Fig: 3.

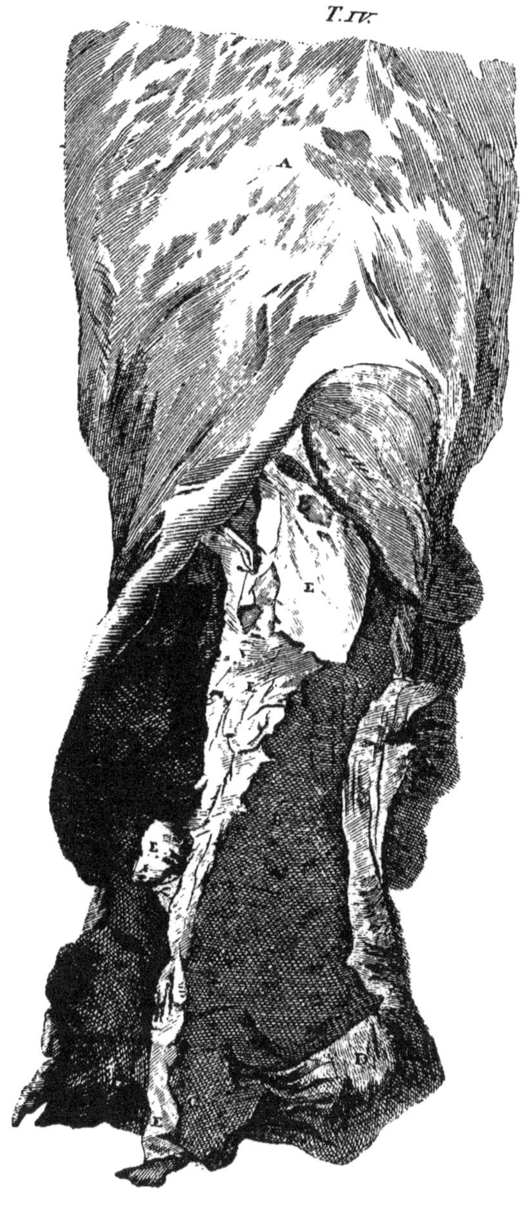
T. IV.

www.ingramcontent.com/pod-product-compliance
Lightning Source LLC
Chambersburg PA
CBHW021359210326
41599CB00011B/937